中等职业学校立体化精品教材 机电系列

微课版教材

U0378647

电工基础

第3版

逄锦梅／主编

赵景波 刘华波 刘坤林／副主编

人民邮电出版社

北京

图书在版编目（CIP）数据

电工基础 / 逄锦梅主编. -- 3版. -- 北京：人民
邮电出版社，2016.7（2023.7重印）
中等职业学校立体化精品教材. 机电系列
ISBN 978-7-115-41584-4

Ⅰ. ①电… Ⅱ. ①逄… Ⅲ. ①电工学－中等专业学校
－教材 Ⅳ. ①TM1

中国版本图书馆CIP数据核字(2016)第013898号

内 容 提 要

本书是依据教育部最新颁布的《中等职业学校电工技术基础与技能教学大纲》编写的。全书共 10
章，内容包括：电工技术的应用、发展概况及本课程的学习方法；电路的基本概念和基本定理等基础
知识；直流电路及相关的定律定理；电容和电感的相关知识；正弦交流电路及其应用；三相交流电路；
变压器和电动机的相关知识；安全用电及抢救技能；常用的控制电器和继电-接触器控制电路；可编程
控制器的基本知识。

全书图文并茂，注重基础，强调应用，同时提供了丰富的素材以辅助教学，激发学生的学习兴趣。
本书可作为中等职业学校"电工基础"课程的教材，也可作为初级电工岗前培训和自学的教材。

♦ 主　　编　逄锦梅
　　副 主 编　赵景波　刘华波　刘坤林
　　责任编辑　刘盛平
　　执行编辑　刘　佳
　　责任印制　焦志炜

♦ 人民邮电出版社出版发行　　北京市丰台区成寿寺路 11 号
　　邮编　100164　　电子邮件　315@ptpress.com.cn
　　网址　http://www.ptpress.com.cn
　　北京科印技术咨询服务有限公司数码印刷分部印刷

♦ 开本：787×1092　1/16
　　印张：15　　　　　　　　2016 年 7 月第 3 版
　　字数：352 千字　　　　　2023 年 7 月北京第 6 次印刷

定价：36.00 元

读者服务热线：(010)81055256　印装质量热线：(010)81055316
反盗版热线：(010)81055315
广告经营许可证：京东市监广登字20170147号

第3版前言

中等职业学校电工技术课程开发广泛。本书在广泛调研市职院线的一线需求的基础上写作而成，还增加了许多新特性。

- 注重基础："电工基础"是中等职业学校电类相关专业的一门基础课，既为后续的专业课程打下基础，也为学生毕业后从事有关电的工作、学习和创新打下基础。本书注重基本概念的介绍和基本技能的训练，充分体现了职业教育改革的新特色。

- 强调应用：为克服传统教材理论枯燥，难以激发中职学生学习积极性的弊端，同时为了真正提高学生的动手能力，本书通过实训的形式讲解相关操作的实际步骤，在加强实用性的同时，也便于学生对知识的理解接受，为学习其他专业课程打下良好基础。

- 生动活泼：本书行文简明，力求通过图示讲解相关知识。结合中职学生的实际特点，将大量的知识点以图片或图形的形式寓教其中，使教材充满活力，能够激发学生的学习兴趣，引导学生积极主动思考；通俗易懂，直观有趣，避免了以前中职教材的枯燥呆板。

- 素材丰富：本教材同时提供了丰富的配套素材。除提供电子课件辅助教师的教学外，还提供了较多的图片充实教学，以及针对公式定律的动画演示，这样可有效地激发学生的学习兴趣，比单纯理论介绍更便于理解。另外针对实训内容提供了相应的视频材料，引导学生规范操作，培养学生正确的操作技能。

教材编排上突出中职特色，设置了几个小栏目来针对性地辅助教学。

- 观察与思考：主要是通过实际生活中的实例阐述相关的学习知识和内容。
- 要点提示：强调重要的知识点及注意事项等。
- 课堂练习：通过学生的课堂练习，深化对所讲知识的理解。
- 阅读材料：介绍一些与课堂知识相关的内容或名人逸事等，以拓展学生的知识面，加强学生学习的兴趣。
- 二维码动画演示和视频演示：扫描二维码可观看动画和录像的基本内容。

本课程建议教学总课时为108课时，各学校可根据教学实际情况灵活安排。

本书可供中等职业学校电类相关专业的学生作为通用教材使用，也可作为初级电工岗前培训和自学参考的教材。

本书由青岛求实职业技术学院逄锦梅任主编，青岛理工大学的赵景波、青岛大学的刘华波和茂名第二高级技工学校的刘坤林任副主编。参加本书编写工作的还有沈精虎、黄业清、宋一兵、谭雪松、冯辉、计晓明、董彩霞、滕玲、管振起。

编　者

2016年1月

目 录

第 1 章

认识电工技术

自 1831 年法拉第发现电磁感应定律后，电工技术迅速发展，现已广泛应用于日常生活和工农业生产中，成为现代先进科学技术的一个重要的基础部分。

【学习目标】
- 了解电工技术的广泛应用。
- 了解电工技术的发展概况。
- 理解电工基础课程的学习方法。
- 理解实训的目的和意义。

【观察与思考】

（1）夜晚走在都市的大道上，你可曾注意到大街上像图 1-1 所示的绚丽多彩、变化万千的霓虹灯是那么迷人，那么让人留恋！在欣赏歌星演唱会时，舞台灯光的变幻多姿，是否让你感觉演出变得更加精彩？善于思考的你知道这些效果是怎么实现的吗？

（2）打开电视机，选择自己喜欢的节目的时候，听力课上，拿出无线耳机熟练地调试接收清晰的外语听力内容的时候（见图 1-2），你可明白为什么电视机和无线耳机能够接收并播放信号呢？

图 1-1　绚丽多彩的霓虹灯衬托下的夜色

图 1-2　学生在上听力课

（3）工厂里，各种机械繁忙地工作，人们知道这些机械大部分都是靠电动机来拖动的（见图 1-3），但你明白电动机是怎么构成的，电动机为什么能够拖动这么大的机器设备进行工作吗？

图 1-3   工厂里由电动机控制的机械设备在繁忙地工作

以上这些实例都与即将学习的"电工基础"课程密切联系，所以掌握一定的电工知识是非常必要的。

视频 01

你还能列举哪些电工技术的应用实例？

> 观看"电工技术的应用"视频，该视频演示了电工技术在工农业生产及日常生活中的应用。

1.1   电工技术的作用和任务

"电工基础"课程是中等职业技术学校机电类专业的一门重要课程，着重介绍电工技术的基本理论和应用。"电工基础"课程既为后续专业课程打下基础，也为学生毕业后从事有关电的工作，学习和创新打下基础。

电工技术的发展非常迅速，应用也十分广泛，当前新科学技术无不与电有着密切的关系。因此，学好电工知识对同学们将来走上工作岗位，充分发挥自身的能力有很大的帮助。

中等职业学校机电类专业学习"电工基础"课程重在应用。为此，本书非常强调实验技能的训练，重视理论联系实际，设置了若干实验来培养学生分析实际问题、解决实际问题的能力。

学生通过对实验项目的学习，能够理解本课程的理论知识，掌握安全用电、常用仪器仪表和电工操作的基本方法，提高独立实践操作的能力；同时依据理论与实训相结合的原则，提高基本的电气安装维护的实际操作技能，为提高综合素质、增强适应职业变化的能力和继续学习的能力打下良好的基础。

1.2   电工技术的发展

我国在很早以前就发现了磁现象，并利用"磁石"陆续发明了指南车、指南针等，还发现了磁偏角。12 世纪，指南针传到欧洲，图 1-4 所示为我国古代的指南车效果图。

18 世纪末和 19 世纪初在电磁现象方面的研究工作发展很快。库仑在 1785 年通过扭秤实验确定了电荷间的相互作用力，就是著名的库仑定律。图 1-5 所示为库仑定律示意图。

图 1-4　我国古代的指南车

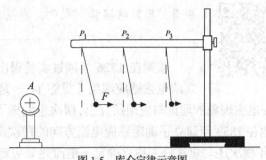

图 1-5　库仑定律示意图

视频 02

观看"近代电磁现象研究工作进展"视频，该视频演示了近代电磁现象的研究历程及目前的成就。

【阅读材料】

库仑，法国物理学家，1736 年 6 月 14 日生于法国昂古莱姆。1785 年，库仑用自己发明的扭秤建立了静电学中著名的库仑定律，即两电荷间的相互作用力与它们各自的电量乘积成正比，与两者的距离平方成反比。库仑定律是电学发展史上的第一个定量规律，它使电学的研究从定性进入定量阶段，是电学史中的一块重要的里程碑。电荷的单位库仑就是以他的姓氏命名的。库仑不仅在力学和电学上做出了重大的贡献，在工程方面也做出过重要的贡献。他曾设计了一种水下作业法，类似于现代的沉箱，是应用在桥梁等水下建筑施工中的一种很重要的方法。库仑是 18 世纪最伟大的物理学家之一，他的杰出贡献是永远也不会磨灭的。

库仑

1820 年，奥斯特从实验中发现了电流对磁针有力的作用（见图 1-6），揭开了电学理论的新篇章。

【阅读材料】

奥斯特，丹麦物理学家，1777 年 8 月 14 日生于兰格朗岛鲁德乔宾

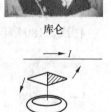

图 1-6　奥斯特电流对磁针有力的作用示意图

奥斯特

的一个药剂师家庭。1820 年 4 月奥斯特发现了电流对磁针是有作用力的，即电流的磁效应，并于同年 7 月 21 日以"关于磁针上电冲突作用的实验"为题发表了他的发现。这篇短短的论文使欧洲物理学界产生了极大震动，导致了大批实验成果的出现，并由此开辟了物理学的新领域——电磁学。奥斯特 1812 年最先提出了光与电磁之间联系的思想，1822 年对液体和气体的压缩性进行了实验研究，1825 年提炼出铝，但纯度不高。磁场强度的单位就是以他的名字命名的。

视频 03

观看"奥斯特实验"视频，该视频演示了奥斯特实验的结果。

欧姆在 1826 年通过实验得出了著名的欧姆定律，法拉第在 1831 年发现的电磁感应现象（见图 1-7）是电工技术重要的理论基础。

在电磁现象的理论与应用研究上，楞次也发挥了巨大作用，他在 1833 年建立了确定感应电流方向的楞次定则。在 1844 年楞次还与焦耳分别独立确定了电流热效应定律。

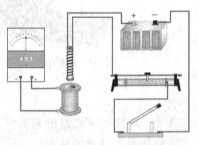

图 1-7　电磁感应现象实验

【阅读材料】

法拉第，英国物理学家、化学家，也是著名的自学成才的科学家。1791 年 9 月 22 日出生在萨里郡纽因顿一个贫苦的铁匠家庭。

法拉第主要从事电学、磁学、磁光学

法拉第

及电化学方面的研究，并取得了一系列重大发现。1820 年奥斯特发现电流的磁效应之后，法拉第于 1821 年提出"由磁产生电"的大胆设想，并开始了艰苦地探索。1821 年 9 月他发现通电的导线能绕磁铁旋转以及磁体绕载流导体的运动，第一次实现了电磁运动向机械运动的转换，从而建立了电动机的实验室模型。接着经过无数次实验的失败，终于在 1831 年发现了电磁感应定律。这一划时代的伟大发现，使人类掌握了电磁运动相互转变以及机械能和电能相互转变的方法，成为现代发电机、电动机、变压器技术的基础。

【阅读材料】

楞次，1804 年 2 月 24 日诞生于爱沙尼亚。楞次在物理学上的主要成就是发现了电磁感

楞次

应的楞次定律和电热效应的焦耳-楞次定律。1833 年，楞次提出了楞次定律，亥姆霍兹证明楞次定律是电磁现象的能量守恒定律。在电热方面，1843 年楞次在不知道焦耳发现电流热作用定律的情况下，独立地发现了这一定律。1831 年，楞次基于感应电流的瞬时和类冲击效应，利用冲击法对电磁现象进行了定量研究，确定了线圈中的感应电动势等于每匝线圈中电动势之和，而与所用导线的粗细和种类无关。1838 年，楞次还研究了电动机与发电机的转换性，用楞次定律解释了其转换原理。1844 年，楞次在研究任意个电动势和电阻的并联时，得出了分路电流的定律，比基尔霍夫发表更普遍的电路定律早了 4 年。

在法拉第的研究工作基础上，麦克斯韦在 1864—1873 年提出了电磁波理论，从理论上推测到电磁波的存在。

视频 04

观看"电磁感应现象实验"视频，该视频演示了电磁感应现象实验的方法、步骤和结果。

【阅读材料】

　　麦克斯韦，英国物理学家、数学家，1831 年 11 月 13 日生于苏格兰的爱丁堡。麦克斯韦主要从事电磁理论、分子物理学、统计物理学、光学、力学及弹性理论方面的研究。尤其是他建立的电磁场理论，将电学、磁学、光学统一起来，是 19 世纪物理学发展的最光辉的成果，是科学史上最伟大的综合之一。他预言了电磁波的存在，这种理论在后来得到了充分的实验验证。他为物理学树起了一座丰碑。造福于人类的无线电技术，就是以电磁场理论为基础发展起来的。

麦克斯韦

　　麦克斯韦于 1873 年出版了科学名著《电磁理论》，该名著系统、全面、完美地阐述了电磁场理论。这一理论成为经典物理学的重要支柱之一，在热力学与统计物理学方面麦克斯韦也做出了重要贡献，是气体动理论的创始人之一。

　　电工技术的发展有力地促进了生产技术的发展，极大地提高了人们的生活水平。

1.3　本课程的学习方法

　　"电工基础"课程主要介绍电工技术中最初步、最根本、最共性的东西，同学们要运用各种手段学习并掌握它。

　　（1）课堂教学是主要的教学方式，也是获得知识的快捷途径（见图 1-8）。

　　这就要求学生认真听讲，积极思考，主动学习，充分发挥主观能动性。学习时要抓住物理概念、基本理论、工作原理和分析方法；要理解问题是如何提出和引申的，又是怎样解决和应用的；要注意各部分内容间的联系，重在理解，不要死记硬背。

　　（2）课后的思考练习题主要是一些基本的概念性的问题，有助于课后复习巩固。

　　每章后有一定数量的习题，用于巩固和加深学生对所学知识的理解，并注重培养分析能力和运算能力（见图 1-9）。在解题前，要基本掌握所学内容；解题时，要读懂题目，仔细分析，熟练运用相关理论和公式，写出详细的解题步骤，书写要整洁，标注要清晰，答数要注明单位等。

图 1-8　课堂教学是主要的教学方式

图 1-9　通过课堂练习和课后习题加深对所学知识的理解掌握

　　通过实训和实验验证巩固所学知识，提高动手技能，培养严谨的工作作风（见图 1-10）。

图 1-10　学生在进行实训

实训前，要做好充分的准备；实训过程中要积极思考，多动手，正确、熟练地使用常用的仪器仪表，并能正确连接电路，准确记录数据；实训后要对实训中的现象和数据进行认真整理，编写相应的报告。

 要点提示　激发自己的学习兴趣，并能够运用相应的技术知识解决实际的问题，这样才能真正体会到努力学习后成功的喜悦！

视频 05

　观看"学习"电工基础"课程的方法"视频，该视频演示了该如何学好电工基础。

思考与练习

（1）简述电工技术发展的概况。

（2）说说自己打算怎么学好"电工基础"这门课，并与同学交流学习经验。

第2章

电路的基本知识

电路在日常生活中无处不在，它是由实际元器件按一定方式连接起来的电流路径。本章将介绍电路的基本概念、电路中的基本物理量、欧姆定律、焦耳-楞次定律、常用仪器仪表的使用及电路基本物理量的测量等内容。

【学习目标】

- 掌握电路、电路模型的基本概念及电路的状态。
- 掌握电路中的基本物理量及其意义。
- 掌握电源与电源电动势的基本概念。
- 掌握电阻和欧姆定律，理解负载获得最大功率的条件。
- 掌握焦耳-楞次定律。
- 掌握常用仪器仪表的使用方法及电路基本物理量的测量方法。

【观察与思考】

当你打开电视机欣赏精彩节目的时候，供电线路和电视机内部的控制电路等就构成了一个闭合的电流通路，这样炫目的声光效果就产生了！这就是生活中最常见的一个电路，如图 2-1 所示。你还能列举出电路的例子吗？

图 2-1 电视机电路示意图

视频 06

观看"打开电视机构成闭合回路"视频，该视频演示了电视机的电路组成和电视机电路的效果。

2.1 电路和电路模型

2.1.1 电路

大家一定列举了很多现实生活中电路的例子，这些电路类型多种多样，结构形式也各不相同。但从大的方面来看，电路一般都是由电源、负载和中间环节 3 部分按照一定方式连接起来的电流路径，如图 2-2 所示。

电源是电路中提供电能的装置，含有交流电源的电路叫交流电路，含有直流电源的电路叫直流电路。常见的直流电源有干电池、蓄电池、直流发电机等，如图 2-3 所示。

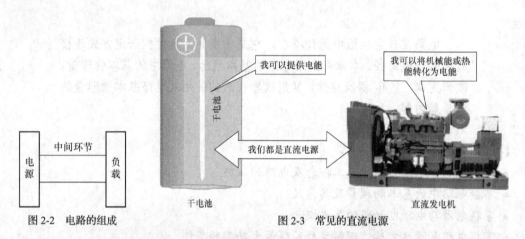

图 2-2 电路的组成   图 2-3 常见的直流电源

负载是各种用电设备的总称，它是将电能或电信号转化为需要的其他形式的能量或信号的器件。例如，电灯将电能转变为光能，电动机将电能转变为机械能，如图 2-4 所示。

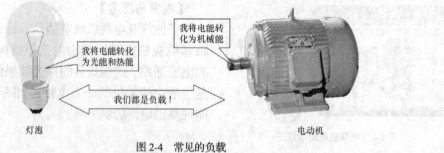

图 2-4 常见的负载

连接电源和负载的部分统称为中间环节，它起传输和分配电能的作用。中间环节包括导线、电器控制的元器件等。导线是连接电源、负载和其他电器元器件的金属线，常用的有铜导线、铝导线等，如图 2-5 所示。电器控制元器件是对电路进行控制的元器件，如图 2-6 所示的空气开关、熔断器等。

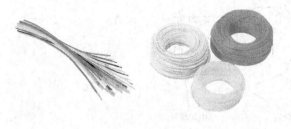
图2-5 各种导线

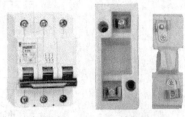
空气开关 熔断器
图2-6 电器控制元件

观看"电路组成及各部分功能"视频，该视频演示了电路的组成及电路中电源、负载和中间环节的作用和功能。

视频 07

实际应用中电路实现的功能是多种多样的，但从总体上可概括为如下两方面。

（1）进行电能的传输、分配与转换，如图 2-7（a）所示的电力系统输电电路示意。其中，发电机是电源，家用电器、工业用电器等是负载，而变压器、输电线等则是中间环节。

（2）信号的传递与处理，如图 2-7（b）所示的扩音机示意。其中，话筒是输出信号的设备，称为信号源，相当于电源，但它与上述的发电机、电池等电源不同，信号源输出的电压或电流信号取决于其所加的信息。扬声器是负载，放大器等则是中间环节。

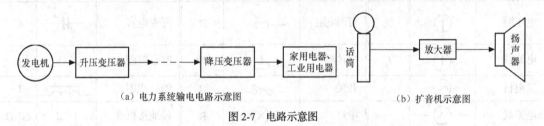
（a）电力系统输电电路示意图　　　　　　　　　（b）扩音机示意图
图2-7 电路示意图

观看"电力系统示意图"视频，该视频演示了电力系统的组成。
视频 8

观看"扩音机电路示意图"视频，该视频演示了扩音机电路的组成。
视频 9

2.1.2 电路模型

采用图 2-7 所示的电路示意图进行电路分析和计算的方法是很不方便的，故通常人们采用一些简单的理想元器件来代替实际部件。这样一个实际电路就可以由若干个理想元件的组合来模拟，这样的电路称为实际电路的电路模型。

将实际电路中各个部件用其模型符号来表示，这样画出的电路图称为实际电路的电路模型图，也称作电路原理图。图 2-8 所示为手电筒电路及其电路模型图。

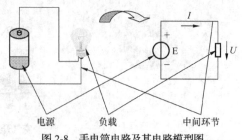

图 2-8　手电筒电路及其电路模型图

视频 10

观看"手电筒电路模型"视频，该视频演示了手电筒电路的组成及其电路模型。

　　建立电路模型的意义十分重要，运用电路模型可以大大简化电路的分析，电路模型图中常用的元器件符号如表 2-1 所示。

表 2-1　　　　　　　　　　　　　　电路模型图常用的元器件符号

名称	图形符号	文字符号	名称	图形符号	文字符号	名称	图形符号	文字符号
电池		E	电阻		R	电容器		C
电压源		U_s	可调电阻		R	可变电容		C
电流源		I_s	电位器		RP	空心线圈		L
发电机			开关		S	铁心线圈		L
电流表			电灯		R	接地接机壳		GND
电压表			保险丝			导线交叉点 连接 不连接		

　　你能画出上节课所列举的电路实例的电路模型图吗？试试吧，肯定没问题！

　　建立一个实际电路的模型是比较复杂的，本书主要介绍如何分析已经建立起来的电路模型。

要点提示　　电路模型反映了电路的主要性能，忽略了它的次要性能。因此，电路模型只是实际电路的近似，是实际电路的理想化模型。

2.1.3　电路的状态

　　电路有 3 种状态，如图 2-9 所示。

　　（1）工作状态，也称为有载状态或通路、闭路等。在图 2-9（a）所示的电路中，当开关S 闭合后，电源与负载接成闭合回路，电源处于有载工作状态，电路中有电流流过，如图 2-10

所示。

（2）开路状态，或者称断路状态。在图 2-9（b）所示的电路中，当开关 S 断开或电路中某处断开时，电路处于开路状态，被切断的电路中没有电流流过，如图 2-11 所示。被拉闸的电动机如图 2-12 所示。

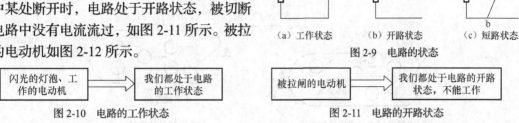

（a）工作状态　　（b）开路状态　　（c）短路状态

图 2-9　电路的状态

| 闪光的灯泡、工作的电动机 | → | 我们都处于电路的工作状态 |

图 2-10　电路的工作状态

| 被拉闸的电动机 | → | 我们都处于电路的开路状态，不能工作 |

图 2-11　电路的开路状态

（3）短路状态，在图 2-9（c）所示的电路中，当 a、b 两点接通，电源被短路，此时电源的两个极性端直接相连。电源被短路时会产生很大的电流，有可能造成严重后果，如导致电源因大电流而发热损坏或引起电气设备的机械损伤等，因此要绝对避免电源被短路，如图 2-13 所示。

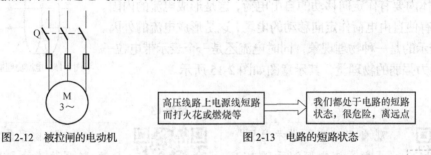

图 2-12　被拉闸的电动机

| 高压线路上电源线短路而打火花或燃烧等 | → | 我们都处于电路的短路状态，很危险，离远点 |

图 2-13　电路的短路状态

视频 11

观看"电路的 3 种状态"视频，该视频演示了电路的工作、开路和短路 3 种状态的特点。

要点提示　电路中可以出现短路，有时还可以利用短路现象解决一些实际问题，但是电源是绝对不允许短路的，一定要避免电源被短路。

【课堂练习】

（1）列举一个电路实例，并说明电路是由哪几部分组成的？

（2）画出所列举的电路实例的电路模型图，说明电路图的基本功能。

（3）简述电路的 3 种工作状态，列举实际电路不同的情况下对应的不同状态。

2.2　电路中的基本物理量

2.2.1　电流

金属导体中的自由电子是运动的，并且是在做无序不规则的运动。当存在外电场时，金属导体中的自由电子在电场力作用下就会发生定向移动，这就形成了电流，如图2-14所示，即电荷在电路中有规则的定向移动就形成了电流。此外，电解液中正负离子在电场力作用下的移动，阴极射线管中的电子流等，都能够形成电流。

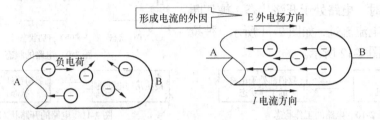

（a）金属导体中自由电子的无序运行　　（b）金属导体中的电流

图2-14　电流形成示意图

因此，产生电流必须具备如下两个条件。

（1）导体内要有作定向移动的自由电荷，这是形成电流的内因。

（2）要有使自由电荷作定向移动的电场，这是形成电流的外因。

电流表示的是一种物理现象，同时电流还是一个表示带电粒子定向运动能力强弱的物理量，其示意图如图2-15所示。

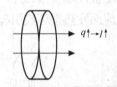

图2-15　电流物理量的示意图

视频12　观看"电流形成示意图"视频，该视频演示了电流形成的原因及示意图。

视频13　观看"电流物理量定义"视频，该视频演示了电流物理量的定义及示意图。

实验结果证明：单位时间内通过导体横截面的电荷越多，流过导体的电流越强；反之，电流就越弱。电流的符号为I，其数值等于单位时间内通过导体截面的电荷量，用公式表示为

$$I = \frac{q}{t} \tag{2-1}$$

在国际单位制中，电流的基本单位是安培，简称安，符号为A。

物理量　　　　　　　　　　　　　　　　　单位

电流I　————————————→　安培（A）

电荷q　————————————→　库仑（C）

时间t　————————————→　秒（s）

如果在1秒（s）内通过导体横截面的电荷是1库仑（C），则导体中的电流就是1安（A）。

常用的电流单位还有千安（kA）、毫安（mA）、微安（μA）等，它们之间的换算关系为。

$$1kA = 10^3 A$$

$$1mA = 10^{-3} A \tag{2-2}$$

$$1\mu A = 10^{-3} mA = 10^{-6} A$$

电流不仅是有大小的，而且还是有方向的。规定正电荷定向运动的方向为电流的方向。对于一段电路来说，其电流的方向是客观存在的，是确定的，但在具体分析电路时，有时很难判断出电流的实际方向。为解决这一问题，引入电流参考方向的概念，其具体分析步骤如下。

　　（1）在分析电路前，可以任意假设一个电流的参考方向，如图 2-16 中 I 的方向。

　　（2）参考方向一经选定，电流就成为一个代数量，有正、负之分。若计算电流结果为正值，则表明电流的设定参考方向与实际方向相同，如图 2-16（a）所示；若计算电流结果为负值，则表明电流的设定参考方向与实际方向相反，如图 2-16（b）所示。

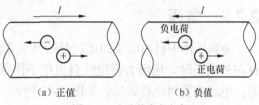

图 2-16　电流的参考方向

视频 14

观看"电流参考方向"视频，该视频演示了电流参考方向的概念以及电流参考方向的具体分析步骤。

要点提示　在未设定参考方向的情况下，电流的正负值是毫无意义的，本书电路图中所标注的电流方向都是参考方向，而不一定是电流的实际方向。

　　电流的参考方向除了可以用箭头表示外，还可以用双下标表示，如 I_{ab} 表示电流的参考方向为由 a 指向 b，而 I_{ba} 表示电流的参考方向为由 b 指向 a。

　　按照随时间变化的情况，电流可以分为如下两大类。

　　（1）直流电流，即电流的方向不随时间变化，记作 DC，用 I 表示。

　　（2）交流电流，其电流方向随时间变化，记作 AC，用 i 表示。

　　直流电流中电流的大小随时间变化，而方向不随时间变化的称为脉动直流电流，如正弦波脉动直流电流、三角波脉动直流电流等。图 2-17 所示为电流的几种类型。

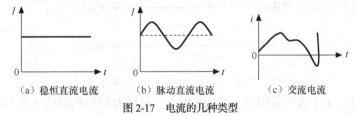

（a）稳恒直流电流　　　（b）脉动直流电流　　　（c）交流电流

图 2-17　电流的几种类型

【**例 2-1**】　请说明图 2-18 所示电流的实际方向。

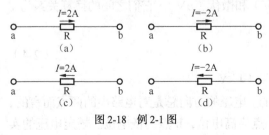

图 2-18　例 2-1 图

　　解：图 2-18（a）所示电流的参考方向为由 a 到 b，I=2A>0，为正值，说明电流的实际方向和参考方向相同，即从 a 到 b。

　　图 2-18（b）所示电流的参考方向为由 a 到 b，I=-2A<0，为负值，说明电流的实际方向和参考方向相反，即从 b 到 a。

图 2-18（c）所示电流的参考方向为由 b 到 a，$I = 2A>0$，为正值，说明电流的实际方向和参考方向相同，即从 b 到 a。

图 2-18（d）所示电流的参考方向为由 b 到 a，$I = -2A<0$，为负值，说明电流的实际方向和参考方向相反，即从 a 到 b。

2.2.2　电压

金属导体中自由电子的运动是杂乱无章的，没有外部电场的作用是无法形成电流的。当存在外电场时，电场力将迫使自由电子作定向移动，即形成电流。此时，电场力要对电荷做功，如图 2-19 所示。A、B 是两个电极，A 带正电，B 带负电，这样在 A 和 B 之间就会产生电场，方向由 A 指向 B。如果用导线将 A 和 B 两极通过灯泡连接起来，灯泡就会发光，这说明灯丝中有电流通过。原来，电场力移动电荷从 A 点经过导线流向 B 点形成了电流，对电荷做了功。

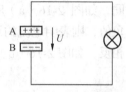

图 2-19　电压的概念

视频 15

观看"电压的概念"视频，该视频演示了电压形成的原因及电压的概念。

为了衡量电场力对电荷做功的能力，引入了电压这个物理量。电场力将单位正电荷从 A 点移到 B 点所做的功，叫作电压，记作

$$U_{AB} = \frac{W}{q} \qquad (2\text{-}3)$$

式中：W——电场力由 A 点移动电荷到 B 点所做的功，单位为焦耳（J）；

　　　q——由 A 点移到 B 点的电荷量，单位为库仑（C）；

　　　U_{AB}——A、B 两点间的电压。

在国际单位制中，电压的单位是伏特，简称伏，符号为 V。

物理量	单位
电荷 q ⟶	库仑（C）
做功 W ⟶	焦耳（J）
电压 U ⟶	伏特（V）

如果将 1 库仑（C）正电荷从 A 点移到 B 点，电场力所做的功为 1 焦耳（J），则 A 和 B 两点间的电压为 1 伏（V）。

常用的电压单位还有千伏（kV）、毫伏（mV）和微伏（μV），它们之间的换算关系为

$$1kV = 10^{3}\,V$$
$$1mV = 10^{-3}\,V \qquad (2\text{-}4)$$
$$1\mu V = 10^{-3}\,mV = 10^{-6}\,V$$

电压同电流一样，不仅有大小，也是有方向的。电压的方向总是对电路中的两点而言的，如果正电荷从 a 点移动到 b 点是释放能量，则 a 点为高电位，b 点为低电位。规定电压的实

际方向是由高电位指向低电位的方向。电压方向可以用箭头来表示，也可以用双下标表示，双下标中前一个字母代表正电荷运动的起点，后一个字母代表正电荷运动的终点，电压的方向则由起点指向终点。除此之外还可以用"+""–"符号来表示电压的方向。图 2-20 所示为电压方向的 3 种表示方法。

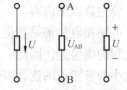

图 2-20　电压方向的 3 种表示方法

视频 16

观看"电压的表示方法及方向"视频，该视频演示了电压方向的 3 种表示方法。

要点提示

与电流一样，电路中任意两点之间的电压的实际方向往往不能预先确定，因此在对电路进行分析计算之前，先要设定该段电路电压的参考方向。若计算电压结果为正值，则说明电压的参考方向与实际方向一致；若计算电压结果为负值，则说明电压的参考方向与实际方向相反。

【例 2-2】　元件 R 上的电压参考方向如图 2-21 所示，请说明电压的实际方向。

解：图 2-21（a）中因 $U = 4V > 0$，为正值，说明电压的实际方向和参考方向相同，即从 a 到 b。

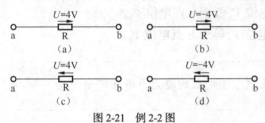

图 2-21　例 2-2 图

图 2-21（b）中因 $U = -4V > 0$，为负值，说明电压的实际方向和参考方向相反，即从 b 到 a。

图 2-21（c）中因 $U = 4V > 0$，为正值，说明电压的实际方向和参考方向相同，即从 b 到 a。

图 2-21（d）中因 $U = -4V > 0$，为负值，说明电压的实际方向和参考方向相反，即从 a 到 b。

【例 2-3】　设一正电荷的电荷量为 0.003C，它在电场中由 a 点移到 b 点时，电场力所做的功为 0.06J，试求 a 和 b 两点间的电压是多少？另有一正电荷的电荷量为 0.04C，此电场力把它由 a 点移到 b 点，所做的功是多少？

解：（1）$U_{ab} = \dfrac{W_{ab}}{q} = \dfrac{0.06J}{0.003C} = 20V$。

（2）$W_{ab} = q \cdot U_{ab} = 0.04C \times 20V = 0.8J$。

答：a 和 b 两点间的电压为 20V，移动 0.04C 正电荷所做的功为 0.8J。

要点提示

按照随时间变化的情况，电压也可以分为直流电压和交流电压两大类，直流电压用 U 表示，交流电压用 u 表示。

2.2.3　电位

在电路中任选一个参考点，电路中某一点到参考点的电压就称为该点的电位。电位的符号用 V 表示。在图 2-22（a）所示的电路中，A 点和参考点 O 间的电压 U_{AO} 称为 A 点的电位，记作 V_A，电位的单位也是伏特（V）。

要注意以下内容。

电压和电位都是表征电路能量特征的物理量，两者有联系也有区别。电压是指电路中两点之间的电位差。因此，电压是绝对的，它的大小与参考点的选择无关。电位是相对的，它的大小与参考点的选择有关。

（1）参考点的选择是任意的，电路中各点的电位都是相对于参考点而言的。

（2）通常规定参考点的电位为零，因此参考点又叫作零电位点。比参考点高的电位为正，比参考点低的电位为负，如图2-22（b）所示。

（3）在一般的电子线路中，通常将电源的一个极作为参考点；在工程技术中则选择电路的接地点为参考点。

由电位的定义可知，电位实际就是电压，只不过电压是指任意两点之间，而电位则是指某一点和参考点之间的电压。电路中任意两点之间的电压即为此两点之间的电位差，如a、b两点之间的电压可记为

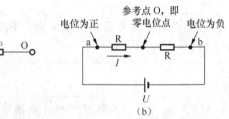

图 2-22　电位示意图

$$U_{ab} = V_a - V_b$$

根据 V_a 和 V_b 的大小，上式可以有以下3种不同情况。

（1）当 $U_{ab} > 0$ 时，说明a点的电位 V_a 高于b点电位 V_b。

（2）当 $U_{ab} < 0$ 时，说明a点的电位 V_a 低于b点电位 V_b。

（3）当 $U_{ab} = 0$ 时，说明a点的电位 V_a 等于b点电位 V_b。

视频 17

> 观看"电位的概念"视频，该视频演示了电位的概念及电压与电位的不同。

【例2-4】 在图2-23所示电路中，已知 $U_{ac} = 30\text{V}$、$U_{ab} = 20\text{V}$，试分别以a点和c点作参考点，求b点的电位和b、c两点间的电压。

图 2-23　例 2-4 图

解：（1）以a点作为参考点，则 $V_a = 0$。

已知 $U_{ab} = 20\text{V}$，又 $U_{ab} = V_a - V_b$，故b点电位为

$$V_b = V_a - U_{ab} = (0 - 20)\text{ V} = -20\text{V}$$

因为 $U_{ac} = 30\text{V}$，又 $U_{ac} = V_a - V_c$，故c点电位为

$$V_c = V_a - U_{ac} = (0 - 30)\text{ V} = -30\text{V}$$

则b、c两点间电压为

$$U_{bc} = V_b - V_c = -20\text{V} - (-30\text{V}) = 10\text{V}$$

（2）以c点作为参考点，则 $V_c = 0$。

因为 $U_{ac} = 30\text{V}$，又 $U_{ac} = V_a - V_c$，故a点电位为

$$V_a = V_c + U_{ac} = (0 + 30)\text{ V} = 30\text{V}$$

已知 $U_{ab} = 20\text{V}$，又 $U_{ab} = V_a - V_b$，故b点电位为

$$V_b = V_a - U_{ab} = (30 - 20)\text{ V} = 10\text{V}$$

则 b、c 两点间电压为

$$U_{bc} = V_b - V_c = (10 - 0)\ \text{V} = 10\text{V}$$

 要点提示　若选择不同的参考点，则同一点的电位是不一样的，但是任何两点间的电压不会随参考点的不同而变化。

2.2.4　电能和电功

电能是实际存在的电力所具备的能量，它是通过其他形式的能量转化而来的，如通过火力发电、水力发电、风力发电、太阳能发电以及各种电池将不同形式的能转化的电能等，供工业生产和日常生活使用，如图 2-24（a）所示。

当在导体两端加上电压时，导体内就建立了电场。电场力在推动自由电子定向移动过程中要做功，也称电流做功，电流所做的功就是电功。电流做功的过程就是电能转化为其他形式能量的过程，如电流通过灯泡将电能转化为光能、热能等，电流通过电热炉将电能转化为热能等，如图 2-24（b）所示。

图 2-24　电能与其他能的转化

假设导体两端的电压为 U，通过导体横截面的电荷量为 q，产生的电流为 I，根据电压的定义 $U = \dfrac{W}{q}$ 可得出电场力对电荷量 q 所做的功，即电路所消耗的电能为

$$W = Uq \tag{2-5}$$

根据式（2-1），可知 $q = It$，故

$$W = UIt \tag{2-6}$$

由式（2-6）可以看出，在一段电路中，电场力使电荷通过导体所做的功 W 与加在这段电路两端的电压 U、通过导体的电流 I 以及通电时间 t 成正比。

在国际单位制中，W、U、I、t 的单位分别是焦耳（J）、伏特（V）、安培（A）、秒（s）。在实际应用中，电功的另一个常用单位是千瓦小时（kW·h），1kW·h 就是俗称的一度电。

$$1\text{度} = 1\text{kW·h} = 3.6 \times 10^6 \text{J}$$

【例 2-5】　刘老太家的一台小型电动磨面机，工作电压是 220V，工作电流是 1.5A，请大家帮忙算算这台电动机正常工作 2h 所用的电能。

解：

$$W = UIt = 220\text{V} \times 1.5\text{A} \times 2\text{h} \times 60\min \times 60\text{s} = 2.376 \times 10^6 \text{J}$$

答：这台电动机正常工作 2h 所用的电能为 2.376×10^6 J。

2.2.5　电功率

单位时间内电流所做的功称为电功率，它是衡量电能转换为其他形式能量速率的物理量，

用字母 P 表示为

$$P = \frac{W}{t} \qquad (2-7)$$

代入 $W = UIt$ 可以得到

$$P = UI \qquad (2-8)$$

式中：P——电功率，单位为 W；

　　　U——电压，单位为 V；

　　　I——电流，单位为 A。

若电流在 1s 内所做的功为 1J，则电功率就是 1W。常用的电功率单位还有千瓦（kW）、毫瓦（mW）等，它们之间的换算关系为

$$1kW = 10^3 W \qquad (2-9)$$
$$1mW = 10^{-3} W$$

要点提示　电功和电功率是两个不同的概念，两者既有联系又有区别。电功是指一段时间内电流所做的功，或者说一段时间内负载消耗的能量；电功率是指单位时间内电流所做的功，或者说单位时间内负载消耗的电能。电功率用瓦特表测量，电功和电能用瓦时表（即电能表）来计算。电功及电能和电功率常用的单位分别是千瓦小时（kW·h）和瓦（W）。

【例 2-6】　一台电炉通电时其电压为 220V，通过电炉丝的电流为 10A，试求电炉通电 30min 消耗的电能是多少？该电炉的功率是多大？

解：

$$W = UIt = 220V \times 10A \times 30\min \times 60s = 3.96 \times 10^6 J$$
$$P = UI = 220V \times 10A = 2\,200W$$

答：电炉通电 30min 消耗的电能是 $3.96 \times 10^6 J$，该电炉的功率是 2 200W。

【课堂练习】

（1）电流的正方向是如何规定的？电压的正方向是如何规定的？

（2）判断图 2-25 中电流的实际方向。

（3）判断图 2-26 中电压的实际方向。

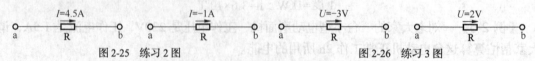

图 2-25　练习 2 图　　　　　　　　　　图 2-26　练习 3 图

（4）电位和电压有什么不同？

（5）已知 $U_{ac}=30V$，$U_{ab}=20V$，$U_{bd}=20V$，判断图 2-27 中以 c 点作为参考点时各点的电位。

（6）什么叫电功？什么叫电功率？它们有什么异同？

（7）一个灯泡工作时，端电压为 220V，通过的电流为 0.5A，试求灯泡工作 10h 消耗多少电能？其功率多大？

图 2-27　练习 5 图

2.3 电源与电动势

2.3.1 电源

【观察与思考】

使用电器时，要插上电源插头，否则电器就不能工作；使用手电筒、MP3 和手机时，要装上电池，大家知道这是为什么吗？电器要工作，必须有电源。电源是电路中产生电压、流过电流的前提条件。

电源的种类很多，如图 2-28 所示。常用的电源有电池和发电机，电池是把化学能转换为电能的装置，而发动机是把机械能转换成电能的装置。

下面就以干电池为例来介绍电源。由图 2-29 所示可以看出，电源都有两个极，电位高的极是正极，电位低的极是负极。为了使电路中能维持一定的电流，电源内部必须有一种非电场力，在电池中，就是化学力；而在发电机中则是电磁力等。这种力能持续不断地把正电荷从电源的负极（低电位处）移送到正极（高电位处），以保持两极具有一定的电位差，这个电位差称为电源的端电压，有时也简称为电源电压。例如，平时所用的 1.5V 干电池，其正负极之间电位差为 1.5V，其端电压为 1.5V。

图 2-28　各种类型的电源

图 2-29　干电池示意图

电源具有的移送正电荷的这种能力称作电源力。电源中外力移送电荷的过程就是电源将其他形式的能量转换为电能的过程。

在电路中，电源以外的部分叫外电路，电源以内的部分叫内电路，如图 2-30 所示。电源的作用就是把正电荷由低电位的负极经内电路送到高电位的正极，内电路和外电路连接而成一闭合电路，这样外电路中就有了电流。

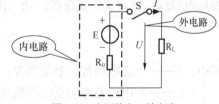

图 2-30　电源的内、外电路

2.3.2 电源的电动势

在电源内部，非电场力使电荷在电源的正负两极间作定向运动，非电场力移动电荷要克服正负两极间电场力做功，同时将其他形式的能转化为电能。在移动的电量不变时，非电场力做功越多，电源把其他形式的能转化成为电能的本领就越大。

在图 2-31 所示的电路中，正电荷由电位高点 A 点（即电源的正极）经外电路到电位低点 B 点（即电源的负极），流经灯泡使其发光。正负电荷不断中和，为保证能够产生持续的电流，作为电源的干电池需要把正电荷从电源的负极源源不断地移到电源的正极。这就类似于图 2-32 所示的简易自来水传送示意图，自来水从地势高即水压高的蓄水池中流到地势低的用户的家中，为保证供水，需要采用水泵将水从井中抽到蓄水池中，这里水泵的作用就类似电源的作用。

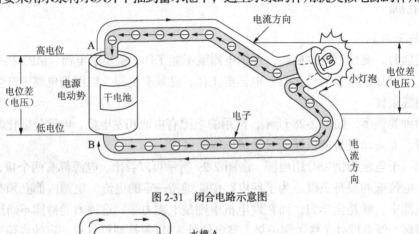

图 2-31　闭合电路示意图

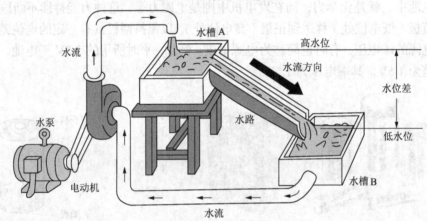

图 2-32　自来水传送示意图

为了衡量电源移动正电荷的本领，引入电动势这个物理量。电动势是电源力将单位正电荷从电源的负极移到正极所做的功，用符号 E 表示为

$$E = \frac{W}{q} \tag{2-10}$$

式中：E——电源电动势，单位为 V；

　　　W——非电场力移动正电荷做的功，单位为 J；

　　　q——非电场力移动的电荷量，单位为 C。

若外力把 1C 正电荷从电源的负极移到正极所做的功是 1J，则电源的电动势等于 1V。

电源的电动势不仅有大小，而且有方向。电动势在数值上等于电源两极间的电位差，方向规定为电源力推动正电荷运动的方向，即电位升高的方向，从电源的负极指向正极，如图 2-33 所标注的 E 的方向。

图 2-33　电动势的方向

视频 18

观看"电源的电动势"视频，该视频演示了电源的电动势的形成、概念及方向。

要点提示

电源电动势的大小只取决于电源本身的性质。对于同一电源，它移动单位正电荷所做的功是一定的。但对于不同的电源，电源把单位正电荷从负极搬运到电源正极所做的功就不同，这也就是说同一电源其电动势是固定的，不同电源其电动势则不一定相等。

2.3.3　电动势与电压的区别

电动势和电压的单位都是伏特，都反映电位差，也都有方向，但两者还是有区别的。

（1）电动势与电压具有不同的物理意义。电动势是衡量电源把其他形式的能转化成电能这一本领的物理量，表示非电场力（外力）做功的本领；而电压是衡量电路把电能转化成其他形式能这一本领的物理量，表示电场力做功的本领。

（2）对一个电源来说，既有电动势又有电压，但电动势仅存于电源内部。电动势的大小决定于电源本身，与电源材料和结构有关，而与外电路的负载无关。电源的电动势在数值上等于电源两端的开路电压，即电源两端不接负载时的电压。

（3）电动势与电压的方向相反。电动势是从低电位指向高电位，即电位升高的方向；而电压是从高电位指向低电位，即电位降低的方向。

【课堂练习】

（1）列举不同类型的电源，说明电源所起的作用。

（2）什么是电源的电动势，其方向如何？

（3）说明电动势与电压的关系。

【阅读材料】

保护环境，从我做起

我国年产电池已达 140 亿~150 亿只，年耗 90 亿只，占了世界产量的 1/4。废电池随意丢弃或不当堆埋，时间过长就会造成汞、镍、铅、铬等有害物质流散。这些有害物质对地下水源和土壤的破坏是巨大的，一节一号电池的溶出物就足以使 $1m^2$ 的土壤丧失农用价值，而一粒钮扣电池能污染 60 万升水（这是一个人一生的用水量）。显而易见，旧电池的回收和处理决不可以"小事"观之。废电池的危害是大家有目共睹的，如果对此漠不关心，最终受伤害的只能是我们自己的家园。

保护环境，从我做起，请将废旧电池放到指定位置。

2.4　电阻与欧姆定律

2.4.1　电阻

自然界中的各种物质，按其导电性能来分，可分为导体、绝缘体和半导体 3 大类，如

图 2-34 所示。

其中，导电性能良好的物质叫作导体，如图 2-35（a）所示的铁、铜、铝等金属，导体内部有大量的自由电荷；导电性能很差的物质称为绝缘体，如图 2-35（b）所示的橡皮、干木头、塑料等，绝缘体中几乎没有自由电荷存在；导电性能介于导体和绝缘体之间的物质叫作半导体，如图 2-35（c）所示的硅、锗等，半导体在一定条件下可以导电。

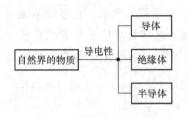

（a）导体　　　　　　（b）绝缘体　　　（c）半导体

图 2-34　根据导电性的分类　　　　　　　　　图 2-35　导体、绝缘体和半导体

金属导体中有大量的自由电子，因而具有导电的能力。但这些自由电子在受电场力作用而作定向移动时，除了会不断地相互碰撞外，还要和组成导体的原子相互碰撞摩擦。这些碰撞阻碍了自由电子的定向移动，即表现为导体对电流的阻碍作用，这称为电阻。

电阻用 R 表示，单位为欧姆，符号为 Ω。常用的电阻单位还有千欧（kΩ）和兆欧（MΩ），其换算关系为

$$1\text{k}\Omega = 10^3\Omega$$
$$1\text{M}\Omega = 10^3\text{k}\Omega = 10^6\Omega \tag{2-11}$$

 要点提示　任何物体都有电阻，而导体的电阻是由它本身的性质所决定的，它不随导体两端电压的大小而变化，即使没有加上电压，导体仍有电阻。

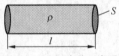

图 2-36　电阻定律示意图

实验证明：在一定温度下，截面均匀的导体的电阻与导体的长度成正比，与导体的截面面积成反比，还与导体的材料有关，如图 2-36 所示，这就是著名的电阻定律。

$$R = \rho \cdot \frac{l}{S} \tag{2-12}$$

式中：ρ——导体的电阻率或称电阻系数，单位为欧·米（Ω·m），它与导体材料的性质和所处的条件（如温度等）有关，而与导体的几何尺寸无关。

l——导体的长度，单位为米（m）；

S——导体的横截面积，单位为平方米（m²）；

R——导体的电阻，单位为欧（Ω）。

几乎所有导体的电阻值都随温度的改变而发生变化，通常情况下几乎所有金属材料的电阻率都随温度的升高而增大，因此当导体温度很高时，电阻的变化也是很显著的；另外，也有些材料（如碳、石墨、电解液等）在温度升高时，导体的电阻值反而减小，这种特性在一些电气设备中可以起自动调节和补偿的作用。

视频 19

观看"电阻定律"视频，该视频演示了电阻定律示意图、内容以及电阻定律中各个量之间的关系。

【例 2-7】 张奶奶家电炉的炉丝长度为 0.5m，直径为 0.5mm 的镍铬丝，请同学们帮她算算该镍铬丝的电阻为多少？

解： 查表得镍铬丝的电阻率 $\rho = 1.1 \times 10^{-6}$（$\Omega \cdot m$）

由 $R = \rho \cdot \dfrac{l}{S}$ 可得到 $R = \rho \cdot \dfrac{l}{S} = 1.1 \times 10^{-6}(\Omega \cdot m) \times \dfrac{0.5m}{3.14 \times \left(\dfrac{0.5}{2 \times 1\,000}\right)^2 m^2} = 2.8\Omega$

答： 该镍铬丝的电阻为 2.8Ω。

2.4.2　欧姆定律

欧姆定律是电路分析中的基本定律之一，用来确定电路各部分的电压与电流的关系，其内容是导体中的电流跟它两端的电压成正比，跟它的电阻成反比。

图 2-37 所示为一段不含电动势而只有电阻的部分电路。根据欧姆定律可写出

$$I = \frac{U}{R} \tag{2-13}$$

式中：I——电路中的电流，单位为安培（A）；

$\quad\quad U$——电路两端的电压，单位为伏特（V）；

$\quad\quad R$——电路的电阻，单位为欧姆（Ω）。

式（2-13）称为部分电路的欧姆定律，部分电路中电阻两端的电压与流经电阻的电流之间的关系曲线称为电阻的伏安特性曲线，如图 2-38 所示。

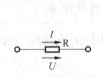

图 2-37　部分电路

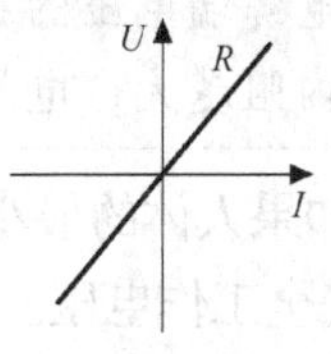

图 2-38　电阻伏安特性曲线

由图 2-37 所示的电路可以看出，电阻两端的电压方向是由高电位指向低电位，并且电位是逐点降落的，因而通常把电阻两端的电压称为"电压降"或"压降"。

含有电源的闭合电路称为全电路，如图 2-39 所示。全电路中的电流 I 与电源的电动势 E 成正比，与电路的总电阻（外电路的电阻 R 和内电路的电阻 r_0 之和）成反比，即

$$I = \frac{E}{R + r_0} \tag{2-14}$$

式中：I——电路中的电流，单位为安培（A）；

$\quad\quad E$——电源的电动势，单位为伏特（V）；

R——外电路电阻，单位为欧姆（Ω）；

r_0——电源内阻，单位为欧姆（Ω）。

式（2-14）称为全电路欧姆定律。由式（2-14）可得

$$E = IR + Ir_0 = U + Ir_0$$
$$U = E - Ir_0 \qquad\qquad (2\text{-}15)$$

式中，U 是外电路中的电压降，即电源两端的电压，Ir_0 是电源内部的电压降。

将电阻值不随电压、电流变化而改变的电阻称为线性电阻，由线性电阻组成的电路称为线性电路。阻值随电压、电流的变化而改变的电阻称为非线性电阻，含有非线性电阻的电路称为非线性电路。欧姆定律只适用于线性电路。

一般情况下，电源的电动势是不变的，但由于电源存在一定内阻，当外电路的电阻变化时，端电压也随之改变。由式（2-14）可知，当外电路的电阻 R 增大时，电流 I 要减小，端电压 U 就增大；当外电路的电阻 R 减小时，电流 I 要增大，端电压 U 就减小。电源的端电压 U 与负载电流 I 变化的规律称为电源的外特性，电源的外特性曲线如图 2-40 所示。

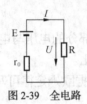

图 2-39　全电路

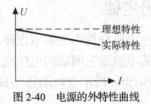

图 2-40　电源的外特性曲线

视频 20

观看"欧姆定律"视频，该视频演示了部分电路和全电路欧姆定律的内容以及各个量之间的关系。

要点提示

电源端电压的稳定性取决于电源内阻的大小，在相同的负载电流下，电源内阻越大，电源端电压下降得越多，外特性就越差。

【例 2-8】　如果人体的最小电阻为 800Ω，已知通过人体的电流为 50mA 时，就会引起呼吸困难，试求安全工作电压。

解：

$$50\text{mA} = 5 \times 10^{-2}\,\text{A}$$
$$U = IR = (5 \times 10^{-2})\text{A} \times 800\Omega = 40\text{V}$$

答：安全工作电压为 40V 以下。

【例 2-9】　一段导体两端电压是 3V 时，导体中的电流是 0.5A，如果电压增大到 6V，导体中的电流是多大？如果电压减小到 1.5V 时，电流又是多大？

解：对于某一段导体来说，它的电阻是一定的。在电阻一定时，导体中的电流跟这段导体两端的电压成正比。本题的易错点一是将"增大到"理解成"增大了""减小到"理解成"减小了"；二是将"成正比"做成"成反比"。

因为导体的电阻是一定的，6V 是 3V 的 2 倍，所以导体中的电流是 2×0.5A = 1A。又因为 1.5V 是 3V 的 1/2，所以导体中的电流为 (1/2)×0.5A = 0.25A。

【阅读材料】

安全电压和安全电流

人体电阻除人的自身电阻外，还应附加上人体以外的衣服、鞋、袜等电阻，虽然人体电阻一般可达 5 000Ω，但是，影响人体电阻的因素很多，如皮肤潮湿出汗、带有导电性粉尘、加大与带电体的接触面积和压力，以及衣服、鞋、袜的潮湿油、污等情况，均能使人体电阻降低，所以通常流经人体电流的大小是无法事先计算出来的。因此，为确定安全条件，往往不采用安全电流，而是采用安全电压来进行估算：在一般情况下，也就是干燥而触电危险性较大的环境下，安全电压规定为 36V；对于潮湿而触电危险性较大的环境（如金属容器、管道内施焊检修），安全电压规定为 12V。这样，触电时通过人体的电流，可被限制在较小范围内，在一定的程度上保障人身安全。

【例 2-10】　图 2-41 所示的电路中，已知电源的电动势 E =24V，内阻 r_0 =2Ω，负载电阻 R =10Ω，求（1）电路中的电流；（2）电源的端电压；（3）负载电阻上的电压；（4）电源内阻上的电压降。

解：（1）$I = \dfrac{E}{R + r_0} = \dfrac{24\text{V}}{(10 + 2)\Omega} = 2\text{A}$。

（2）$U = E - Ir_0 = 24\text{V} - 2\text{A} \times 2\Omega = 20\text{V}$。

（3）$U = IR = 2\text{A} \times 10\Omega = 20\text{V}$。

（4）$U' = Ir_0 = 2\text{A} \times 2\Omega = 4\text{V}$。

图 2-41　例 2-10 图

答：（1）电路中的电流为 2A；（2）电源的端电压为 20V；（3）负载电阻上的电压为 20V；（4）电源内阻上的电压降为 4V。

【例 2-11】　图 2-42 所示的电路中，R_1 =3Ω，R_2 =6Ω，R_3 =6Ω，电源电动势 E =24V，内阻不计。当电键 S_1、S_2 均开启和均闭合时，灯泡 L 都同样正常发光。

（1）写出两种情况下流经灯泡的电流方向：S_1、S_2 均开启时；S_1、S_2 均闭合时。

（2）求灯泡正常发光时的电阻 R 和电压 U。

解：画出 S_1、S_2 均开启和闭合时的等效电路图（见图 2-43），即可判知电流方向。灯泡 L 能同样正常发光，表示两种情况中通过灯泡的电流相同。

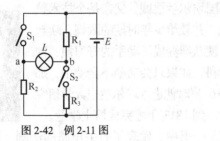

图 2-42　例 2-11 图

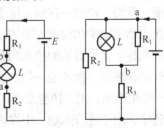

图 2-43　等效电路图

（1）S_1、S_2 均开启时，流经灯泡的电流方向从 b→a；S_1、S_2 均闭合时，流经灯泡的电流方向从 a→b。其等效电路分别如图 2-43 所示。

（2）设灯泡的电阻为 R。S_1、S_2 均开启时，由全电路欧姆定律得流过灯泡的电流

$$I_1 = \frac{E}{R_1 + R_2 + R}$$

S_1、S_2 均闭合时，由全电路欧姆定律和并联分流的关系得流过灯泡的电流

$$I_2 = \frac{E}{\dfrac{R_1 R}{R_1 + R} + R_3} \cdot \frac{R_1}{R_1 + R}$$

两种情况中，灯泡 L 同样正常发光，表示

$$I_1 = I_2,$$

即

$$\frac{E}{R_1 + R_2 + R} = \frac{E}{\dfrac{R_1 R}{R_1 + R} + R_3} \cdot \frac{R_1}{R_1 + R}$$

解得

$$R = \frac{R_1(R_1 + R_2 - R_3)}{R_3} = \frac{3(3 + 9 - 6)}{6} = 3\Omega$$

灯泡正常发光时的电压由等效电路图根据串联分压得

$$U = \frac{R}{R_1 + R_2 + R} E = \frac{3}{3 + 9 + 6} \times 24\text{V} = 4.8\text{V}$$

【课堂练习】

（1）电阻定律的内容是什么？

（2）写出部分电路和全电路欧姆定律的公式及公式中物理量的单位。

（3）运用欧姆定律分析电路 3 种状态中 U、I、R 的关系。

（4）由欧姆定律可以知道某一段电路的电阻与其两端电压成正比，所以所加电压越大，其电阻越大，对吗？

（5）电源的电动势 $E = 25\text{V}$，内阻 $r_0 = 2\Omega$，负载电阻 $R = 248\Omega$，求：电路的电流；电源的端电压；负载的电压；内阻上的电压。

【阅读材料】

欧姆和欧姆定律

乔治·西蒙·欧姆（1787—1854）生于德国埃尔兰根城，父亲是个技术熟练的锁匠。父亲自学了数学和物理方面的知识，并教给少年时期的欧姆，唤起了欧姆对科学的兴趣。父亲对他的技术启蒙，使欧姆养成了动手的好习惯，他心灵手巧，做什么都像样。物理是一门实验学科，如果只会动脑不会动手，那么就好像是用一条腿走路，走不快也走不远。16 岁时他进入埃尔兰根大学研究数学、物理与哲学，由于经济困难，中途辍学，到1813 年才完成博士学业。

1827 年欧姆在《伽伐尼电路的数学论述》一书中，发表了有关电路的法则，这就是闻名于世的欧姆定律。欧姆还在自己的许多著作里证明了：电阻与导体的长度成正比，与导体的横截面积和传导性成反比；在稳定电流的情况下，电荷不仅在导体的表面上，而且还在导体的整个截面上运动。该书的出版一开始招来不少讽刺和诋毁，为此欧姆十分伤心，他在给朋

友的信中写道:"伽伐尼电路的诞生已经给我带来了巨大的痛苦,我真抱怨它生不逢时,因为深居朝廷的人学识浅薄,他们不能理解它的母亲的真实感情。"

当然也有不少人为欧姆抱不平,发表欧姆论文的《化学和物理》杂志主编施韦格(即电流计发明者)写信给欧姆说:"请您相信,在乌云和尘埃后面的真理之光最终会透射出来,并含笑驱散它们。"直到七八年之后,随着研究电路工作的进展,人们逐渐认识到欧姆定律的重要性,欧姆本人的声誉也大大提高,1841 年被英国皇家学会授予科普利奖章,1845 年被接纳为巴伐利亚科学院院士。

人们为纪念他,将电阻的单位以欧姆的姓氏命名,定为欧姆。

2.5　负载获得最大功率的条件

由前面的学习可以知道对全电路应用欧姆定律时,可以得到

$$I = \frac{E}{R + r_0}$$

两边同乘($R+r_0$)得

$$E = IR + Ir_0 = U + U_{r_0} \tag{2-16}$$

式(2-16)两边同乘I,可得

$$EI = UI + U_{r_0}I \tag{2-17}$$

式(2-17)中,EI是电源产生的电功率,UI是电源的输出电功率(即负载吸取的电功率),$U_{r_0}I$是内阻上消耗的电功率,可见电源产生的电功率等于电源的输出电功率与内阻上消耗的电功率之和,故式(2-17)又称为电路的功率平衡方程式。

某些情况下人们希望电源的输出电功率越大越好,那么在什么条件下电源的输出电功率最大呢?

在给定电源的条件下,负载功率的大小是与负载电阻的大小有关的。

全电路欧姆定律中

$$I = \frac{E}{R + r_0}$$

故电源输出的功率即负载 R 上获得的功率为

$$P = I^2 R = \left(\frac{E}{R + r_0}\right)^2 R = \frac{E^2 R}{R^2 + 2Rr_0 + r_0^2}$$
$$= \frac{E^2 R}{(R - r_0)^2 + 4Rr_0} = \frac{E^2}{\dfrac{(R - r_0)^2}{R} + 4r_0} \tag{2-18}$$

对于同一电源,式(2-18)的 E 和 r_0 都为常数,则 P 是随 R 变化的,变化曲线如图 2-44 所示。要使负载获得功率最大,只有在 $R - r_0 = 0$的情况下,也就是当 $R = r_0$ 时,上述公式中分母最小,P 值最大。

可见,负载电阻从电源获得最大功率的条件为

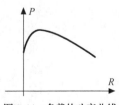

图 2-44　负载的功率曲线

$$R = r_0 \qquad (2\text{-}19)$$

由于负载获得的最大功率就是电源输出的最大功率，故式（2-19）也是电源输出最大功率的条件，此时负载获得的最大功率为

$$P_{max} = \frac{E^2}{4R} = \frac{E^2}{4r_0} \qquad (2\text{-}20)$$

负载获得的功率与电源提供的功率之比称为电源的效率，用 η 表示，可以得出

$$\eta = \frac{R}{R + r_0} \times 100\% \qquad (2\text{-}21)$$

视频 21　你能推导上述结论吗？试试看！

> 观看"负载获得最大功率的计算"视频，该视频演示了负载获得最大功率的条件及计算方法和步骤。

要点提示　当负载电阻 R 与电源内阻 r_0 相等时，负载获得最大功率，但此时电源内阻上消耗的功率和负载获得的功率是相等的，因此电源的效率只有50%。

【例2-12】　电源电动势 $E = 40V$，内阻 $r_0 = 30\Omega$，当负载电阻 $R = 10\Omega$、30Ω、770Ω时，求负载功率和电源效率。

解：

已知

$$P = I^2 R = \left(\frac{E}{R + r_0} \right)^2 R = \frac{E^2}{\dfrac{(R - r_0)^2}{R} + 4r_0}$$

则当 $R = 10\Omega$ 时

$$P = \frac{(40V)^2}{\dfrac{(10 - 30)^2}{10}\Omega + 4 \times 30} = \frac{1\,600V^2}{160\Omega} = 10W$$

$$\eta = \frac{R}{R + r_0} = \frac{10}{10 + 30} \times 100\% = 0.25 \times 100\% = 25\%$$

当 $R = 30\Omega$ 时

$$P = \frac{(40V)^2}{\dfrac{(30 - 30)^2}{30}\Omega + 4 \times 30\Omega} = \frac{1\,600V}{120\Omega} = 13.3W$$

$$\eta = \frac{R}{R + r_0} = \frac{30}{30 + 30} \times 100\% = 0.5 \times 100\% = 50\%$$

当 $R=770\Omega$ 时

$$P = \frac{(40V)^2}{\dfrac{(770-30)^2}{770}\Omega + 4\times 30\Omega} = 1.925W$$

$$\eta = \frac{R}{R+r_0} = \frac{770}{770+30} \times 100\% = 96.25\%$$

答：当负载电阻 $R = 10\Omega$、30Ω、770Ω 时，负载效率和电源效率分别为 10W 和 25%、13.3W 和 50%、1.925W 和 96.25%。

从这个例子你能得出什么结论？

【课堂练习】

（1）写出全电路功率平衡方程式。

（2）什么情况下负载获得最大功率，请分析说明。

（3）全电路中电源电动势 $E = 15V$，内阻 $r_0 = 10\Omega$，当负载电阻 $R = 5\Omega$、10Ω、90Ω 时，求负载功率和电源效率。

2.6　焦耳-楞次定律

【观察与思考】

在日常生活中，电炉、电饭锅、电热毯、电暖器等家用电器是必不可少的。注意观察会发现，它们都有一个共同的特点，就是通电后能够发热，如图 2-45 所示。

那么，电和热之间有什么关系呢？电源通过导体使导体内自由电子在电场力作用下定向运动，不断与原子发生碰撞而产生热量，如图 2-46 所示，并使导体温度升高，电能转化为热量，这种现象叫作电流的热效应，其原因是导体有电阻。

图 2-45　电炉通电后发热

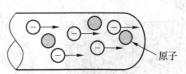

图 2-46　电流的热效应

视频 22

观看"电流热效应"视频，该视频演示了电流热效应产生的原因及应用的实例。

英国物理学家焦耳和俄国科学家楞次各自做了大量的实验，证明了电流的这种热效应现象，称为焦耳-楞次定律。它的内容是电流流过导体产生的热量 Q 与电流 I 的平方成正比，与导体的电阻 R 成正比，与通电时间 t 成正比，热量用公式表示为

$$Q = I^2 Rt$$

根据电压电流关系，可以得到

$$Q = IUt$$

$$Q = \frac{U^2}{R}t$$

（2-22）

式（2-22）中，电流的单位为安培（A），电压的单位为伏特（V），电阻的单位为欧姆（Ω），时间的单位为秒（s），则热量 Q 的单位是焦耳（J）。

视频 23

> 观看"焦耳-楞次定律"视频，该视频演示了焦耳-楞次定律的内容及适用的条件。

焦耳-楞次定律只适用于纯电阻电路，如电炉等，此时电流所做的功将全部转变成热量，如图 2-47 所示。

若不是纯电阻电路，如图 2-48 所示，电路中包含有电动机、电解槽等用电器，则电能除部分转化为热能使温度升高外，还要转化为机械能、化学能等其他形式的能。此时，电功就不等于而是大于生成的热量了。

图 2-47 纯电阻电路　　　　　　　　　　　　　　图 2-48 非纯电阻电路

电流的热效应现象在日常生活和工业生产中有广泛的应用，如图 2-49 所示的电烤箱、电熨斗、电烙铁等设备就是利用电流的热效应来工作的，而白炽灯则是通过使钨丝发热到白炽状态而发光。

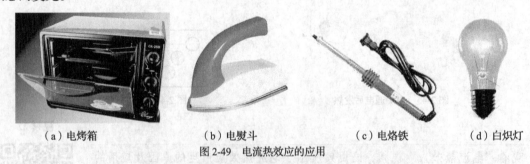

（a）电烤箱　　　　　（b）电熨斗　　　　　（c）电烙铁　　　　　（d）白炽灯

图 2-49 电流热效应的应用

但电流的热效应现象在很多情况下也是有害的，如会使通电导线温度升高，加速绝缘材料的老化变质，导致漏电甚至烧毁设备等；另外，电动机、变压器等在运行中会发热，温度过高会影响其使用，故应设计散热装置，延长其使用寿命，如图 2-50 所示。

【例 2-13】　有一功率为 1 000W 的电炉，工作 5min 中产生的热量是多少？

解：

$$Q = IUt = Pt = 1\,000\text{w} \times 5\text{min} \times 60\text{s} = 3 \times 10^5\,\text{J}$$

答：1 000W 的电炉 5min 产生的热量是 3×10^5J。

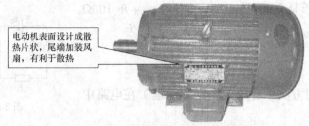

电动机表面设计成散热片状，尾端加装风扇，有利于散热

图 2-50 消除电流热效应的不良影响

【**例 2-14**】 在图 2-51 所示的电路中，电池的电动势 $E=5$V，内电阻 $r_0=10\Omega$，固定电阻 $R=90\Omega$，R_0 是可变电阻，在 R_0 由 0 增加到 400Ω 的过程中，求：

（1）可变电阻 R_0 上消耗热功率最大的条件和最大热功率；

（2）电池的内电阻 r_0 和固定电阻 R 上消耗的最小热功率之和。

解：根据焦耳定律，热功率 $P=I^2R$，内阻 r_0 和 R 都是固定电阻，电流最小时，其功率也最小。对可变电阻 R_0，则需通过热功率的表达式找出取最大值的条件才可确定。

图 2-51 例 2-14 图

（1）电池中的电流

$$I = \frac{E}{r_0 + R + R_0}$$

可变电阻 R_0 的消耗的热功率

$$P = I^2 R_0 = \left(\frac{E}{r_0 + R + R_0} \right)^2 R_0 = \frac{25 R_0}{(10 + 90 + R_0)^2}$$

为了求出使 P 取极大值的条件，对上式作变换，即

$$P = \frac{25 R_0}{(R_0 - 100)^2 + 400 R_0} = \frac{25}{\left(\sqrt{R_0} - \dfrac{100}{\sqrt{R_0}} \right)^2 + 400}$$

当 $\sqrt{R_0} - \dfrac{100}{\sqrt{R_0}} = 0$，$R_0 = 100\Omega$ 时，P 有极大值，其值为

$$P_{\max} = \frac{25}{400}\text{W} = \frac{1}{16}\text{W}$$

（2）在电池内阻 r_0 和固定电阻 R 上消耗的热功率为

$$P' = I^2 (r_0 + R) = \left(\frac{E}{r_0 + R + R_0} \right)^2 (r_0 + R)$$

当 R_0 调到最大值 400Ω 时，P' 有最小值，其值为

$$p'_{\min} = \left(\frac{5}{10 + 90 + 400} \right)^2 (10 + 90)\,\text{W} = 0.01\text{W}$$

根据电源输出功率最大的条件，如把题中固定电阻"藏"在电源内部，即等效内阻 $r_0'=r_0+R$（见图 2-52），于是立即可知，当 $R_0=r_0'=r_0+R=100\Omega$ 时，输出功率（即 R_0 上消耗的功率）最大，其值为

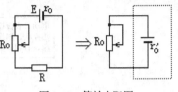

$$P_{\max}=\frac{E_2}{4r_0'}=\frac{25}{4\times100}\text{W}=\frac{1}{16}\text{W}$$

这种等效电源的方法（称等效电压源定理）在电路中

图 2-52　等效电阻图

很有用。

对于外电路中的固定电阻，则通过它的电流越小，消耗的功率越小。

【课堂练习】

（1）通电的灯泡为什么会发热？

（2）写出焦耳-楞次定律的内容并标明各个物理量的单位。

（3）举例说明电流热效应的广泛应用。

【阅读材料】

电流生热的奥秘

用焦耳和楞次的名字命名的电流热效应定律是为了纪念两位物理学家。

焦耳是英国物理学家，他一生中只受过很少的正规教育，是一位自学成才的科学家，他的知识基本上是利用空闲时间通过自学而得来的。他对科学特别酷爱，尤其对实验非常感兴趣，把业余时间全部用于实验研究，后来更是全心全意地投入科学研究事业。

楞次是俄国物理学家，1833 年，楞次研究金属在不同温度下的导电性时指出：通了电流的导体会发热，这是电流热效应的最先描述。

焦耳和楞次是相互独立地开始进行电流的热效应研究，他们用完全不同的实验方法，经过艰苦探索，分别发现了通电导体产生热量的客观规律，为了纪念这两位科学家做出的贡献，人们就把电流热效应所遵从的客观规律叫作焦耳-楞次定律。

焦耳-楞次定律描述了电流产生热量的基本规律，这在生产中具有非常大的应用价值。例如，在远距离输电过程中，线路的热损耗不可避免。通过应用焦耳-楞次定律分析计算，人们认识到输电电压越高时，线路的热损耗就越小，故在远距离输电过程中，利用高压输电方式。目前，我国的高压输电电压一般是 110kV 和 220kV。在少数地区已经开始利用 500kV 的超高压输电。由此不难看出，理论对生产实践具有多么大的指导意义啊！

2.7　实验 1　仪器仪表的认识

【实验目的】

· 认识常用的电工仪器仪表。

· 学会正确使用常用的电工仪器仪表。

1.　基础知识

常用的电工测量仪表按被测量物理量的类型可分为电流表、电压表、电阻表、功率表等；按工作原理分为磁电式、整流式、电磁式和电动式几大类；按照电流的种类可分为直流仪表、

交流仪表和交直流两用仪表。

（1）电压表

① 电压表的图形符号为 ⓥ－，文字符号为 PV。电压表有直流、交流之分。

② 直流电压表的标记是 "－" 或 "DC"，接线端有 "＋""－"。

③ 交流电压表的标记是 "∼" 或 "AC"。

④ 电压表按测量范围分为微伏表、毫伏表和伏特表。

⑤ 电压表在使用时一定要并联接入被测电路。

（2）电流表

① 电流表的图形符号为－Ⓐ，文字符号为 PA。电流表有直流、交流之分，标记符号与电压表相同。

② 电流表按测量范围分为微安表、毫安表和安培表。

③ 电流表一定要串联接入被测电路。

④ 电压表和电流表面板分别如图 2-53 和图 2-54 所示。

图 2-53　电压表面板

图 2-54　电流表面板

（3）万用表

万用表又叫繁用表或多用表，它具有多种用途、多种量程、携带方便等优点，在电工维修和测试中广泛使用。

一般万用表可以测量直流电流、直流电压、交流电压、电阻等量，有的还可以测量交流电流和电容、电感等。

万用表有指针式和数字式两类，分别如图 2-55 和图 2-56 所示。

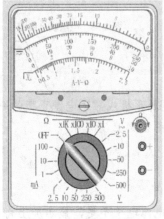

图 2-55　指针式万用表

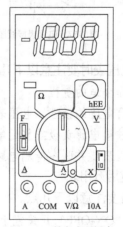

图 2-56　数字式万用表

① 指针式万用表主要由表壳、表头、机械调零旋钮、欧姆调零旋钮、选择开关（量程选

择开关）、表笔插孔、表笔等组成。

② 数字式万用表是一种多功能、多量程的数字显示仪表。采用大规模集成电路和液晶数码显示技术使其具有体积小、重量轻、精度高、数码显示清晰等优点。一般情况下数字万用表除了具有测量交直流电压、电流、电阻等功能外，还具有测量晶体管、电容等功能，并且具有自动回零、过量程指示、极性选择等特点。

2．实验内容

（1）使用电流表测量电路中的电流。

（2）使用电压表测量电路中的电压。

（3）使用万用表测量电压和电流。

3．实验步骤

（1）使用电流表

按照图 2-57 所示将电流表串联到电路中，记录测试数据。

使用电流表要注意以下几点。

- 选择合适的量程。电流表选用量程一般应为被测电流值的 1.5~2 倍，如果被测电流为 50A 以上，可采用电流互感器以扩大量程。
- 注意电流的极性。电流表的"+"接线柱接电源正极或靠近电源正极的一端，"–"接线柱接电源负极或靠近电源负极的一端（见图 2-53）。
- 电流表要串联在待测电路中。
- 千万不能直接将电流表接到电源的两端。

（2）使用电压表

按照图 2-58 所示将电压表并联到电路中，记录测试数据。

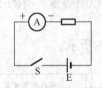

图 2-57　电流表接线图

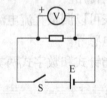

图 2-58　电压表接线图

使用电压表时要注意以下几点。

- 选择合适的量程。
- 注意电压的极性。电压表的"+"接线柱接电源正极或靠近电源正极的一端，"–"接线柱接电源负极或靠近电源负极的一端（见图 2-54）。
- 电压表要并联在待测电路中。

（3）使用万用表

操作前要注意以下几点。

- 将"ON-OFF"开关置于"ON"位置，如果电池电压不足，显示屏上将有低压显示，这时应更换一个新电池后再使用。
- 测试之前，将功能开关置于需要的量程。

（4）电压测量

① 将黑色表笔插入 "COM" 插孔，红色表笔插入 "V/Ω" 插孔，如图 2-59 所示。

② 测直流电压时，将功能开关置于直流电压量程范围，并将测试表笔连接到待测电源或负载上，同时便可读出显示值，红色表笔所接端的极性将同时显示于显示屏上。

要注意以下内容。

- 如果被测电压范围未知，则首先将功能开关置于最大量程后，视情况降至合适量程。
- 如果只显示 "1"，则表示超量程，此时功能开关应置于更高量程。

（5）电流测量

① 将黑色表笔插入 COM 插孔，红色表笔根据待测量电流的大小，插入到合适的电流插孔。例如，当测量最大值为 120A 的电流时，红色表笔插入 10A 插孔，如图 2-60 所示。

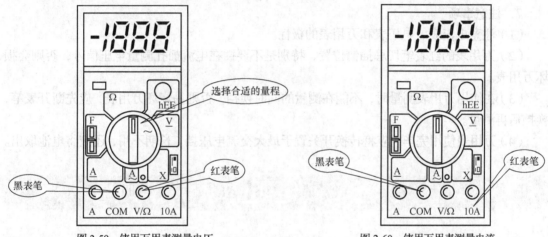

图 2-59　使用万用表测量电压　　　　图 2-60　使用万用表测量电流

② 将功能开关置于直流电流的合适量程，且将表笔与待测负载串联接入电路，电流值即时显示并同时显示出红色表笔的极性。

4. 实验器材

（1）直流稳压电源 1 台。

（2）电流表 1 台。

（3）电压表 1 台。

（4）数字（或指针式）万用表两块。

（5）信号发生器 1 台。

5. 预习要求

（1）了解常用的电工仪表（如电压表、电流表、万用表等）的特点。

（2）掌握常用电工仪表（如电流表、电压表、万用表）的使用方法和注意事项等。

（3）阅读有关直流电源、信号发生器、电流表、电压表、万用表、实验系统等常用仪器使用说明书。

（4）制定本实验有关数据记录表格。

6. 实验报告

（1）阐述常用的电工仪表（如电压表、电流表、万用表等）的特点、使用方法及注意事项。

（2）写出学校实验室所提供的各种仪器设备，并填入表2-2中。

表2-2 　　　　　　　　　　各种仪器设备

序　号	名　　称	符　号	规　格	数　量
1				
2				
3				
4				

（3）写出本次实验所用仪器的型号、名称及各自作用。

（4）填写实验过程测量的各种数据。

7．注意事项

（1）注意电流表、电压表和万用表的极性。

（2）万用表的红表笔切忌插错位置，特别是不要插在电流插孔测量电压信号，否则会损坏万用表。

（3）在使用万用表测量时，不能在测量的同时换挡，否则易烧坏万用表，应先断开表笔，换挡后再测量。

（4）万用表使用完毕，应将转换开关置于最大交流电压挡。长期不用，还应将电池取出。

2.8　实验2　电阻的认识和测量

【实验目的】

- 认识各种类型的电阻，能够准确读取其参数。
- 掌握使用万用表测量电阻的方法和注意事项。
- 掌握使用伏安法测量电阻的方法。

1．基础知识

电阻器（简称电阻）的种类很多，结构、规格也各有差异，按其阻值是否可调可分为固定电阻和可调电阻；按其构造和材料特性可分成线绕电阻和非线绕电阻，非线绕电阻又可分为膜式、实芯式两种；根据用途可分为通用电阻、高阻电阻、高压电阻、高频电阻、精密电阻等。

图2-61所示为常见电阻的外形，其中碳膜电阻、金属膜电阻和线绕电阻都是固定电阻，其图形符号为 ▭，滑线变阻器和电位器都是可调电阻，其图形符号为 ▭。

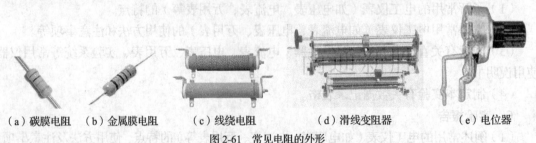

（a）碳膜电阻　　（b）金属膜电阻　　（c）线绕电阻　　（d）滑线变阻器　　（e）电位器

图2-61　常见电阻的外形

对于电阻器，人们最关心的就是其阻值大小，称为标称电阻值。另外，在电阻的生产过程中，由于技术原因，实际电阻值与标称电阻值之间难免存在偏差，因而规定了一个允许的偏差参数，也称为精度。常用电阻的允许偏差分别为±5%、±10%、±20%，对应的精度等级分别为Ⅰ、Ⅱ、Ⅲ级。

标称电阻值和容许偏差的表示方法有以下 3 种。

（1）直接法，即直接在电阻上标注该电阻的标称阻值和容许偏差。图 2-62 所示为电阻阻值为 50kΩ，容许偏差为 ±10%。

（2）文字表示法，即字母和数字符号用规律的组合来表示标称电阻值。如图 2-63 所示，K 为符号位（K、M、G），表示电阻值的数量级别，5K7 中的 K 表示电阻值的单位为 kΩ（千欧），符号前面的数字表示电阻值整数部分的大小，符号位后面的数字表示小数点后面的数值，即该电阻的阻值为 5.7kΩ。文字符号法一般在大功率电阻器上应用较多，具有识读方便、直观的特点。

图 2-62　直接标称的电阻

图 2-63　文字表示的电阻

（3）色环表示法，又称色码带表示法，这样表示的电阻上有 3 个或 3 个以上的色环（色码带）。最靠近电阻一端的第 1 条色环的颜色表示第 1 位数字；第 2 条色环的颜色表示第 2 位数字；第 3 条色环的颜色表示乘数；第 4 条色环的颜色表示允许误差，如图 2-64 所示，其含义如表 2-3 所示。如果有 5 条色环，则第 1、第 2、第 3 条色环表示第 1、第 2、第 3 位数，第 4 条表示乘数，第 5 条表示允许误差。

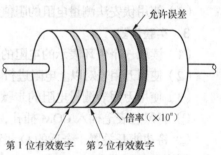

图 2-64　电阻的色环表示法

表 2-3　　　　　　　　　　　　　电阻色环表示各位含义

颜　　色	第 1 条色环	第 2 条色环	第 3 条色环（倍乘）	第 4 条色环
黑	0	0	×1	—
棕	1	1	×10	—
红	2	2	×100	—
橙	3	3	$\times 10^3$	—
黄	4	4	$\times 10^4$	—
绿	5	5	$\times 10^5$	—
蓝	6	6	$\times 10^6$	—
紫	7	7	$\times 10^7$	—
灰	8	8	$\times 10^8$	—
白	9	9	$\times 10^9$	—
金	—	—	$\times 10^{-1}$	±5%

（续表）

颜　色	第1条色环	第2条色环	第3条色环（倍乘）	第4条色环
银	—	—	$\times 10^{-2}$	±10%
无色	—	—	—	±20%

若某一电阻器最靠近某一端的色码带按顺序排列分别为红、紫、橙、金色，则查表可知该电阻器的阻值为27kΩ，允许误差为±5%。

除了阻值和容许偏差，表征电阻的主要特性参数还包括额定功率、最高工作电压等。

视频24

扫码观看"电阻的认识"视频，该视频演示了电阻的认识方法和步骤。

2．实验内容

（1）读取电阻的阻值和容许偏差。

（2）使用万用表直接测量电阻的阻值。

（3）使用伏安法测量电阻的阻值。

3．实验步骤

（1）读取一个色环表示的电阻的阻值和容许偏差，说明各色环的含义。

（2）使用万用表对以上电阻进行阻值测量，并与你读取的阻值进行对比，计算容许偏差。

（3）使用万用表测量电阻的步骤如下。

① 将黑色表笔插入 COM 插孔，红色表笔插入 V/Ω 插孔，如图 2-65 所示。

② 将功能开关置于合适的 Ω 量程，即可将测试表笔连接到待测电阻上。

要注意以下内容。

- 如果被测电阻值超出所选择量程的最大值，将显示过量程"1"，应该选择更高量程，对于大于1MΩ或更高的电阻，读数要经几秒钟后才能稳定，这是正常的。
- 当检查线路内部阻抗时，要保证被测线路所有电源移开，所有电容放电。
- 200MΩ量程，表笔短路时读数约为 1.0，测电阻量时应从读数中减去。例如，测量100MΩ时，若显示为101.0，则 1.0 应被减去。

（4）使用伏安法测量电阻的阻值。

根据部分电路欧姆定律，可以先测出电阻两端的电压，再测量通过电阻的电流，然后计算出电阻的阻值，这种方法叫作伏安法。

用伏安法测电阻时，由于电压表和电流表本身具有内阻，接入到电路后会改变被测电路的电压和电流，给测量结果带来误差，即使使用万用表也一样。

用伏安法测电阻时有外接法和内接法两种方法，如图 2-66 所示。

① 外接法：由于电压表的分流，电流表测出的电流值要比通过电阻 R 的电流大，故求出的电阻值要比真实值小。测量小电阻时采用外接法。

② 内接法：由于电流表的分压，电压表测出的电压值要比电阻 R 两端的电压大，故求出的电阻值比真实值大。测量大电阻时采用内接法。

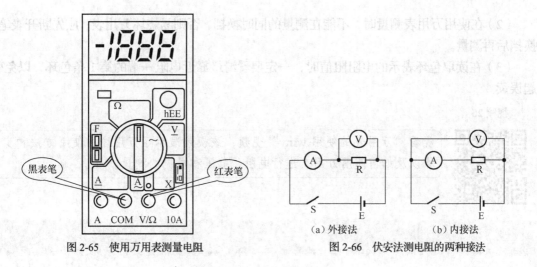

图 2-65　使用万用表测量电阻　　　　　　　　图 2-66　伏安法测电阻的两种接法

（5）比较外接法和内接法的测量结果，填入表 2-4 中。

表 2-4　　　　　　　　　　　　　　　测量结果

电阻	外 接 法			内 接 法		
	电压表（V）	电流表（A）	电阻值（Ω）	电压表（V）	电流表（A）	电阻值（Ω）
R_1						
R_2						
R_3						
R_4						

4．实验器材
（1）色环表示的各种阻值电阻若干。
（2）数字式（或指针式）万用表 1 台。
（3）电压表 1 台。
（4）电流表 1 台。
（5）直流稳压电源 1 台。

5．预习要求
（1）掌握使用万用表测量电压、电流和电阻的方法。
（2）掌握各种表示方法的电阻的阻值和容许偏差的读取方法。
（3）阅读万用表等常用仪器使用说明书。
（4）制定本实验有关数据记录表格。

6．实验报告
（1）阐述万用表测量电压、电流和电阻的使用方法及注意事项。
（2）阐述读取各种表示方法的电阻的阻值和容许偏差。
（3）记录实验过程中的相关数据。

7．注意事项
（1）使用万用表测量电路中的电阻阻值时，一定要断开电路。

（2）在使用万用表测量时，不能在测量的同时换挡，否则易烧坏万用表；应先断开表笔，换挡后再测量。

（3）在读取色环表示的电阻阻值时，一定要看清最靠近电阻一端的第 1 条色环，以免引起误读。

视频 25

观看"万用表的使用.wmv"视频，该视频演示了万用表的使用方法和步骤以及如何使用万用表进行电阻、电压和电流的测量。

思考与练习

1. 填空题

（1）电路一般由_____、_____和_____组成。

（2）电路的功能包括_____和_____两部分。

（3）电路的 3 种状态是_____、_____和_____。

（4）电流的单位有_____、_____、_____等，电压的单位有_____、_____、_____等。

（5）自然界中的各种物质，按其导电性能来分，可分为_____和_____、_____。

2. 判断题

（1）电源是电路中提供电能的装置或将其他形式的能量转化为电能的装置。（　　）

（2）负载是将电能或电信号转化为需要的其他形式的能量或信号的设备。（　　）

（3）电路模型是对实际电路的抽象，所以它与实际电路没有区别。（　　）

（4）电流和电压都是不但有大小，而且有方向的。（　　）

（5）电动势的方向是从低电位到高电位。（　　）

（6）焦耳-楞次定律说明电路中电流所做的功全部转变成热量。（　　）

3. 选择题

（1）若两只额定电压相同的电阻串联接在电路中，则阻值较大的电阻（　　）。

A. 发热量较大　　　　B. 发热量较小　　　　C. 没有明显差别

（2）万用表的转换开关是实现（　　）。

A. 各种测量种类及量程的开关　　　　B. 万用表电流接通的开关

C. 接通被测物的测量开关

（3）金属导体的电阻值随着温度的升高而（　　）。

A. 增大　　　　　　　B. 减少　　　　　　　C. 恒定　　　　　　　D. 变弱

（4）纯电阻上消耗的功率与（　　）成正比。

A. 电阻两端的电压　　　　　　　　　B. 通过电阻的电流

C. 电阻两端电压的平方　　　　　　　D. 通电的时间

4．分析与思考题

（1）说明电压和电位的区别与联系。

（2）说明电动势和电压的区别与联系。

（3）在对电路分析计算时，为什么要设定电流或电压的参考方向？

（4）想一想电能、电功和电功率的区别与联系。

（5）列举生活中利用电流热效应的例子，并与你的同学交流。

5．计算题

（1）图 2-39 所示电路中，已知电源的电动势 $E = 36V$，内阻 $r_0 = 2\Omega$，负载电阻 $R = 16\Omega$，求：（1）电路中的电流；（2）电源的端电压；（3）负载电阻上的电压；（4）电源内阻上的电压降。

（2）电源电动势 $E = 80V$，内阻 $r_0 = 30\Omega$，当负载电阻 $R = 10\Omega$、30Ω、77Ω 时，求负载功率和电源效率。

第3章

直 流 电 路

由电阻和直流电源构成的电路称为直流电阻电路，简称直流电路，它是电路分析、研究的基础。本章将结合前面所学的电路基本知识，介绍电路分析的基本定律、定理及各种分析方法。

【学习目标】

- 掌握直流电阻电路的各种连接形式及计算公式。
- 掌握电流源、电压源的基本组成。
- 掌握基尔霍夫定律的内容及其应用。
- 掌握叠加定理的内容及其应用。
- 掌握戴维南定理的内容及其应用。

3.1　简单直流电路

在直流电路中，电阻的连接方式是各种各样的，有串联、并联、串并联混联等方式，下面一一介绍。

3.1.1　电阻串联电路

【观察与思考】

你可曾注意到如图 3-1 所示的圣诞树上或是不夜街边的大树上闪烁着各色的小灯，那么为什么它们能够同时点亮或熄灭呢？这些小灯是通过串联的形式连接起来，并进行相应的控制，才能产生如此美妙的效果。

电阻的串联连接，顾名思义，就是将若干个电阻依次连接，中间没有其他分支，在如图 3-2 所示的电阻串联连接电路中，电阻 R_1、R_2、R_3 依次连接后，再连接到电源 U 上。

图 3-1 圣诞树上的小灯

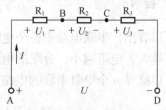

图 3-2 电阻串联电路

使用万用表的电流挡分别测量 A、B、C、D 各点的电流，可得

$$I_A = I_B = I_C = I_D$$

要点提示 串联电路中的电流处处相等。

【例 3-1】 在图 3-3 中，已知流经电阻 R_1 的电流为 $I_1 = 3A$，试说明流经电阻 R_2 的电流 I_2 为多少？

解：根据串联电路中电流处处相等，得 $I_1 = I_2 = 3A$。

使用万用表电压挡分别测量 AB、BC、CD 和 AD 之间的电压，可以得到

图 3-3 例 3-1 图

$$U_{AD} = U_{AB} + U_{BC} + U_{CD}$$

要点提示 串联电路两端的总电压等于各电阻两端的分电压之和。

图 3-2 中流经电阻 R_1、R_2、R_3 的电流都相等为 I，则

$$U_{AD} = U_{AB} + U_{BC} + U_{CD} = R_1 I + R_2 I + R_3 I = (R_1 + R_2 + R_3)I$$

而电路的总电阻 $R = \dfrac{U_{AD}}{I}$，则

$$R = R_1 + R_2 + R_3$$

要点提示 串联电路的总电阻（等效电阻）等于各串联电阻之和。

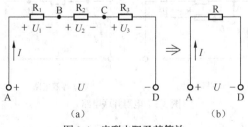

（a）　　　　（b）

图 3-4 串联电阻及其等效

R 称作 R_1、R_2、R_3 串联的等效电阻。如图 3-4 所示，相互等效的两部分在电路中可以相互替代，电路分析时用来简化计算。

图 3-2 中电阻 R_1 两端的电压为

$$U_{AB} = R_1 I = R_1 \times \frac{U_{AD}}{R_1 + R_2 + R_3}$$

要点提示 串联电路中各电阻两端的电压与其阻值成正比。

可以看出，串联电路中各个电阻两端的电压与各个电阻的阻值成正比，电阻越大，分配的电压越大；电阻越小，分配的电压也越小。

可以推导 n 个电阻串联的电路中，第 i 个电阻两端的电压为

$$U_i = R_i I = R_i \frac{U}{R} = R_i \frac{U}{R_1 + R_2 + R_3 + \cdots + R_n} \qquad (3\text{-}1)$$

式（3-1）称为电阻串联的分压公式。

 要点提示 在串联电路中，各个电阻消耗的功率也和它们的阻值成正比，总功率等于消耗在各个串联电阻上的功率之和。

通常电阻 R_1 和 R_2 串联后的等效电阻可以记作 $R = R_1 + R_2$。

【例 3-2】 在如图 3-2 所示的电阻串联电路中，已知 $R_1 = 2\Omega$，$R_2 = 3\Omega$，$U_2 = 6V$，$U = 20V$。求：（1）电路中的电流 I；（2）R_1 和 R_3 两端的电压；（3）电阻 R_3；（4）等效电阻 R。

解：（1）根据欧姆定律有 $I_2 = \dfrac{U_2}{R_2} = \dfrac{6V}{3\Omega} = 2A$。

因为是电阻串联电路，所以 $I = I_2 = 2A$。

（2）R_1 两端的电压 $U_1 = R_1 I_1 = R_1 I = 2\Omega \times 2A = 4V$。

因为 $U = U_1 + U_2 + U_3$，所以 R_3 两端的电压

$$U_3 = U - U_1 - U_2 = (20 - 4 - 6)\ V = 10V$$

视频 26

（3）电阻 $R_3 = \dfrac{U_3}{I_3} = \dfrac{10V}{2A} = 5\Omega$。

（4）等效电阻 $R = R_1 + R_2 + R_3 = (2 + 3 + 5)\ \Omega = 10\Omega$。

观看"电阻串联电路"视频，该视频演示了电阻串联电路的结构和特点。

3.1.2 电阻并联电路

将若干个电阻的一端共同连接在电路的一点上，把它们的另一端共同连接在电路的另一点上，这种连接方式叫作电阻的并联连接，如图 3-5（a）所示，图 3-5（b）所示为其等效电路。

用万用表的电流挡分别测量通过电阻 R_1、R_2、R_3 的电流 I_1、I_2、I_3 以及干路电流 I，可以得到

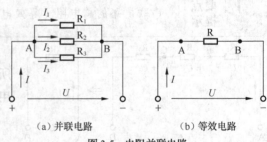

（a）并联电路　　　　　（b）等效电路

图 3-5　电阻并联电路

$$I = I_1 + I_2 + I_3$$

要点提示　并联电路中电路的总电流等于通过各并联电阻的分电流之和。

用万用表的电压挡分别测量电阻 R_1、R_2、R_3 两端的电压 U_1、U_2、U_3，可以得到

$$U_1 = U_2 = U_3$$

要点提示　并联电路中各并联电阻两端的电压相等。

由图 3-5 中可以知道

$$\left.\begin{array}{r}
U_1 = U_2 = U_3 = U \\
U_1 = R_1 I_1 \\
U_2 = R_2 I_2 \\
U_3 = R_3 I_3 \\
U = RI \\
I = I_1 + I_2 + I_3
\end{array}\right\} \Rightarrow \frac{1}{R} = \frac{1}{R_1} + \frac{1}{R_2} + \frac{1}{R_3}$$

要点提示　并联电路的总电阻（等效电阻）的倒数等于各电阻的倒数之和。

n 个电阻并联的电路中流经第 i 个电阻的电流为

$$I_i = \frac{U}{R_i} \tag{3-2}$$

流过各并联电阻的电流与其阻值成反比，即阻值越大的电阻分配到的电流越小，阻值越小的电阻分配到的电流越大，这就是并联电路的分流原理，通常把式（3-2）叫作电阻并联的分流公式。

要点提示　并联电路的总功率 P 等于消耗在各并联电阻上的功率之和，且电阻越大，消耗的功率越小。

通常电阻 R_1 和 R_2 并联后的等效电阻可以记作 $R = R_1 /\!/ R_2$。

视频 27

观看"电阻并联电路"视频，该视频演示了电阻并联电路的结构和特点。

3.1.3　电阻混联电路

实际电路中的电阻既有串联又有并联的连接方式叫作电阻的混联，如图 3-6 所示。

对混联电路，有的比较直观，可以直接看出各电阻之间的串、并联关系，从图 3-6 所示可以看出 R_1 与 R_2 串联后与 R_4 并联，再与 R_3 串联，则其等效电阻可以写为

$$R = (R_1 + R_2) /\!/ R_4 + R_3$$

【例 3-3】 在如图 3-6 所示的电阻混联电路中，已知 $R_1 = R_2 = 2\Omega$ ，$R_3 = 4\Omega$ ，$R_4 = 4\Omega$ ，求等效电阻 R。

解：

$$R = (R_1 + R_2) // R_4 + R_3 = (4 // 4 + 4) \ \Omega = 6\Omega$$

有的电路则比较复杂，不能直接看出各电阻之间的串、并联关系，图 3-7 所示的电阻混联电路可以按照以下步骤操作。

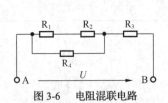

图 3-6　电阻混联电路

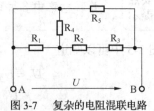

图 3-7　复杂的电阻混联电路

（1）将混联电阻分解成若干个电阻的串联、并联，根据串并联的特点进行计算，分别求出它们的等效电阻。

（2）用求出的等效电阻取代电路中的串、并联电阻，得到混联电路的等效电路。

（3）若等效电路中仍是混联电路，继续按照步骤（2）化简，以得到不含支路的等效电路。

（4）根据欧姆定律、串联电路和并联电路的特点列方程进行计算。

【例 3-4】 在如图 3-8 所示的电阻混联电路中，已知 $R_1 = R_4 = 4\Omega$ ，$R_2 = R_3 = 1\Omega$ ，$R_5 = 4\Omega$ ，求等效电阻 R。

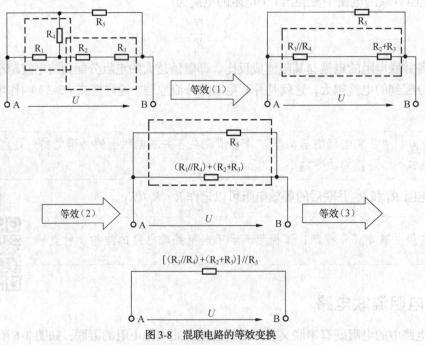

图 3-8　混联电路的等效变换

解：（1）R_1 与 R_4 为并联，其等效电阻 $R' = R_1 // R_4$ ，$R' = \dfrac{R_1 R_2}{R_1 + R_2} = \left(\dfrac{4 \times 4}{8}\right)\Omega = 2\Omega$ ；R_2 与 R_3 为串联，其等效电阻 $R'' = R_2 + R_3$ ，$R'' = (1 + 1) \ \Omega = 2\Omega$ 。

（2）R′与R″为串联，其等效电阻为R‴ = R′ + R″ =（2 + 2）Ω = 4Ω。

（3）R_5与R‴为并联，则总的等效电阻

$$R=[(R_1 // R_4)+(R_2 + R_3)]// R_5，带入得 R=2Ω。$$

3.1.4　简单串并联电路的应用

1. 分压电路

【观察与思考】

录音机、电视机的音量可以通过面板上的旋钮进行调整，这是为什么呢？

收音机及电视机的音量调节电路中都需要多种不同数值的直流电压，如图 3-9 所示。这里就用到了分压电路。

收音机的音量调节功能就用到了分压电路

图 3-9　分压电路应用于收音机的音量调节

分压电路通常包括了滑动变阻器或者可调电位器，如图 3-10 所示。滑动变阻器两端分别接在电源的正负极上，固定端 c 和滑动端 a 分别跟负载的两端连接，这样就构成了分压器。电源电压 U 施加于滑动变阻器的两端，即 bc 端，随着滑动端的滑动，在 ac 端可得到连续可变的电压。

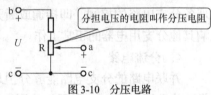

分担电压的电阻叫作分压电阻

图 3-10　分压电路

串联电阻的分压电路还可用于扩大电压表的量程。通常电压表的表头多采用微安级的电流表表头，它有两个重要参数——表头内阻 r_g 和满刻度电流 I_g。当有电流 I_g 通过表头时，在内阻上产生电压降，这时可以用表头来测量电压，但是这样所能测量的电压很小，流过表头的电流将会超过 I_g，有可能烧坏表头内的线圈。如果合理选择一个大电阻 R 与表头串联，则可以使 R 承担大部分被测电压，这样表头的电压就会被限制在允许的数值内，从而达到扩大电压表量程的目的。图 3-11 所示为单量程电压表电路。

如果需要多量程电压表，要串联不同的分压电阻即可。图 3-12 所示为双量程电压表电路。

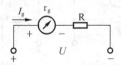

图 3-11　单量程电压表电路

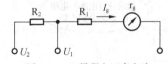

图 3-12　双量程电压表电路

视频 28

观看"分压电路"视频，该视频演示了分压电路的组成、原理、特点及应用。

2. 限流电路

为了保证用电器能在允许的电流范围内工作，常采用在电路中串联电阻的方法来限制电流，构成限流电路，如图3-13所示。

限流电路也可以用滑动变阻器组成，滑动变阻器两端分别接在电源的正负极上，电路中串联固定阻值为R的电阻，随着滑动端从A端向B端的滑动，可以得到逐渐减小的电流。

在电动机的启动过程中，会由于某些原因导致电动机启动电流很大，这样就容易引起故障，这时需要在电动机启动电路中增加一个限流电路，如图3-14所示。当启动时电阻R投入工作时，则会限制启动电流的大小；当启动后，接通S则电阻被短接，电动机正常工作。

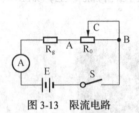

图3-13　限流电路

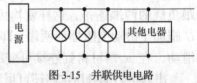

图3-14　电动机启动限流电路

3. 并联供电电路

在实际生产生活中，通常采用并联供电电路，如广泛使用的照明电路、生产设备和家用电器都采用并联供电，如图3-15所示。它的优点是保证负载承受额定电压，同时可方便地实现各分支电路的控制，即接通或断开某一用电器，而不影响其他分支用电器的正常工作。

4. 分流电路

并联电路的分支电路能够分担总电路一部分电流，通常称为分流，图3-16所示为分流电路。

利用分流电路可以扩大电流表的量程。设置多挡分流电阻，构成多量程的电流表，这也是分流电路的典型应用。由于电流表表头的满度电流很小，不能测量较大电流。为此选择一个较小的电阻R与表头并联，R将承担大部分被测电流，通过表头的电流则很小，从而达到扩大量程的目的，如图3-17所示。

图3-15　并联供电电路

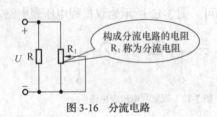

图3-16　分流电路

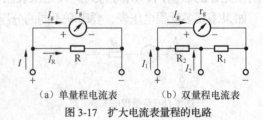

（a）单量程电流表　　（b）双量程电流表

图3-17　扩大电流表量程的电路

视频29

观看"分流电路"视频，该视频演示了分流电路的组成、原理、特点及应用。

【课堂练习】

（1）给你一个电源和 3 根相同阻值的电热丝 R_1、R_2、R_3，一壶待加热的水，那么这 3 根电热丝有几种连接方式？哪种连接方式加热这壶水最快？为什么？

（2）写出 n 只相同阻值的电阻串联后总电压与每只电阻两端电压的关系，总电阻与各串联电阻的关系，总功率与各串联电阻功率的关系。

（3）写出 n 只相同阻值的电阻并联后总电流与流经每只电阻的电流的关系，总电阻与各并联电阻的关系，总功率与各并联电阻功率的关系。

（4）混联电路中，总功率是否等于各电阻上的功率之和？为什么？

3.2　电路中的独立电源

实际电路中都需要电源能够不断地提供能量，如前面讲的电路中的干电池、电厂中的发电机、电子线路中的信号源等，这些电源在电路分析中都可以用电压源或电流源模型来等效。

3.2.1　电压源

实际电源的端电压都随着输出电流的增大而降低，这是因为实际的电源总是有内阻的，因此可以把一个实际电源等效成一个恒定的电动势 E 与电阻 r_0 串联的模型，称为电压源模型，如图 3-18 所示的虚线框内部分，电阻 r_0 称为电压源的内阻。

电压源以输出电压的形式向负载供电，输出电压的大小为

$$U = E - I r_0$$

电压源对外电路呈现的特性，简称外特性，也叫作伏安特性，如图 3-19 所示。

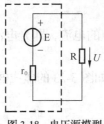

图 3-18　电压源模型

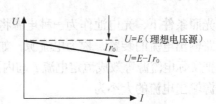

图 3-19　电压源的伏安特性

从外电路的伏安特性曲线可以看出，内阻 r_0 越小，端电压变化也越小，越接近恒定值。如果电源内阻 r_0 为零，其端电压为恒定值，即 $U = E$，把端电压不随电流变化而保持恒定值的电源叫作理想电压源或恒压源。理想电压源的伏安特性曲线为平行于电流轴的直线，如图 3-19 的虚线所示。

实际上，任何电源都存在内阻，所以理想电压源是不存在的。但是在通常情况下，把内阻很小，性能良好的干电池、蓄电池、稳压源、直流发电机等都看作是理想电压源，如图 3-20 所示。

当实际电压源开路时，如图 3-21（a）所示 a 点处或 b 点处断开，则电流 $I = 0$，其端电压等于电源电动势，即 $U = E$；当电压源短路时，如图 3-21（b）所示 a 点处和 b 点处短接时，

其端电压 $U = 0$，由于实际电压源的内阻一般很小，所以短路电流很大，很容易烧坏电源。

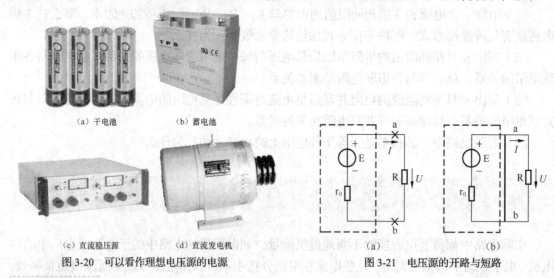

（a）干电池 　　（b）蓄电池

（c）直流稳压源 　　（d）直流发电机

图 3-20　可以看作理想电压源的电源

（a）　　　　　　（b）

图 3-21　电压源的开路与短路

视频 30

观看"电压源"视频，该视频演示了电压源模型、电压源的伏安特性、电压源的应用以及电压源的开路与短路特点。

要点提示

实际电压源不能在短路状态下工作。

3.2.2　电流源

一定光照条件下，光电池作为一种电源将被激发产生一定值的电流，即光电池是一种不断向外电路输出电流的装置，称为电流源，如图 3-22 所示。

通常把实际电流源等效成恒定电流 I_s 与内阻 r_0 并联的模型，如图 3-23 的虚线框部分所示。电流源输出电流的大小为

$$I = I_s - \frac{U}{r_0}$$

图 3-22　光电池

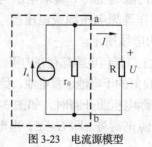

图 3-23　电流源模型

电流源对外电路呈现的特性曲线如图 3-24 所示，可以看出，内电阻 r_0 越大，输出电流变化就越小，也越接近恒定值。

如果电源内阻 r_0 为无穷大，则其输出电流为恒定值，即 $I = I_s$，把输出电流不随电压变化而保持恒定值的电流源叫作理想电流源或恒流源。理想电流源的特性曲线为平行于电压轴的直线，如图 3-24 中的虚线所示，由 $U = IR$ 得，理想电流源向外输出恒定不变的电流，它的端电压是任意的，由外电路决定。

图 3-24　电流源伏安特性

当电流源被短路时，即将图 3-23 所示 a、b 两点直接连接，端电压 $U = 0$，输出电流等于理想电流源的电流，即 $I = I_s$；当实际电流源开路时，即将图 3-23 所示 a、b 两点断开，输出电流 $I = 0$，电流全部通过内阻，很容易烧坏电流源。

观看"电流源"视频，该视频演示了电流源模型、电流源的伏安特性、电流源的应用以及电压源的开路与短路特点。

 要点提示　实际电流源不允许在开路状态下工作。

【课堂练习】

（1）什么是电压源？什么是电流源？画出它们的等效电路图。

（2）电压源为什么不能工作在短路状态？

（3）电流源为什么不能工作在开路状态？

3.3　基尔霍夫定律

运用欧姆定律、串联和并联关系式等分析计算一些简单电路是没有问题的，但对于一些复杂的电路，这些方法就显得非常烦琐了，如图 3-25 所示。

本节将介绍一个新的定律：基尔霍夫定律。基尔霍夫定律是电路中最基本的定律之一，是由德国科学家基尔霍夫于 1845 年提出的，它包含基尔霍夫电流定律和基尔霍夫电压定律两个内容。

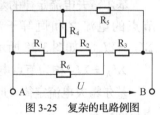

图 3-25　复杂的电路例图

3.3.1　电路结构中的几个名词

在介绍基尔霍夫定律之前，先来介绍几个有关电路结构的名词，准确理解这些名词对学习基尔霍夫定律是非常重要的。

（1）支路：由一个或几个元器件串联组成的一段没有分支的电路叫作支路。图 3-26 中共有 aR_1R_4b、aR_2R_5b 和 aR_3b 3 条支路。在一条支路上，通过各个元器件的电流相等。

（2）节点：3 条或 3 条以上支路的连接点叫作节点。图 3-26 中共有 a 和 b 两个节点。

（3）回路：电路中的任一闭合路径叫作回路。图 3-26 中共有 aR_2R_5bR_3a、aR_3bR_4R_1a 和

aR$_2$R$_5$bR$_4$R$_1$a 3 个回路。只有一个回路的电路叫作单回路电路。

（4）网孔：内部没有分支的回路叫作网孔，如图 3-26 所示，回路 aR2R5bR3a 和 aR$_3$bR$_4$R$_1$a 中不含支路，是网孔。回路 aR$_2$R$_5$bR$_4$R$_1$a 中含有支路 aR$_3$b，故不是网孔。

观看"电路结构中的名词"视频，该视频演示了电路结构中的支路、回路、网孔和节点名词的含义，同时举例说明这 4 个名词的应用。

要点提示　网孔一定是回路，但回路不一定是网孔。

【观察与思考】

试找出图 3-27 所示电路中的支路、节点、回路和网孔各是哪些。

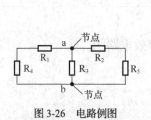

图 3-26　电路例图

图 3-27　电路例图

3.3.2　基尔霍夫电流定律

基尔霍夫电流定律的基本内容为在任一瞬间，流入任一节点的电流之和恒等于流出这个节点的电流之和，即 $\Sigma I_\lambda = \Sigma I_出$，如图 3-28 所示。

图 3-28　基尔霍夫电流定律示意图

$\Sigma I_\lambda = \Sigma I_出$ 称为节点电流方程，简写为 KCL 方程。

基尔霍夫电流定律又叫作基尔霍夫第一定律，它反映了电路中连接在任一节点的各支路电流的关系。

对于图 3-29 所示电路中的节点 A，I_2、I_3、I_5 为流入节点电流，I_1、I_4 为流出节点电流，根据基尔霍夫电流定律可得

$$I_2 + I_3 + I_5 = I_1 + I_4$$

运用基尔霍夫电流定律时，应注意以下两点。

（1）在列写 KCL 方程时，应首先标明每一条支路电流的参考方向。当实际电流方向与参考方向相同时，电流为正值，否则为负值。

（2）基尔霍夫电流定律对于电路中的任一节点都适用，如果电路中有 n 个节点，就可以列写 n 个方程，通常只需列出 $n-1$ 个方程就可以求解。

基尔霍夫电流定律还可以推广到电路中的任一闭合面，也就是说，不考虑闭合面内的电路结构，流入闭合面的电流恒等于流出闭合面的电流。将图 3-30 所示的虚线框看作闭合面，在任一瞬间得

$$I_A + I_B + I_C = 0$$

【例 3-5】　图 3-31 中已知 I_1=4A、I_2=2A、I_3= − 5A、I_4=3A、I_5=3A，求 I_6。

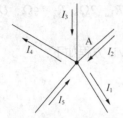 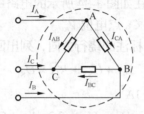 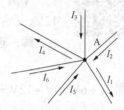

图 3-29　基尔霍夫电流定律应用例图　　图 3-30　基尔霍夫电流定律的推广　　图 3-31　应用基尔霍夫电流定律例图

解： 对节点 A，根据基尔霍夫电流定律有 $I_2 + I_3 + I_5 + I_6 = I_1 + I_4$，
则 $I_6 = I_1 + I_4 - I_2 - I_3 - I_5 = 4A + 3A - 2A - (-5)A - 3A = 7A$。

3.3.3　基尔霍夫电压定律

基尔霍夫电压定律的基本内容为：在任一瞬间，沿回路绕行一周，电压升的总和等于电压降的总和，即 $\sum U_{升} = \sum U_{降}$。

$\sum U_{升} = \sum U_{降}$ 称为回路电压方程，简写为 KVL 方程。

基尔霍夫电压定律又叫作基尔霍夫第二定律，它反映了电路的任一回路中的各段电压之间的关系。

对于图 3-32 所示的电路，绕行回路一周得

$$U_3 + U_2 = U_1 + U_4$$

在运用基尔霍夫电压定律时，应注意标明回路的绕行方向以及电压的参考方向，这是正确列写方程的前提。

如果电压的参考方向与回路的绕行方向一致，则认为是电压降的方向；如果电压的参考方向与绕行方向相反，则认为是电压升的方向。

对于运用基尔霍夫电压定律列写的方程，如果计算得到的电压值为正值，则该电压的实际方向与参考方向一致；如果计算得到的电压值为负值，则该电压的实际方向与参考方向相反。

基尔霍夫电压定律不但可用于任一闭合回路，还可以推广应用到任一不闭合的电路。图 3-33 所示的电路，B、E 两端开路，其电压方向如图 3-33 所示，则对回路 1 根据基尔霍夫电压定律可以写出 E_2=U_{BE}+$I_2 R_2$。

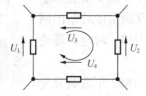 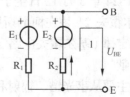

图 3-32　基尔霍夫电压定律的应用　　　　图 3-33　基尔霍夫电压定律的推广

要点提示　在列写 KVL 方程时，需要把电动势当电压来处理，注意电动势和电压的方向是相反的。

视频 33

观看"基尔霍夫定律"视频，该视频演示了基尔霍夫电压和电流定律的内容、基尔霍夫定律使用的方法和步骤、基尔霍夫定律的应用及其推广。

【例 3-6】　在如图 3-34 所示的电路中，已知 $R_1 = 2\Omega$、$R_2 = 4\Omega$、$U_{S1} = 12V$、$U_{S2} = 6V$，求 a 点电位 V_a。

解： 选定图中标注的绕行方向，列出回路的 KVL 方程如下：

$$R_1 I + U_{S2} + R_2 I = U_{S1}$$

则 $2I + 6V + 4I - 12V = 0$，　$I = 1A$。

$$V_a = U_{ac} = U_{ab} + U_{bc} = 2\Omega \times 1A + 6V = 8V$$

分析： 由于 c 点为参考点，求解 V_a 实际就是求解 ac 间的电压 U_{ac}。

【例 3-7】　如图 3-35 所示电路，已知 $E_1 = 42V$，$E_2 = 21V$，$R_1 = 12\Omega$，$R_2 = 3\Omega$，$R_3 = 6\Omega$，试求：各支路电流 I_1、I_2、I_3。

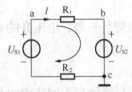

图 3-34　应用基尔霍夫电压定律例子

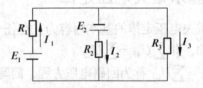

图 3-35　例题 3-7 图

解： 该电路支路数 $b = 3$、节点数 $n = 2$，所以应列出 1 个节点电流方程和 2 个回路电压方程，并按照 $\Sigma RI = \Sigma E$ 列回路电压方程的方法：

（1）$I_1 = I_2 + I_3$　　　　（任一节点）

（2）$R_1 I_1 + R_2 I_2 = E_1 + E_2$　　　（网孔 1）

（3）$R_3 I_3 - R_2 I_2 = -E_2$　　　（网孔 2）

代入已知数据，解得：$I_1 = 4A$，$I_2 = 5A$，$I_3 = -1A$。

电流 I_1 与 I_2 均为正数，表明它们的实际方向与图中所标定的参考方向相同，I_3 为负数，表明它们的实际方向与图中所标定的参考方向相反。

【阅读材料】

基 尔 霍 夫

G.R.Gustav Robert Kirchhoff（1824—1887），德国物理学家、化学家和天文学家。1824 年 3 月 12 日生于普鲁士的柯尼斯堡（今俄罗斯加里宁格勒），当基尔霍夫 21 岁在柯尼斯堡就读期间，根据欧姆定律总结出网络电路的两个定律（基尔霍夫电路定律），发展了欧姆定律，对电路理论做出了显著贡献。

基尔霍夫主要从事光谱、辐射和电学方面的研究。1859 年发明分光

仪，与化学家 R.W.本生共同创立了光谱分析法，并用此法发现了元素铯（1860）和铷（1861）。他将光谱分析应用于太阳的组成上，将太阳光谱与地球上的几十种元素的光谱加以比较，从而发现太阳上有许多地球上常见的元素，如钠、镁、铜、锌、钡、镍等。基尔霍夫著有《理论物理学讲义》《光谱化学分析》等。

3.4 叠 加 定 理

叠加定理是线性电路普遍适用的一个基本定理，其内容是：在线性电路中，若存在多个电源共同作用，则电路中任一支路的电流或电压等于电路中各个电源单独作用时，在该支路产生的电流或电压的代数和。

 要点提示 电源单独作用是指当这个电源作用于电路时，其他电源都取为零，即电压源用短路替代，电流源用开路替代。

下面以一个例子来验证叠加定理的内容。

【例 3-8】 如图 3-36（a）所示，电路中有电压源 U_S 和电流源 I_S，求通过支路 R_2 的电流。

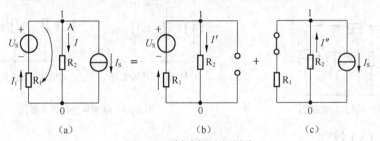

图 3-36 叠加原理应用例子

解：（1）当电压源 U_S 单独作用时，电路图如图 3-35（b）所示，则

$$I' = \frac{U_S}{R_1 + R_2}$$

（2）当电流源 I_S 单独作用时，电路图如图 3-35（c）所示，则

$$I'' = \frac{R_1}{R_1 + R_2} I_S$$

（3）求解图 3-36（a）中流经 R_2 的电流 I，设流经电阻 R_1 的电流为 I_1，则对节点 A 根据基尔霍夫电流定律得

$$I_1 = I + I_S$$

对图 3-36（a）所示的标注回路根据基尔霍夫电压定律，得

$$R_2 I + R_1 I_1 = U_S$$

联立两方程求解得

$$I = \frac{U_S - R_1 I_S}{R_1 + R_2}$$

对比解题（1）、（2）、（3）可以得出：$I = I' - I''$，注意到图 3-36（b）和图 3-36（c）中电流参考方向相反，则式 $I = I' - I''$ 验证了叠加原理的正确性。

由上可以看出，运用叠加定理可以将一个多电源的复杂电路分解为几个单电源的简单电路，从而使分析得到简化。

下面给出运用叠加定理求电路中支路电流的步骤。

（1）将含有多个电源的电路分解成若干个仅含有一个电源的分电路，并标注每个分电路电流或电压的参考方向；单一电源作用时，其余理想电源应置为零，即理想电压源短路，理想电流源开路。

（2）对每一个分电路进行计算，求出各相应支路的分电流、分电压。

（3）将求出的分电路中的电压、电流进行叠加，求出原电路中的支路电流、电压。

【例 3-9】 在图 3-37 中，已知 $E = 10\text{V}$、$I_S = 1\text{A}$、$R_1 = 10\Omega$、$R_2 = R_3 = 5\Omega$，试用叠加原理求流过 R_2 的电流 I_2 和理想电流源 I_S 两端的电压 U_S。

解： 将图 3-37 所示的电路图分解为电源单独作用的分电路图，如图 3-38（a）和图 3-38（b）所示。

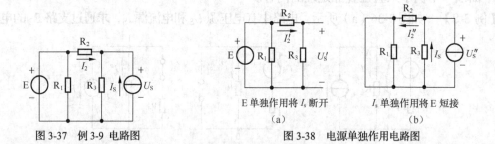

图 3-37 例 3-9 电路图

图 3-38 电源单独作用电路图

由图 3-38（a）得

$$I_2' = \frac{E}{R_2 + R_3} = \frac{10\text{V}}{(5+5)\ \Omega} = 1\text{A}$$

$$U_S' = I_2' R_2 = 1\text{A} \times 5\Omega = 5\text{V}$$

由图 3-38（b）得

$$I_2'' = \frac{R_3}{R_2 + R_3} I_S = \frac{5\Omega}{(5+5)\ \Omega} \times 1\text{A} = 0.5\text{A}$$

$$U_S'' = I_2'' R_2 = 0.5\text{A} \times 5\Omega = 2.5\text{V}$$

根据叠加定理得

$$I_2 = I_2' - I_2'' = 1\text{A} - 0.5\text{A} = 0.5\text{A}$$

$$U_S = U_S' + U_S'' = 5\text{V} + 2.5\text{V} = 7.5\text{V}$$

运用叠加定理时，应注意以下几点。

（1）叠加定理只适用于线性电路，而不适合用于非线性电路。

（2）在叠加的各个分电路中，不作用的电压源置零，指在电压源处用短路代替；不作用的电流源置零，指在电流源处用开路代替。

（3）保持原电路的参数及结构不变。

（4）叠加时注意各分电路的电压和电流的参考方向与原电路电压和电流的参考方向是否一致，求其代数和。

视频 34

（5）叠加定理不能用于计算功率。

> 观看"叠加定理"视频，该视频演示了叠加定理的内容、叠加定理使用的方法和步骤及叠加定理使用时需要注意的问题。

3.5　戴维南定理

戴维南定理也叫作二端网络定理，它是由法国电信工程师戴维南于 1883 年提出的，是分析电路的另一个有利工具。

1. 二端网络

在学习戴维南定理之前，先介绍一些基本概念。

电路中任何一个具有两个引出端与外电路相连接的网络都称为二端网络，根据二端网络内部是否含有独立电源，又可以分为有源二端网络和无源二端网络。图 3-39（a）中含有电源，是有源二端网络；图 3-39（b）中不含有电源，是无源二端网络。

> 只有电阻串联、并联或混联的电路属于无源二端网络，它总可以简化为一个等效电阻；而对于一个有源二端网络，不管它内部是简单电路还是任意复杂的电路，对外电路而言，仅相当于电源的作用，可以用一个等效电压源来代替，如图 3-40 所示。

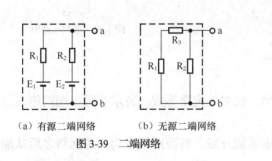

（a）有源二端网络　　（b）无源二端网络

图 3-39　二端网络

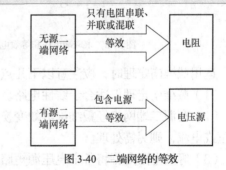

图 3-40　二端网络的等效

2. 戴维南定理

戴维南定理的内容为任何一个有源二端网络，对外电路来说，可以用一个恒压源和电阻相串联的电压源来等效。该电压源的电压等于有源二端网络的开路电压，用 U_0 表示；电阻等于将有源二端网络中所有电源都不起作用时（电压源短接、电流源断开）的等效电阻，用 R_0 表示。图 3-41 所示为戴维南定理示意图。

> 开路电压是指端口电流为零时的端电压。

下面举例说明应用戴维南定理的解题步骤。

【例 3-10】　求图 3-42 所示有源二端网络的戴维南等效电路。

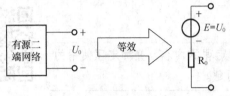

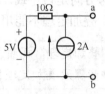

图 3-41　戴维南定理示意图　　　　　　　　　　图 3-42　戴维南定理应用例子

解：（1）求开路电压。

在图 3-43（a）中标注 $i=0$ 时的条件及电压电流的参考方向，可得开路电压

$$U_0 = 2A \times 10\Omega + 5V = 25V$$

（2）求等效电阻。

将电压源短路，电流源开路，图 3-42 所示的有源二端网络可转换为图 3-43（b）所示的无源二端网络，则等效电阻为

$$R_0 = 10\Omega$$

（3）画等效电路图。

等效电路中的电动势 $E = U_0 = 25V$，方向与开路电压方向一致，内阻 $r_0 = R_0 = 10\Omega$，如图 3-44 所示。

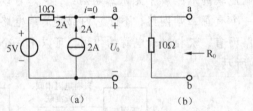

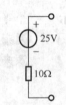

图 3-43　求取端电压和等效电阻　　　　　　　　图 3-44　等效电路图

运用戴维南定理时，应注意以下几点。

（1）戴维南定理仅适合于线性电路。

（2）有源二端网络经戴维南等效变换之后，仅对外电路等效，若求有源二端网络内部的电压或电流，则另需处理。

（3）等效电阻是指将各个电压源短路，电流源开路，有源网络变为无源网络之后从端口看进去的电阻。

（4）画等效电路时，要注意等效恒压源的电动势 E 的方向应与有源二端网络开路时的端电压方向相符合。

【例 3-11】　如图 3-45 所示的电路，已知 $E = 8V$，$R_1 = 3\Omega$，$R_2 = 5\Omega$，$R_3 = R_4 = 4\Omega$，$R_5 = 0.125\Omega$，试应用戴维南定理求电阻 R_5 中的电流 I 。

解：（1）将 R_5 所在支路开路去掉，如图 3-46 所示，求开路电压 U_{ab}：

$$I_1 = I_2 = \frac{E}{R_1 + R_2} = 1 \text{A}, \qquad I_3 = I_4 = \frac{E}{R_3 + R_4} = 1 \text{A}$$

$$U_{ab} = R_2 I_2 - R_4 I_4 = 5 - 4 = 1 \text{ V} = E_0$$

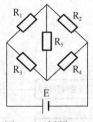

图 3-45 例题 3-11

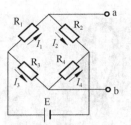

图 3-46 求开路电压 U_{ab}

（2）将电压源短路去掉，如图 3-47 所示，求等效电阻 R_{ab}：

$$R_{ab} = (R_1 /\!/ R_2) + (R_3 /\!/ R_4) = 1.875 + 2 = 3.875 \ \Omega = r_0$$

（3）根据戴维南定理画出等效电路，如图 3-48 所示，求电阻 R_5 中的电流。

$$I_5 = \frac{E_0}{r_0 + R_5} = \frac{1}{4} = 0.25 \text{ A}$$

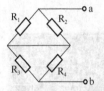

图 3-47 求等效电阻 R_{ab}

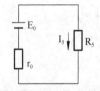

图 3-48 求电阻 R_5 中的电流

视频 35

观看"戴维南定理"视频，该视频演示了戴维南定理的内容、戴维南定理使用的方法和步骤及叠加定理使用时需要注意的问题。

3.6 实验 1 组装万用表

【实验目的】

- 了解万用表电流、电压及电阻测量电路的原理。
- 掌握焊接及组装等实际操作技能。
- 掌握根据电路图和电路板组装简单设备的能力。
- 掌握万用表的测试和调校。

1. 实验内容

DT830B 型号的迷你型数字万用表性价比高，是学生实习的合适用品。组装实训的套件包括机壳相关组件、线路板、各种元器件、表笔、说明书、电路图等，如图 3-49 所示。

2. 实验步骤

（1）对照器件清单清点套件。

（2）阅读说明书和注意事项，理解图 3-50 所示的数字万用表的原理框图，仔细对照

图 3-51 所示电路板上的元件符号与实际器件，将两者准确对应。

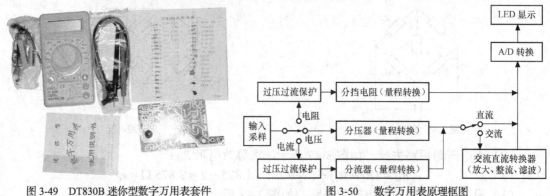

图 3-49　DT830B 迷你型数字万用表套件　　　　　图 3-50　数字万用表原理框图

（3）按照图 3-51 所示的标注开始焊接。

（4）将图 3-49 中元件清单中的元件一一焊接到图 3-51 所示的电路板上，注意一定要细心，不要焊错了。

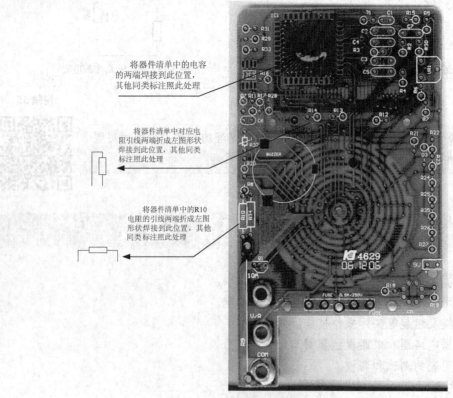

图 3-51　电路板

（5）全部焊接完毕，检查是否存在虚焊、漏焊。

（6）将电路板与转换开关、液晶显示器、机壳、电池等进行组装。

（7）组装完成，检查焊接的万用表是否能够正常工作，并按照使用说明书上面的要求进行测试。

3. 实验器材

（1）万用表套件 1 套。

（2）焊接工具 1 套。

4. 预习要求

（1）了解万用表的基本构造和测试原理。

（2）掌握万用表测量电压、电流和电阻的方法以及注意事项。

（3）制定本实验有关数据记录表格。

5. 注意事项

使用烙铁时要注意以下内容。

（1）烙铁头要上锡才能焊接器件。

（2）注意掌握烙铁温度，防止"烧死"。

（3）使用烙铁要注意轻拿轻放，不可猛力摔打，以避免震断电阻丝或引线。

（4）焊接工作暂停或结束时应将烙铁头擦干净并上锡，然后断开电源，待烙铁余热散尽再收藏起来。

焊接时要注意以下内容。

（1）保持焊点处清洁。

（2）要适当控制焊接温度和焊接时间。

（3）焊点的锡量要适中。

（4）刚焊好的焊点焊锡不会立即凝固，这时移动被焊的元件或导线，就可能使焊件脱落或使焊点凝成砂状，从而影响焊接质量。所以在焊锡凝固之前，不要将被焊的元件或导线移动。

（5）焊接时保持器件与电路板的距离适中，以免影响散热效果和导电性。

视频 36

> 观看"组装万用表.wmv"视频，该视频演示了万用表组成的过程、方法和步骤。

3.7　实验 2　验证基尔霍夫定律和叠加原理

【实验目的】

- 掌握使用常用电工仪器仪表测量直流电压、电流的方法和注意事项。
- 加深对基尔霍夫电压定律和电流定律的理解。
- 加深对叠加原理含义的理解。

1. 实验内容

（1）搭建图 3-52 所示的实验电路图。

（2）验证基尔霍夫电流定律和电压定律。

（3）验证叠加原理。

2. 实验步骤

（1）搭建实验电路图。

根据实验室的仪器设备和各种器件，参照图 3-52 所示的电路图对电路进行连线（虚线部分暂时不接），并找出图 3-52 所示电路的支路、节点、回路和网孔，填入表 3-1 中。

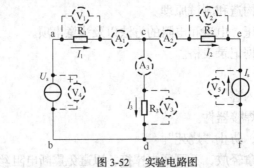

图 3-52　实验电路图

表 3-1　　　　　　　　　　　　　　　　　支路、节点、回路和网孔值

支　　路	节　　点	回　　路	网　　孔

（2）验证基尔霍夫电流定律。

将电流表 $A_1 \sim A_3$ 按照图 3-52 所示接入到电路中，读取电流表 A_1、A_2、A_3 的数值（即 I_1、I_2、I_3），填入表 3-2 中；设定不同的电路参数，读取电流表 A_1、A_2、A_3 的数值（即 I_1、I_2、I_3），填入表 3-2 中。

表 3-2　　　　　　　　　　　　　　　　测量的电压、电阻和电流值

U_S（V）	I_S（A）	R_1（Ω）	R_2（Ω）	R_3（Ω）	I_1（A）	I_2（A）	I_3（A）	$\sum I$（A）

 要点提示　测试中要注意电流的参考方向和电流表指针的偏转方向。

（3）验证基尔霍夫电压定律。

设定不同的电路参数，使用万用表电压挡或者电压表测量 $U_1 \sim U_5$ 的数值，填入表 3-3 中。

表 3-3　　　　　　　　　　　　　　　　测量的电压、电阻和电流值

U_S（V）	I_S（A）	R_1（Ω）	R_2（Ω）	R_3（Ω）	U_1（V）	U_2（V）	U_3（V）	U_4（V）	U_5（V）	$\sum U$（V）

要点提示　电压的参考方向和万用表或电压表的表笔要保持一致。

（4）验证叠加原理。

设定不同的电路参数，读取电流表 A_1、A_2、A_3 的数值（即 I_1、I_2、I_3）和电压表 $V_1 \sim V_5$ 的数值（即 $U_1 \sim U_5$），并进行计算，填入表 3-4 中。

表 3-4　　　　　　　　　　　　　　　测量的电压和电流值

	U_S 作用（I_s 断开）	I_S 作用（U_s 被短掉）	U_S，I_S 共同作用
U_S（V）			
I_S（A）			
R_1（Ω）			
R_2（Ω）			
R_3（Ω）			
I_1（A）			
I_2（A）			
I_3（A）			
U_1（V）			
U_2（V）			
U_3（V）			
U_4（V）			
U_5（V）			

3．实验器材

（1）稳压直流电源 1 台。

（2）电流表 3 台。

（3）电压表（或万用表）1 台。

（4）电阻若干。

4．预习要求

（1）掌握电路结构中的几个名词：支路、节点、回路和网孔。

（2）掌握基尔霍夫电流定律和基尔霍夫电压定律的内容和含义。

（3）掌握叠加定理的内容和含义。

（4）掌握使用电流表、电压表和万用表的方法以及注意事项。

（5）制定本实验有关数据记录表格。

5．实验报告

（1）阐述电路结构中的几个名词的含义。

（2）阐述基尔霍夫定律的内容。

（3）阐述叠加原理的内容。

（4）记录实验过程中的相关数据。

6. 注意事项

（1）使用电流表或电压表时，一定要注意按照电路图所示连接电流表和电压表的接线柱。

（1）验证基尔霍夫定律时，要根据选定的参考方向确定电流表的极性。

（2）测量不同的电量时，要选择合适的量程。

（3）验证叠加原理实验时，一定要注意正确处理电压源和电流源的断开。

思考与练习

1. 填空题

（1）已知 $R_1 = 5\Omega$、$R_2 = 10\Omega$，将它们串联，则串联后的等效电阻为_____Ω；若将其并联，则并联后的电阻为_____Ω。

（2）有两个电阻，串联后等效电阻为 10Ω，并联后等效电阻为 2.4Ω，则此两个电阻的阻值分别为_____和_____。

（3）电阻负载并联时，因为_____相等，故负载消耗的功率与电阻成_____比；电阻负载串联时，因为_____相等，故负载消耗的功率与电阻成_____比。

（4）实际电源可等效为_____和_____串联而成，或者等效为_____和_____并联而成。

（5）叠加原理中的电源单独作用是指_____。

（6）戴维南定理的内容是_____。

2. 判断题

（1）电阻串联电路中的电流处处相等，电阻并联电路中各并联电阻两端的电压相等。（ ）

（2）电压源的输出电压是恒定的，电流源的输出电流是恒定的。（   ）

（3）电压源可以短路，电流源可以短路。（   ）

（4）叠加原理可以用于计算电路的功率。（   ）

（5）任何一个二端网络总可以用一个等效电源来代替。（   ）

（6）二端网络用等效电源来代替，不仅对外电路等效，对内电路仍然等效。（   ）

（7）所有电源置零是指恒压源作短路处理，恒流源作断路处理。（   ）

3. 选择题

（1）图 3-53 所示的电路中，其节点数、支路数、回路数及网孔数分别为（   ）。

A. 6、5、3、3   B. 3、5、6、3   C. 3、7、6、3   D. 都不是

（2）图 3-54 所示为电子电路共发射极放大器的偏流电路，其 3 个极的电流关系为（   ）。

A. $I_b+I_c+I_e=0$ B. $I_b+I_c-I_e=0$ C. $I_b+I_e=I_c$ D. 无法确定

（3）在图 3-55 所示电路中，电流 I 的值是（   ）。

A. $-2A$ B. $-1A$ C. $1.5A$ D. $1A$

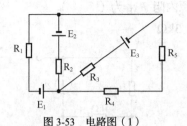

图 3-53　电路图（1）

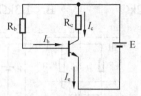

图 3-54　电子电路共发射极放大器的偏流电路

（4）在图 3-56 所示的电路中，若 R_2 值增大时，则（　　）。

A. PA1 读数减小，PA2 读数增大　　　　B. PA1 和 PA2 的读数减小

C. PA1 和 PA2 的读数增大　　　　　　　D. PA1 读数减小，PA2 读数不变

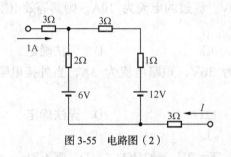

图 3-55　电路图（2）

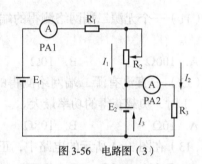

图 3-56　电路图（3）

（5）如图 3-57 所示，当 S_1 闭合、S_2 断开时，PA 的读数为 1.7A；当 S_1 断开、S_2 闭合时，PA 读数为 1.5A；若 S_1、S_2 都闭合，则 PA 的读数为（　　）。

A. 0.2A　　　　　　B. 1.7A　　　　　　C. 1.5A　　　　　　D. 3.2A

（6）在图 3-58 所示电路中，电源为内阻不变的可调电源，当 E 为 12V 时，PV 的读数是 5V，E 为 24V 时，PV 的读数是（　　）。

A. 5V　　　　　　B. 2.5V　　　　　　C. 10V　　　　　　D. 12V

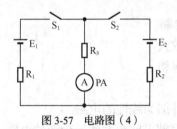

图 3-57　电路图（4）

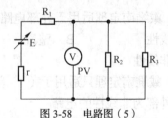

图 3-58　电路图（5）

（7）叠加原理只适用于线性电路中的（　　）。

A. 电压和电流　　　B. 电压电流和功率　　　C. 功率

（8）某一线性电路的两个电动势，单独作用时流过负载电阻 R 的电流分别为 I_1、I_2，则在此电路中，负载电阻 R 消耗的功率的表达式正确的是（　　）。

A. $(I_2^2 + I_1^2)R$　　　B. $(I_1 + I_2)R$　　　C. 不能计算

（9）在图 3-59 所示电路中，属于有源二端网络的部分是（　　）。

A. Ⅰ　　　　　　B. Ⅱ　　　　　　C. Ⅲ　　　　　　D. 都不是

（10）根据戴维南定理，图 3-60 所示的等效电源内阻 R_{AB} 为（　　　）。

A. 1/2kΩ　　　　　　B. 1/3kΩ　　　　　　C. 3kΩ

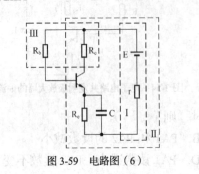

图 3-59　电路图（6）

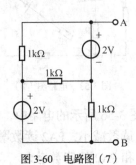

图 3-60　电路图（7）

（11）一个无源二端网络测得的端电压为 100V，流过的电流为 10A，则其等效电阻为（　　　）。

A. 100Ω　　　　　　B. 10Ω　　　　　　C. 0Ω　　　　　　D. 无法确定

（12）一直流有源二端网络测得的开路电压为 36V，短路电流为 3A，当外接电阻为（　　　）时，负载获得的功率最大。

A. 10Ω　　　　　　B. 108Ω　　　　　　C. 12Ω　　　　　　D. 无法确定

（13）在图 3-61 所示的电路中，正确的是（　　　）。

A. E=3V，r=3Ω　　B. E=0V，r=2/3Ω　　C. E=−2V，r=2/3Ω　　D. 都不对

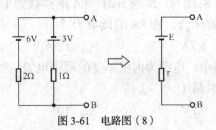

图 3-61　电路图（8）

（14）戴维南定理适用于外部电路为（　　　）的电路。

A. 线性　　　　　　B. 整流　　　　　　C. 放大

D. 非线性　　　　　E. 饱和

（15）戴维南定理只适用于（　　　）。

A. 外部为非线性的电路　　　　　　B. 外部为线性的电路

C. 内部为线性含源的电路　　　　　D. 内部电路为非线性含源的电路

（16）实际电压源与实际电流源的等效互换，对内电路而言是（　　　）。

A. 可以等效　　　　　　　　　　　B. 不等效

C. 当电路为线性时等效　　　　　　D. 当电路为非线性时等效

4. 思考问答题

（1）找出图 3-62 所示电路图中的支路、回路、节点和网孔。

（2）基尔霍夫定律的内容是什么？

（3）总结应用基尔霍夫定律、叠加原理和戴维南定理进行电路分析的特点。

5. 计算题

（1）如图 3-63 所示，已知 $E_1=12V$、$R_1=6\Omega$、$E_2=15V$、$R_2=3\Omega$、$R_3=2\Omega$，试用戴维南定理求流过 R_3 的电流 I。

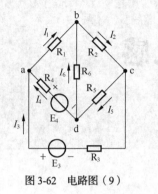

图 3-62　电路图（9）

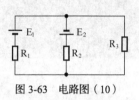

图 3-63　电路图（10）

（2）在图 3-64 中，已知 $I_1=4A$、$I_2=2A$、$I_3=-5A$、$I_4=3A$、$I_5=3A$，求 I_6。

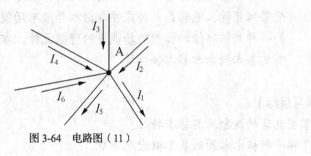

图 3-64　电路图（11）

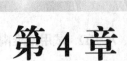

第 4 章

电容和电感

电容器（简称电容）和电感器（简称电感）是电路中除电阻外的最基本元件。电容是一种能够存储和释放电场能量的理想元件，电感是一种能够存储和释放磁场能量的理想元件。本章主要介绍电容和电感的基本概念和基本特性等。

【学习目标】

- 掌握电容的概念及其基本特性。
- 了解平行板电容器的基本概念及参数。
- 理解电容充放电的工作规律。
- 理解电容的连接方式。
- 掌握万用表检测电容的方法。
- 了解磁场的基本概念。
- 掌握电感的概念及其基本特性。

4.1 电容的基本概念

【观察与思考】

打开收音机，拨动旋钮收听到喜欢的节目时，你知道收音机是如何从无数个电磁波信号中选择出合适的电台信号的吗？你可曾注意到荧光灯关闭后还发白，电视机的显像管也有类似的现象，这是为什么呢？这些现象都与即将学习的电容和电容器有关。

4.1.1 电容器

在电工电子技术中，电容器是非常有用的元件。图 4-1 所示为收音机电路中应用的电容器。

电路板上
的电容器

图 4-1　电容器的应用

任何两个彼此绝缘又相隔很近的导体都可以看成是一个电容器，两个导体称为电容的两极，中间的绝缘物质称为电介质。制作电容器所用的电介质主要为陶瓷、玻璃、云母、塑料薄膜、空气、纸和油等。图 4-2 所示为各种介质的电容器。

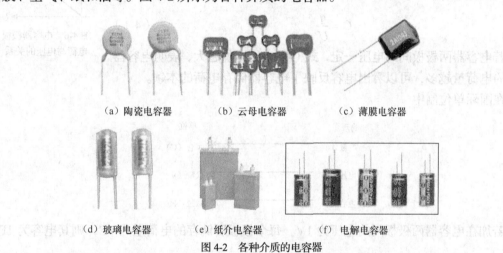

（a）陶瓷电容器　　　　（b）云母电容器　　　　（c）薄膜电容器

（d）玻璃电容器　　（e）纸介电容器　　　（f）电解电容器

图 4-2　各种介质的电容器

平行板电容器是一种最简单的电容器，它的结构示意图如图 4-3 所示。

电容器的结构不同，其表示符号也不相同。图 4-4 所示为几种常见的电容器符号。

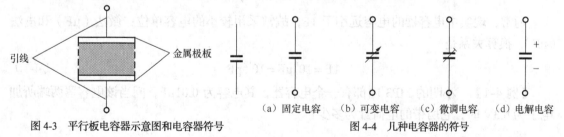

引线　　　　　　　　　　金属极板

（a）固定电容　　（b）可变电容　　（c）微调电容　　（d）电解电容

图 4-3　平行板电容器示意图和电容器符号　　　　图 4-4　几种电容器的符号

把电容器的两极板分别与直流电源的正负极相接时，在电场力的作用下，两块极板上分别获得等量的正负电荷，这种使电容器储存电荷的过程叫作充电。充电后，电容器两极板带有等量的异种电荷，电容器每个极板所带电荷量的绝对值叫作电容器所带电荷量 q，如图 4-5 所示。

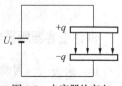

U_s　$+q$　$-q$

图 4-5　电容器的充电

用一根导线把充电后的电容器两极板短接，两极板上所带的正、负电荷互相中和，电容器不再带电，这种使电容器失去电荷的过程叫作放电。放电完成后，电容器的两极板上将不再带电。

视频 37

> 观看"电容器"视频，该视频演示了电容器在生活中的应用、常用的各种介质电容器和电容器的符号。

4.1.2 电容

实验证明，加在同一个电容器两极板之间的电压越高，极板上所带的电荷越多，电荷量与电压的比值是一个常数，如图4-6所示。

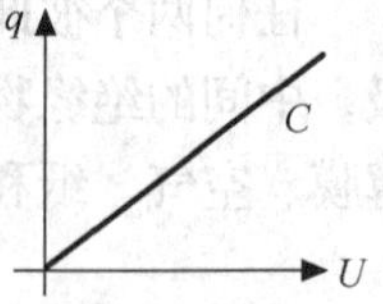

电容器所带电荷量 q 与其两极板间的电压 U 的比值称为电容器的电容量，简称电容，用符号 C 表示，即

$$C = \frac{q}{U} \qquad (4\text{-}1)$$

图 4-6 电容器极板电荷与电压的关系

若电容器两极板间的电压一定，式（4-1）的比值越大，表明电容器所带的电荷量越多，可以看出电容反映了电容器储存电荷的本领。

在国际单位制中

物理量		单位
电量 q	→	库仑（C）
电压 U	→	伏特（V）
电容 C	→	法拉（F）

若加在电容器两极板间的电压为1V，每个极板所储存的电荷量为1C，则其电容为1F，即有

$$1\text{F} = 1\frac{\text{C}}{\text{V}} \qquad (4\text{-}2)$$

通常，现实中电容器的电容远小于1F，故常采用较小的电容单位：微法（μF）和皮法（pF），换算关系是

$$1\text{F} = 10^6 \mu\text{F} = 10^{12} \text{pF} \qquad (4\text{-}3)$$

【例 4-1】 小明的 MP3 内部有一个电容器，其电容为 0.01μF，问当该电容器两端所加电压为 0.3V 时，它所带的电荷量为多少？

解：

$$q = CU = 0.01 \times 10^{-6}\text{F} \times 0.3\text{V} = 3 \times 10^{-9}\text{C}$$

即该电容器所带电荷量为 3×10^{-9}C。

要点提示

> 习惯上，电容器通常简称为电容，所以符号 C 具有双重意义，它既代表电容器元件，也代表参数电容量。

4.1.3 平行板电容器的电容

由上述可知，电容器的电容是一个固定值，那么它的大小由谁决定呢？

一般情况下，电容器两极板间的距离越小，其电容越大；两极板的正对面积越大，其电容越大；另外，两极板中间的介质不同，其电容也不相同。因此电容器的电容取决于电容器本身的结构。

平行板电容器是一种最简单的电容器，如图 4-7 所示。

设平行板电容器两极板间的正对面积为 S，两极板间的距离为 d，实验证明

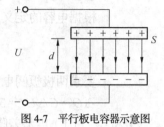

图 4-7 平行板电容器示意图

$$C = \varepsilon \frac{S}{d} \qquad (4\text{-}4)$$

式中，ε——电介质的介电常数，单位为法/米（F/m）。

介电常数由介质材料的性质决定，实验测得真空的介电常数为 $\varepsilon_0 = 8.85 \times 10^{-12} \, \text{F/m}$，其他介质的介电常数与真空介电常数 ε_0 的比值称为该介质的相对介电常数，用 ε_r 表示，即

$$\varepsilon_r = \frac{\varepsilon}{\varepsilon_0} \qquad (4\text{-}5)$$

相对介电常数 ε_r 是一个无单位的数，用来表征介质对电容器的电容量的影响程度。表 4-1 所示为几种常用材料的相对介电常数。

表 4-1 常用材料的相对介电常数

介质名称	相对介电常数 ε_r	介质名称	相对介电常数 ε_r
空气	1	酒精	35
云母	7	纯水	80
石英	4.2	聚苯乙烯	2.2
石蜡	2	三氧化二铝	8.5
玻璃	4～7	五氧化二铝	11.6
陶瓷	6	钛酸钡	1 000～2 000
蜡纸	4.5～6.5	变压器油	2.2

实际中任何两个相互绝缘的带电导体间都存在着自然形成的电容，称为分布电容。例如，在两条输电线之间、输电线与大地之间、三极管的电极之间、电子仪器的外壳与导线之间及线圈的匝与匝之间都存在分布电容。一般分布电容的数值很小，其作用可以忽略不计。但在长距离传输线路中，或在传输高频信号时，分布电容的存在有可能会干扰正常工作，因此在设计中必须加以预防。

【例 4-2】 一个平行板电容器，使它每板电量从 $Q_1 = 30 \times 10^{-6}$C 增加到 $Q_2 = 36 \times 10^{-6}$C 时，两板间的电势差从 $U_1 = 10$V 增加到 $U_2 = 12$V，这个电容器的电容量多大？如要使两极电势差从 10V 降为 $U_2' = 6$V，则每板需减少多少电量？

解：

直接根据电容的定义即可计算。电量的增加量和电势差的增加量分别为

$$\triangle Q = Q_2 - Q_1 = 36 \times 10^{-6}C - 30 \times 10^{-6}C = 6 \times 10^{-6}C$$

$$\triangle U = U_2 - U_1 = 12V - 10V = 2V$$

根据电容的定义，它等于每增加1V电势差所需增加的电量，即

$$C = \frac{\triangle Q}{\triangle U} = \frac{6 \times 10^{-6}}{2}F = 3 \times 10^{-6}F = 3\mu F$$

要求两极板间电势差降为6V，则每板应减少的电量为

$$\triangle Q' = C\triangle U' = 3 \times 10^{-6} \times (10-6)C = 12 \times 10^{-6}C$$

分析： （1）电势差降为6V时，每板的带电量为

$$Q'_2 = Q_1 - \triangle Q' = 30 \times 10^{-6}C - 12 \times 10^{-6}C = 18 \times 10^{-6}C$$

（2）由题中数据可知，电容器每板带电量与两板间电势差的比恒定，即

$$\frac{Q_1}{Q_1} = \frac{Q_2}{Q_2} = \frac{Q'_2}{Q'_2}$$

视频38

观看"近代电磁现象研究工作进展"视频，该视频演示了近代电磁现象的研究历程及目前的成就。

4.1.4 电容器的基本特性

电容器是一种储能元件，在电路中主要是利用它的充电和放电效应。图4-8所示的电路为测试电容器充放电规律的实验电路，把一个电容器C和一个电灯泡H串联后接到恒压源 U_S 上，S是单刀双掷开关，A_1 和 A_2 是电流表，V是电压表。

1. 电容器的充电

图4-8所示的实验电路中开关S与接点1闭合的一瞬间，电压表读数为零，电流表 A_1 读数最大，灯泡最亮；慢慢地灯泡逐渐变暗，最后熄灭；电流表 A_1 读数由大逐渐变小，直到为零；电压表V读数由零逐渐增大，最后达到 U_S。如图4-9所示，曲线1为电流表 A_1 读数的变化曲线示意图，曲线2为电压表V读数的变化曲线示意图。

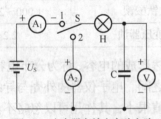

图4-8 电容器充放电实验电路

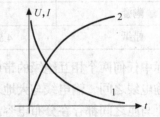

图4-9 电流表 A_1 和电压表V读数的变化示意图

【观察与思考】

仔细观察图4-8所示的电路，分析为什么开关S闭合但电路不闭合而灯泡会亮，电路中会有电流呢？电流又为什么会由大变小，最后变为零呢？

电容器两个极板由于电源电压的作用，电子在电容器的正极板→灯泡→电流表→电源正

极→电源负极→电容器负极板间作定向移动, 电容器两极板聚集
数量相等而符号相反的电荷, 形成电流, 电容器实现了充电过程。
图 4-10 所示为电容器充电过程示意图。

　　在充电过程开始的瞬间, 电容器两端电压为零而外电路端电
压最大, 此时电路相当于电容器短路, 所以开始时充电电流最大,
灯泡最亮; 在充电过程中, 电容器两端电压逐渐加大, 电容器与
电源之间的电压随之逐渐减小, 所以充电电流也越来越小; 当电
容器两端电压达到恒压源 U_S 时, 电流变为零, 电路达到了平衡
状态, 充电过程结束。

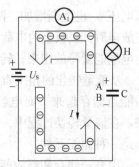

图 4-10　电容器充电过程示意图

视频 39

观看"电容器的充电过程"视频, 该视频演示了电容器的充电实验电路、
电容器充电过程以及电容器充电过程电流表和电压表读数的变化。

2. 电容器的放电过程

　　电容器充电后, 把开关 S 从 1 迅速扳向 2, 可以发现电灯由于电路断开熄灭一下又亮,
且开关 S 刚刚扳到 2 的一瞬间, 电压表 V 读数最大, 电流表 A_2 读数最大, 灯泡最亮; 接着
电压表 V 和电流表 A_2 读数缓慢减小, 最终为零。图 4-11 所示的曲线 1 为电流表 A_2 读数的变
化曲线示意图, 曲线 2 为电压表 V 读数的变化曲线示意图。

　　上述过程为电容器放电过程, 开关 S 刚刚扳到位置 2 的一瞬间, 电容器开始放电, 随着
电容器两极板正、负电荷不断中和, 电容器两端电压逐渐减小, 放电电流也随之减小。当电
容器两极板正负电荷全部中和时, 电压表读数为零, 放电结束。图 4-12 所示为电容器放电过
程的示意图。

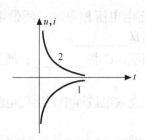

图 4-11　电流表 A_2 和电压表 V 读数的变化示意图

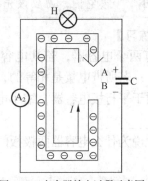

图 4-12　电容器放电过程示意图

视频 40

观看"电容器的放电过程"视频, 该视频演示了电容器的放电实验电路、
电容器放电过程以及电容器放电过程电流表和电压表读数的变化。

3. 电容器中的电场能量

　　电容器最基本的功能是储存电荷。电容器在充电过程时, 两极板上的电荷 q 逐渐增多,

端电压 u_C 也逐渐增加，两极板上的正负电荷在电介质中建立电场，如图 4-13 所示。电容器在放电时，极板上的电荷不断减少，电场不断减弱，把充电时储存的电场能量释放出来，转换为灯泡的光能和热能。

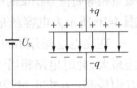

图 4-13 电容器中的电场

从能量转化的角度看，电容器的充电过程实质就是把电源输出的能量储存起来，而电容器的放电过程就是把这部分能量释放出来。在能量转换过程中，电容器本身并不消耗电能，所以说，电容器是一种储能元件。

电容器储存和释放能量的性质在实际中得到了广泛应用。电容器短接放电产生的热量可以焊接金属，如图 4-14（a）所示；利用电容器放电短接产生的火花可以在硬金属表面上进行电火花加工，刻蚀文字或图案，如图 4-14（b）所示；照相机的闪光灯，是利用充好电的电容器对线圈放电而感应产生高电压，从而触发闪光灯发光，如图 4-14（c）所示。

（a）焊接金属　　　　（b）刻蚀文字或图案　　　　（c）照相机的闪光灯

图 4-14 电容器储存能量的广泛应用

要点提示　由于电容器或电容设备在切断电源后仍保持一定的电压，所以注意不能触摸它们，而应该先把这些电容设备短接放电。

【课堂练习】

（1）有两个电容器，若其电容 $C_1 > C_2$，则当它们充电电压相等时，所带电量的关系是_____；若所带电量是相等的，则它们的端电压关系是_____。

（2）对于平行板电容器，缩小电容器两极板的正对面积，C 将_____；增大极板间距离，C 将_____。

（3）说说为什么电容器两极板间有绝缘介质，但是在充放电过程中会出现电流？

4.2　电容器的连接

4.2.1　电容器的串联

与电阻的串联一样，将几个电容器首尾相连组成一个电路的连接方式称为电容器的串联，如图 4-15 所示。

在电容器的串联电路中，与电源直接相连的两块极板分别带有等量的电荷+q 和-q，如

图 4-15 虚线圈所示，中间的其余极板由于静电感应也产生等量的感应电荷，故串联电路每个电容器的电量都是相等的。

由基尔霍夫电压定律知串联电路总电压等于各个电容器两端电压之和，即

$$U = U_1 + U_2 + U_3 + \cdots + U_n$$

将图 4-15 所示的电容器串联电路等效为图 4-16 所示的电路，等效电容 C 两极板电量也为 q。

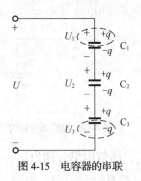

图 4-15　电容器的串联

图 4-16　电容器串联等效电路

设各个电容器的电容分别为 C_1、C_2、C_3，电压分别为 U_1、U_2、U_3，由于

$$U_1 = \frac{q}{C_1}, \quad U_2 = \frac{q}{C_2}, \quad U_3 = \frac{q}{C_3}$$

所以

$$\frac{q}{C} = \frac{q}{C_1} + \frac{q}{C_2} + \frac{q}{C_3}$$

即

$$\frac{1}{C} = \frac{1}{C_1} + \frac{1}{C_2} + \frac{1}{C_3} \tag{4-6}$$

由式（4-6）可以看出，串联电容器的等效电容的倒数等于各个电容器电容的倒数之和，这与电阻并联时的情况类似，这是为什么呢？

可以这样理解：电容器串联相当于加大了两极板间的距离，故等效电容小于串联的任一只电容，串联的电容越多，等效电容越小。

当 n 个电容均为 C_0 的电容元件串联时，其等效电容为 $C = \dfrac{C_0}{n}$。

实际应用中，当电容器的电容量较大，而耐压值小于外加电压时可采用将电容器串联的连接方法，如图 4-17 所示。

图 4-17　电容器串联产品

 要点提示　每个电容器都有各自的耐压值，在实际应用中应保证每只电容器上承受的电压都小于其耐压值，这样才能保证电路的正常运行。

4.2.2　电容器的并联

将几个电容器的一个极板连在一起，另一个极板也连在一起的连接方式称为电容器的并

联，如图 4-18 所示。

电容器并联时，每个电容器的端电压都等于电源电压 U，而电源提供的总电荷量 q 等于各电容器的电荷量之和，即

$$q = q_1 + q_2 + q_3$$

将图 4-18 所示的电容器并联电路等效为图 4-19 所示的电路，则等效电容 C 的端电压也等于 U。

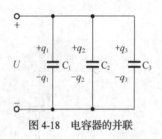

图 4-18　电容器的并联

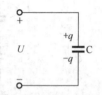

图 4-19　电容器并联的等效电路

设图 4-18 中各个并联电容器的电容分别为 C_1、C_2、C_3，所带电量分别为 q_1、q_2、q_3，由于

$$q_1 = C_1U ， \quad q_2 = C_2U ， \quad q_3 = C_3U$$

$$q = q_1 + q_2 + q_3$$

则　　　　　　　　　　　　$$CU = C_1U + C_2U + C_3U$$

故　　　　　　　　　　　　$$C = C_1 + C_2 + C_3 \tag{4-7}$$

由式（4-7）可以看出，并联电容器的等效电容等于各电容器的电容之和，与电阻串联时的情况类似，这是为什么呢？

可以这样理解：电容器并联相当于加大了极板的正对面积，从而增大电容量，故等效电容大于并联的任一只电容，并联的电容越多，等效电容越大。

当有 n 个电容均为 C_0 的电容元件并联时，其等效电容为 $C = nC_0$。

实际应用中，当电容器的总电容量不够时，可以采用电容器并联的连接方法来加大电容量，如图 4-20 所示。

　电容器并联时，外加电压是直接加在每一个电容器上的，所以每只电容器的耐压值都应大于外加电压。

在电容器的设计中，为达到增加电容又减小电容器体积的目的，可制作一种多片可调电容器，如图 4-21 所示，它有 5 片极板，奇数的一组为动片，可以随轴旋转；偶数的一组为定片，极板间有绝缘介质，这就相当于 4 个电容器并联。旋转动片，改变动片与定片之间的相对面积，就可以达到调节电容量大小的目的。收音机就是利用这种可变电容器来选择所要接收的电台的。

图 4-20　电容器并联产品

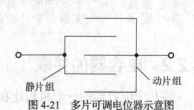

图 4-21　多片可调电位器示意图

扫码观看"电容器的串联与并联"视频，该视频演示了电容器的串联与并联电路、性质和特点。

【例 4-3】　已知电容 $C_1 = 4\mu F$，耐压值为 150V；电容 $C_2 = 12\mu F$，耐压值为 360V，求：

（1）将两只电容器并联使用，等效电容是多大？最大工作电压是多少？

（2）将两只电容器串联使用，等效电容是多大？最大工作电压是多少？

解：（1）将两只电容器并联使用，等效电容为

$$C = C_1 + C_2 = (4 + 12)\mu F = 16\mu F$$

其耐压值为 150V。

（2）将两只电容器串联使用，等效电容为

$$C = \frac{C_1 C_2}{C_1 + C_2} = \frac{4 \times 12}{4 + 12}\mu F = 3\mu F$$

每个电容器允许的最大电量

$$q_{1m} = (4 \times 10^{-6})F \times 150V = 6 \times 10^{-4}C$$

$$q_{2m} = (12 \times 10^{-6})F \times 360V = 4.32 \times 10^{-3}C$$

由于两电容串联时电荷量相等，为保证两个电容器实际承受电压都不大于各自耐压值，应取其中最小值作为串联电容器组总电荷量，所以最大工作电压为

$$U = \frac{q}{C} = \frac{6 \times 10^{-4}C}{3 \times 10^{-6}F} = 200V$$

【课堂练习】

（1）画出电容器串联时的电路图，说说在什么情况下需要将电容器串联起来？

（2）画出电容器并联时的电路图，说说在什么情况下需要将电容器并联起来？

4.3　电感的基本概念

4.3.1　磁场及其基本物理量

1. 磁场和磁场线

在磁体的周围都存在着磁场，磁场和电场一样，也是一种特殊的物质，具有力和能的性质。

磁场可以用磁力线来描述。磁力线是在磁场中所画的一系列假想的有方向的曲线，曲线上每一点的切线方向就是该点的磁场方向。图 4-22 所示为条形磁铁的磁力线分布情况。

磁力线具有以下特点。

（1）磁力线在磁体外部由 N 极出来，进入 S 极；在磁体内部由 S 极回到 N 极，组成不相交的闭合曲线。

（2）磁力线不会彼此相交。

（3）磁力线的疏密反映了磁场的强弱。

2. 电流的磁效应

磁铁并不是磁场的唯一来源，1820年，丹麦物理学家奥斯特通过实验首先发现了电流也能产生磁场。

（1）通电直导线产生磁场。

如图4-23所示，通电直导线的磁力线是以导体为圆心的同心圆，并且在与导体垂直的平面上。可以使用安培定则（右手螺旋定则）来判定直线电流产生的磁场方向，即右手握住导线，让伸直的大拇指指向电流的方向，则弯曲的四指所指的方向就是磁力线的方向，如图4-23所示。

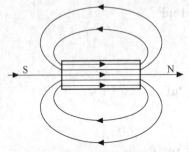

图4-22 条形磁铁的磁力线分布

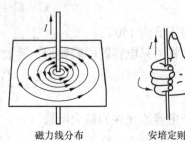

图4-23 直线电流的磁场

（2）环形电流产生磁场。

如图4-24所示，其磁力线是一系列围绕环形导线的闭合曲线。在环形导线的中心轴上，磁力线和环形导线平面垂直。环形电流产生磁场的方向也可以用安培定则判定，即让右手弯曲的四指与环形电流的方向一致，则伸直的大拇指所指方向就是磁力线方向。

（3）螺线管线圈产生磁场。

如图4-25所示，把导线一圈圈地绕在空心圆筒上制成螺线管，通电后，由于每匝线圈产生的磁场相互叠加，因而内部能产生较强的磁场。通电螺线管的磁场与条形磁铁相似，一端为N极，另一端为S极。磁力线的方向可以用另一种解释的安培定则来确定：用右手握住螺线管，让弯曲的四指所指的方向与电流的方向一致，那么大拇指所指的方向就是螺线管内部磁力线方向。

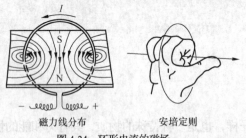

图4-24 环形电流的磁场

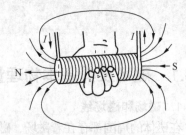

图4-25 通电螺线管的磁场

视频42

扫码观看"电流的磁效应"视频，该视频演示了通电直导线产生磁场、环形电流产生磁场和螺线管线圈产生磁场的过程、方法和原理。

3. 磁场的基本物理量

（1）磁感应强度。

磁感应强度是用来描述磁场中某点的磁场大小和方向的物理量，用 B 表示。

在磁场中的某一点放置一段长度为 l，通电电流为 I 的导体，且使导体与磁场方向垂直，若导体受到的磁场力大小为 F，则该点的磁感应强度大小为

$$B = \frac{F}{Il}$$

要点提示　磁感应强度的方向与该点的磁场方向一致。

磁感应强度的单位是特斯拉，简称为特（T）。在实际应用中，国际单位制还经常用高斯（Gs）作为磁感应强度的单位，即

$$1Gs = 10^{-4}T$$

若空间中磁场的某个区域内，每一点的磁感应强度的大小相等且方向相同，那么这个区域内的磁场就可以称为匀强磁场，如图 4-26 所示。

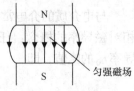

图 4-26　匀强磁场

【阅读材料】

特　斯　拉

特斯拉，1856 年 7 月 10 日出生于克罗地亚的史密里安，后加入美国籍，发明了交流发电机，高频发电机和高频变压器。1893 年，他在芝加哥举行的世界博览会上用交流电做了出色的表演，并用他制成的"特斯拉线圈"证明了交流电的优点和安全性。1889 年，特斯拉在美国哥伦比亚实现了从科罗拉多斯普林斯至纽约的高压输电实验。从此，交流电开始进入实用阶段。此后，他还从事高频电热医疗器械、无线电广播、微波传输电能及电视广播等方面的研制。

为表彰他早在 1896 年—1899 年实现 200kV、架空 57.6m 的高压输电成果，还有制成著名的特斯拉线圈和在交流电领域的贡献，用他的名字作为磁感强度的单位。

（2）磁通。

磁通是描述磁场中某个面上的磁场情况的物理量，用符号 Φ 来表示。当匀强磁场垂直于磁通面时，磁通等于磁感应强度与面积的乘积，即

$$\Phi = BS \tag{4-8}$$

磁通的单位是韦（伯）（Wb）。

【阅读材料】

韦　伯

韦伯，1804 年生，德国物理学家。1832 年韦伯协助高斯提出磁学量的绝对单位。1833 年又与高斯合作发明了世界上第一台有线电报。韦伯还发明了许多电磁仪器，如双线电流表、电功率表和地磁感应器等。韦伯提出了电磁作用的基本定律，将库仑静电定律、安培电动力定律和法拉第电磁感应定律统一在一个公式中，用他的名字命名为磁通量的国际单位。

（3）磁导率。

在图 4-27 所示的实验中，在通电螺旋管中插入铜棒去吸引铁屑时，可观察到只有少量铁

屑被吸起；当插入铁棒去吸引铁屑时，可观察到有大量铁屑被吸起，磁场力增大了很多。这表明：磁场的强弱不仅与电流和导体的形状有关，还与磁场中媒介质的导磁性能有关。

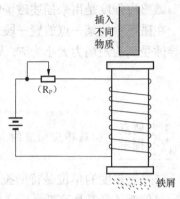

图4-27　通电螺旋管中插入不同物质的实验

媒介质导磁性能的强弱用磁导率 μ 来表示，μ 的单位是亨/米（H/m）。不同的媒介质有不同的磁导率。

真空中的磁导率 μ_0 是个常数，由实验测定

$$\mu_0 = 4\pi \times 10^{-7} \text{H/m}$$

与电介质的介电常数类似，媒介质的磁导率也引入相对磁导率的概念：任一媒介质的磁导率 μ 与真空的磁导率 μ_0 的比值，即

$$\mu_r = \frac{\mu}{\mu_0} \tag{4-9}$$

相对磁导率是个倍率，没有单位。常用铁磁性材料的相对磁导率如表4-2所示。

表4-2　　　　　　　　　　　常用铁磁性材料的相对磁导率

铁 磁 物 质	相对磁导率 μ_r	铁 磁 物 质	相对磁导率 μ_r
铝硅铁粉芯	2.5～7	软钢	2 180
镍锌铁氧体	10～1 000	已退火的铁	7 000
锰锌铁氧体	300～5 000	变压器硅钢片	7 500
钴	174	在真空中熔化的电解体	12 950
未经退火的铸铁	240	镍铁合金	60 000
已经退火的铸铁	620	C型碳莫合金	115 000
镍	1 120		

（3）磁场强度。

磁感应强度 B 的大小不仅与导体形状和通过的电流有关，还与周围介质有关。为方便计算，引入了磁场强度这个物理量来描述磁场的性质。磁场强度的大小仅与导体形状和通过的电流有关，与磁场中的媒介质性质无关。

用磁感应强度 B 与媒介质磁导率 μ 的比值来定义该点的磁场强度，用 H 来表示，即

$$H = \frac{B}{\mu} \tag{4-10}$$

H 的单位是安/米（A/m），工程技术中常用的单位还有安/厘米（A/cm）等。

4.3.2　电感器和电感

1. 电感器

电感器是电路的3种基本元件之一，用符号 L 表示。用导线绕制而成的线圈就是一个电感器，如图4-28所示。电流通过电感线圈时产生磁场，磁场具有能量，所以电感器与电容器

一样，也是一种储能元件。

电感器分为空心线圈（如空心螺线管等）和铁心线圈（如日光灯镇流器等）两种，其图形符号如图 4-29（a）、（b）所示。

忽略导线电阻的能量损耗和匝间分布电容影响的线圈称为纯电感元件。

实际电感线圈若其导线电阻 R 不能忽略，则可以用电阻 R 与纯电感 L 串联来等效表示，如图 4-29（c）所示。

图 4-28　各种电感线圈　　　　　　　　　图 4-29　电感器的几种表示方法

2. 电感

如图 4-30 所示，当电流 I 通过有 N 匝的线圈时，在每匝线圈中产生磁通量 Φ，则该线圈的磁链 Ψ 定义为

$$\Psi = N\Phi \tag{4-11}$$

磁通量和磁链的单位都是韦伯（Wb）。

上述线圈的磁通量和磁链是由流过线圈本身的电流所产生的，并随线圈的电流变化而变化，因此将它们分别称为自感磁通 Φ_L 和自感磁链 Ψ_L。

实践证明，空心线圈的磁通量 Φ_L 和磁链 Ψ_L 与电流 I 成正比，即

$$\Psi_L = LI \tag{4-12}$$

其中 L 是一个常数。把线圈的自感磁链 Ψ_L 与电流 I 的比值称为线圈的自感系数，简称电感，用字母 L 表示。

在国际单位制中

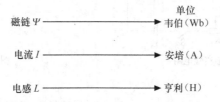

电感的单位还有毫亨（mH）和微亨（FH），它们的关系是

$$1H = 10^3 mH = 10^6 \mu H$$

电感表征了线圈产生磁链本领的大小。

电感 L 是线圈的固有特性，其大小只由线圈本身的因素决定，与线圈匝数、几何尺寸、有无铁心及铁心的导磁性质等因素有关，而与线圈中有无电流或电流大小无关。

理论和实践都证明：线圈截面积越大，长度越短，匝数越多，线圈的电感越大；有铁心

时的线圈比空心时的电感要大得多。

实际应用中，可以在线圈中放置铁心或磁芯来增大电感，如图 4-31 所示收音机调谐电路中的线圈，就是通过在线圈中放置磁芯来获得较大电感、减小元件体积的。

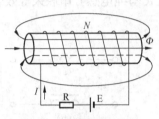

图 4-30　电感线圈的磁链

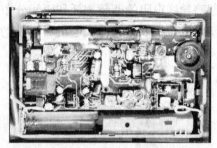

图 4-31　收音机调谐电路中的线圈

实际上，并不是只有线圈才有电感，任何电路、一段导线、一个电阻及一个大电容等都存在电感，但因其影响极小，可以忽略不计。

4.3.3　电感器的基本特性

1. 自感现象

图 4-32 所示的电路中，调节变阻器 R 使它的阻值等于线圈的电阻，调节变阻器 R_1 使灯泡 H_1 和 H_2 都能正常发光。

闭合开关 S 瞬间，可以观察到与变阻器 R 串联的灯泡 H_1 立即正常发光，而与电感 L 串联的灯泡 H_2 却是逐渐亮起来，要经一段时间才能达到同样的亮度。这是为什么呢？

原来，在开关 S 闭合瞬间，通过电感 L 与灯泡 H_2 支路的电流 I 由零开始增大，使穿过线圈的磁通量也随之增大，此时线圈中必然会产生感应电动势来阻碍 I 的增大，因此 I 只能逐渐增大，灯泡 H_2 亮度随之逐渐增强，如图 4-33 所示。

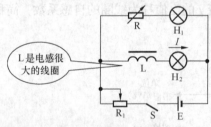

图 4-32　自感实验电路

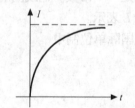

图 4-33　流过灯泡 H_2 的电流 I

【观察与思考】

观察图 4-34 所示的实验，把灯泡 H 和电阻较小的铁心线圈 L 并联后接到直流电源上。闭合开关 S 后，调节变阻器 R 使灯泡 H 正常发光。当把开关 S 断开的瞬间，可以看到灯泡并不立即熄灭，而是突然发出耀眼的强光后才熄灭。这种现象又如何解释呢？

在切断电源瞬间，通过线圈的电流突然减小，穿过线圈的磁通量也很快减小，所以在线圈中必然会产生一个很大的感应电动势来阻碍线圈中电流的减小。这时，线圈 L 与灯泡 H 组成闭合电路，产生感应电动势的线圈相当于电源，

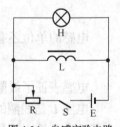

图 4-34　自感实验电路

在电路中就会产生较大的感应电流，因此灯泡不但不立即熄灭，反而会产生短暂的强光。

　　根据楞次定律思考一下，此时通过灯泡的电流方向与开关断开前通过灯泡的电流方向相同吗？为什么？

　　通过对上述两个实验的观察与分析可以看出：当通过导体的电流发生变化时，穿过导体的磁通量也发生变化，导体两端就产生感应电动势，这个电动势总是阻碍导体中原来电流的变化。这种由于导体本身的电流变化而引起的电磁感应现象叫作自感现象。

视频 43	视频 44

> 扫码观看"自感现象 1""自感现象 2"视频，该视频演示了自感的两个实验电路以及自感现象产生的过程。

2. 电感线圈中的磁场能量

　　磁场和电场一样具有能量，当电流通过导体时，就在导体周围建立磁场，将电能转化为磁场能，储存在电感元件内部；当电流减小时，变化的磁场通过电磁感应可以在导体中产生感应电流，将磁场能量释放出来，转化为电能。图 4-34 所示的实验中，当开关 S 断开瞬间，灯泡会发出短暂的强光，就是储存在电感线圈中的磁场能量转化为灯泡的热能和光能，瞬间释放出来产生的。

　　磁场能量与电场能量在电路中是可以相互转化的，如图 4-35 所示。

图 4-35　磁场能量与电场能量的转化

4.4　实验 1　电容器的认识与检测

【实验目的】

- 了解常用各种类型的电容器。
- 掌握使用万用表检测电容器电容量的方法。
- 掌握使用万用表测试电容器质量的方法。

1. 基础知识

　　电容器的种类很多，按电容器的介质材料可分为空气电容器、云母电容器、纸介电容器、陶瓷电容器、涤纶电容器和电解电容器等，如图 4-36 所示；按电容量是否可变可分为固定电位器、可变电位器和半可变电位器等。

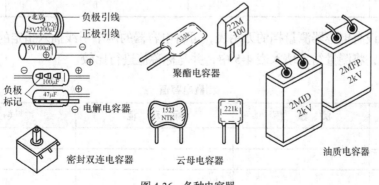

图 4-36　各种电容器

表 4-3 给出了各种类型电容器的制作工艺以及优缺点，供选择电容器时参考。

表 4-3　　　　　　　　　　　　　各种类型电容器比较

名　　称	极　性	制　作　工　艺	优　　点	缺　　点
无感薄膜电容	无	两层聚丙乙烯塑料和两层金属箔交替夹杂	无感，高频特性好，体积较小	不适合做大容量，价格比较高，耐热性能较差
薄膜电容	无	两层聚乙烯塑料和两层金属箔交替夹杂	有感，高频特性好，体积较小	不适合做大容量，价格比较高，耐热性能较差
瓷片电容	无	瓷片两面镀金属薄膜	体积小，耐压高，价格低，频率高（高频电容）	易碎，容量低
云母电容	无	云母片上镀两层金属薄膜	容易生产，技术含量低，温度稳定性好	体积大，容量小
电解电容	有	两片铝带和两层绝缘膜相互层叠，又浸泡在电解液（含酸性的合成溶液）中	容量大	高频特性不好

2. 实验内容

（1）认识各种电容器。

（2）使用数字万用表对电容器的电容量进行测试。

（3）使用指针式万用表对电容器进行粗略的检测。

（4）电解电容器极性的判别。

3. 实验步骤

（1）对提供的各种类型电容器进行识别，根据电容器表面的标注读取它们的耐压值等相关参数；若是电解电容器，要确定其"+""-"端；将相关数据填入表 4-4 中。

表 4-4　　　　　　　　　　　　　电容器参数

序　号	名　　称	符　号	容　量	耐　压	特　点
1					
2					
3					

（2）对于设有电容器测量挡的万用表，可将电容器的两个引线插入指定的插孔，万用表将显示电容值；将测量结果填入表 4-5 中，并与标称值进行比较。

表 4-5　　　　　　　　　　　　　测量电容值

序　号	测　量　值	标　称　值	误　差
1			
2			
3			

（3）对于指针式万用表，可利用欧姆挡，根据电容器充放电的特性大致判断电容器的质量，步骤如下。

① 被测电容器的电容量在 1μF 以下时，使用万用表的大电阻挡如"R×10k"；在 1μF 以上时，使用万用表的"R×10k"电阻挡。操作时，将万用表的两表笔分别与电容器的两引线端相接。

② 万用表指针摆动一个小角度后复位，对调两个表笔位置，现象重复，说明电容器是正常的。

③ 万用表指针指零或摆动幅度较大，且不复位，说明电容器短路或严重漏电。

④ 万用表指针完全不动，对调两表笔位置测量，指针仍然不动，说明电容器开路。

（4）电解电容器的极性一般可以根据其漏电阻大小来进行判别，具体方法如下。

① 针对不同容量的电解电容器选用合适的量程。一般情况下，1~47μF 间的电解电容器可选用"R×1k"挡；47μF~10 00μF 之间的电解电容器可选用"R×100"挡。

② 将万用表红、黑表笔分别接电解电容器的两极。在刚接触的瞬间，若万用表指针向右偏转较大幅度，然后逐渐向左回转，直到停在某一位置。

③ 将红、黑表笔对调，重复刚才的测量过程。

④ 如果电解电容器性能良好的话，在两次测量结果中，阻值大的一次便是正向接法，即红表笔接电解电容器的负极，黑表笔接正极。

用万用表检测电解电容器正反向的漏电电阻值，并判断电容器极性，填入表 4-6 中。

表 4-6　　　　　　　　　　　　漏电电阻值和极性

序　号	漏电电阻值（Ω）		电解电容器极性
	第 1 次	第 2 次	
1			
2			
3			

4. 实验器材

（1）数字式和指针式万用表各 1 块。

（2）各种类型的电容器若干。

5. 预习要求

（1）掌握常用电工仪表（如万用表）的使用方法和注意事项等。

（2）了解各种类型电容器的基本特性。

（3）制定本实验有关数据记录表格。

6. 实验报告

（1）写出各种类型的电容器及其符号。

（2）记录实验过程中的相关数据。

（3）写出该实验的收获与体会。

7. 注意事项

（1）对于几千皮法的小容量电容器，若使用万用表"R×100k"电阻挡检测，指针摆动明显，则判断结果更可靠。

（2）检测大容量电容器时，应先将电容器引线端短接放电再检测。

（3）检测电解电容器时，应反复调换表笔，触碰电解电容器的两引脚，以确认电解电容器有无充电现象。

（4）重复检测电解电容器时，每次应将被测电解电容器短路一次。

（5）检测电解电容器时，手指不要同时接触被测电解电容器的两个引脚。否则，将使万用表指针回不到无穷大的位置，给检测者造成错觉，误认为被测电解电容器漏电。

视频45

（6）在实际使用中，必须注意电解电容器的极性，按极性要求正确连接到电路中去。否则，可能引起电解电容器击穿或爆炸。

扫码观看"电容器的检测"视频，该视频演示了电容器的检测过程、检测结果、产生现象和注意问题。

4.5　实验2　验证楞次定律

【实验目的】
- 掌握检流计等仪表的使用方法和注意事项。
- 加深理解电磁感应现象及其含义。
- 加深理解楞次定律的含义。

1. 基础知识

楞次定律：当线圈的磁通发生变化时，线圈中产生的感应电动势总是使感应电流的磁通阻碍原磁通的变化。也就是说，当线圈的磁通增加时，感应电流产生的磁通与原来的磁通方向相反，以反抗原有磁通的增加；当线圈的磁通减少时，感应电流产生的磁通与原来磁通的方向相同，以补偿原有磁通的减少。

楞次定律明确了以下两点。

（1）产生感应电动势的条件是线圈的磁通必须变化。

（2）感应电动势的方向总是阻碍原磁通的变化。

楞次定律揭示了确定感应电动势方向的普遍规律。

2. 实验内容

（1）搭建图4-37所示的验证楞次定律的电路。

（2）改变电路中线圈的磁通，观察检流计的指针变化情况，验证楞次定律。

3. 实验步骤

（1）根据实验室的仪器设备和各种器材搭建图4-37所示的实验电路。

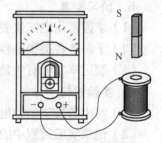
图4-37　楞次定律实验

（2）将永久磁铁插入到线圈中，观察检流计指针的变化情况，分析产生这种现象的原因。

（3）将磁铁从线圈中抽出，观察检流计指针的变化，分析产生这种现象的原因。

（4）将磁铁放在线圈中不动，观察检流计指针的变化，说明原因。

4．实验器材

（1）检流计 1 只。

（2）永久磁铁 1 只。

（3）线圈装置 1 套。

5．预习要求

（1）掌握楞次定律的基本内容。

（2）掌握各种仪表（如检流计等）的使用方法和注意事项。

（3）制定本实验有关数据记录表格。

6．实验报告

（1）写出楞次定律的内容。

（2）记录实验过程的数据及实验现象，并进行分析。

（3）写出本实验的收获体会。

7．实验注意事项

电磁铁不要用力吸合到铁等金属，避免撞坏磁铁。

视频 46

扫码观看"楞次定律"视频，该视频演示了楞次定律的实验电路、实验过程和产生的现象。

思考与练习

1．填空题

（1）最简单的电容器是_____。

（2）电容的单位有_____、_____、_____，它们的换算关系是_____。

（3）平行板电容器的电容与_____、_____、_____等有关。

（4）n 个相同电容器串联后的电容 C 与单个电容器电容 C_0 的关系是_____。n 个相同电容器并联后的电容 C 与单个电容器电容 C_0 的关系是_____。

（5）电感器根据线圈类型可分为_____和_____。

2．判断题

（1）加在电容器两端的电压越高，其电容越大；电容器两端的极板所带电荷越多，电容器的电容越大。（　　　）

（2）当电容器的极板距离增大时，平行板电容器的电容也变大。（　　　）

（3）电容器在充放电时不消耗能量，只进行能量的交换。（　　　）

（4）磁力线不会交叉。（　　　）

（5）匀强磁场每一点的磁感应强度的大小相等，且方向相同。（　　　）

（6）电感器在电路中与电容一样，不消耗能量。（　　　）

3. 选择题

（1）对电容 $C=Q/U$，下列说法正确的是（　　　）。

A. 电容器充电量越大，电容增加越大

B. 电容器的电容跟它两极所加的电压成反比

C. 电容器的电容越大，所带电量就越多

D. 对于确定的电容器，它所充的电量跟它两极板间所加电压的比值保持不变

（2）某一电容器标注的是"300V，$5\mu F$"，则下述说法正确的是（　　　）。

A. 该电容器可在 300V 以下电压正常工作

B. 该电容器只能在 300V 电压时正常工作

C. 电压是 200V 时，电容仍是 $5\mu F$

D. 使用时只需考虑工作电压，不必考虑电容器的引出线与电源的哪个极相连

（3）关于电容器和电容的概念，下列说法正确的是（　　　）。

A. 任何两个彼此绝缘又互相靠近的导体都可以看成是一个电容器

B. 用电源对平板电容器充电后，两极板一定带有等量异种电荷

C. 某一电容器带电量越多，它的电容就越大

D. 某一电容器两板间的电压越高，它的电容就越大

（4）一平行板电容器的两个极板分别与电源的正、负极相连，如果使两板间的距离逐渐增大，则（　　　）。

A. 电容器电容将增大　　　　　　　　B. 每个极板的电量将增大

C. 每个极板的电量将减小　　　　　　D. 两板间电势差将增大

（5）某电路需 $2\mu F$ 的电容器，实际只有 $3\mu F$、$6\mu F$ 和 $4\mu F$ 多个电容器，可以采用 $3\mu F$ 与 $6\mu F$ 串联或两个 $4\mu F$ 电容串联来满足要求，但通常采用两只相同电容器串联的方法，原因是（　　　）。

A. $6\mu F$ 电容器分配较高电压从而超过额定值击穿

B. $3\mu F$ 电容器分配较高电压从而超过额定值击穿

C. 两个电容器都会被击穿

D. 习惯上采用两只相同电容并联

（6）与自感系数无关的是线圈的（　　　）。

A. 几何形状　　　B. 匝数　　　C. 磁介质　　　D. 电阻

（7）自感电动势的大小正比于本线圈中电流的（　　　）。

A. 大小　　　B. 变化量　　　C. 方向　　　D. 变化率

（8）在磁路中与媒介质磁导率无关的物理量是（　　　）。

A. 磁感应强度　　　B. 磁通　　　C. 磁场强度　　　D. 磁阻

（9）为了探究磁体的磁极，将一个条形磁体从中间断开，关于得到的两段磁体，下面的说法中正确的是（　　　）。

A. 两段磁体各自的两端都没有磁极　　　B. 一段磁体是 N 极，另一段磁体是 S 极

C. 两段磁体分别有 N 极和 S 极　　　　D. 两段磁体的磁性都消失了

（10）拿来一个磁针，发现它静止时一端指北，另一端指南；用手将它转动一下，它静止

时还是一端指北，另一端指南。下面对这种现象的解释，你认为正确的是（　　　）。

A. 地球是个大磁体，地磁场对磁针的作用使磁针一端指北，另一端指南

B. 地球的重力作用使磁针一端指北，另一端指南

C. 地球自转的影响使磁针一端指北，另一端指南

D. 磁针自身的惯性作用使它一端指北，另一端指南

（11）对磁感线的理解，分别有以下几种看法，正确的是（　　　）。

A. 将小铁屑放到磁体周围可以看到它们有规律的排列，说明磁感线是存在的

B. 磁感线是为了形象地描述磁场而画出来的，不是客观存在的

C. 磁感线的方向与小磁针在磁场中静止时南极的指向一致

D. 磁感线是带箭头的曲线，不可能是直线

（12）（多选）下面几位同学的说法中正确的是（　　　）。

A. 地球是个大磁体，地球周围存在着磁场

B. 地磁场的形状跟条形磁体的磁场很相似

C. 地理的两极和地磁的两极是重合的

D. 指南针的指向与地理的南北方向是有偏角的

4. 问答题

（1）写出几种电容器的表示符号。

（1）简单描述电容器充、放电的过程。

（2）电流能产生磁场吗？画出各种情况下的磁场。

（3）列举身边应用电容器的例子，并分析电容器在其中所起的作用。

（4）列举身边应用电感器的例子，并分析电感器在其中所起的作用。

5. 计算题

一个电容器，其电容为 0.1μF，那么当该电容器的两端所加电压为 2V 时，它所带的电荷量为多少？

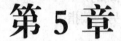

第 5 章

正弦交流电路

大小和方向随时间变化的电流、电压或电动势，统称为交流电，日常生活中所接触的多数都是交流电，通常用符号"–"和"～"分别表示直流电和交流电。正弦交流电是指随时间按正弦规律变化的交流电。本章中如果没有特别说明，都指的是正弦交流电。

【学习目标】
- 掌握交流电路的基本概念及其基本物理量。
- 掌握正弦交流电的 3 要素。
- 掌握正弦交流电的相量图表示法。
- 掌握单一元件的正弦交流电路。
- 理解并掌握 RLC 串联正弦交流电路。
- 掌握电压三角形、阻抗三角形和功率三角形的含义。
- 掌握功率因数的含义。
- 理解串联谐振电路。
- 理解日光灯正弦交流电路。

【观察与思考】
电已与生活密切相关。没有电的日子，你能想象得到吗？电灯、电话、电视、电梯等无一不与电有关，那生活中的电到底是怎么产生的？学习了本章正弦交流电路之后，你就会对电有一个全新的了解。

5.1 正弦交流电路的基本概念

5.1.1 正弦交流电的产生

电磁感应现象使人类"磁生电"的梦想成真，发电机就是根据电磁感应原理制成的，而正弦交流电由交流发电机产生。

图 5-1 所示为一个简单的交流发电机模型，磁极 N、S 固定不动，线圈 abcd 在匀强磁场中由外界的其他动力带动，绕固定转轴逆时针匀速转动，将线圈的两端分别焊接到随线圈一起转动的两个铜环上，铜环通过电刷与电流表连接。线圈每旋转一周，指针就摆动一次。这表明：转动的线圈里产生了感应电流，并且感应电流的大小和方向都随时间做周期性变化，交流电就这样产生了！

图 5-2 所示为线圈的截面图。线圈 abcd 以角速度 ω 沿逆时针方向匀速转动，当线圈转动到线圈平面与磁感线垂直位置时，线圈 ab 边和 cd 边的线速度方向都与磁感线平行，导线不切割磁感线，所以线圈中没有感应电流产生。线圈平面与磁感线垂直时的位置叫中性面。

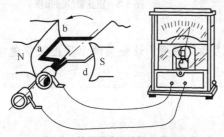

图 5-1　简单的交流发电机模型

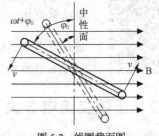

图 5-2　线圈截面图

线圈转动的起始时刻（$t = 0$），线圈平面与中性面夹角为 φ_0；t 秒后线圈转过角度 ωt，则 t 时刻线圈平面与中性面夹角为 $\omega t + \varphi_0$，如图 5-2 所示。

设 ab 边、cd 边长度为 l，磁场的磁通密度为 B，采用适当形状的磁极可以使线圈两边产生的感应电动势为 $e_{ab} = e_{cd} = Blv\sin(\omega t + \varphi_0)$。

由于这两个电动势是串联的，所以在 t 时刻整个线圈产生的感应电动势 e 为 $e = 2Blv\sin(\omega t + \varphi_0)$。

当线圈平面转动到与磁感线平行位置时，ab 边和 cd 边都垂直切割磁感线，此时线圈中产生的感应电动势最大，用 E_m 表示。若线圈有 N 匝，面积为 S，则有

$$E_m = 2NBlv = NB\omega S$$

因此，线圈产生的感应电动势可表示为

$$e = E_m\sin(\omega t + \varphi_0) \qquad\qquad (5\text{-}1)$$

视频 47

扫码观看"正弦交流电的产生"视频，该视频演示了正弦交流电产生的模型、原理和工作过程。

要点提示

e 表示 t 时刻电动势的瞬时值。

交流电的瞬时值用小写字母表示，如电流瞬时值 $i = I_m\sin(\omega t + \varphi_0)$，电压瞬时值 $u = U_m\sin(\omega t + \varphi_0)$。$E_m$、$I_m$ 和 U_m 分别称为电动势、电流和电压的最大值，也叫振幅或峰值，用大写字母加小写下标 m 表示。

交流电的变化规律除了可以用式（5-1）的解析式形式表示外，还可以用图 5-3 所示的波形图表示。

当 $t=0$ 时，$e = E_{\mathrm{m}} \sin \varphi_0$，为初始值；当 $t=t_1$，$\omega t_1 + \varphi_0 = \dfrac{\pi}{2}$ 时，$e = E_{\mathrm{m}}$，为最大值；当 $t=t_2$，$\omega t_2 + \varphi_0 = \pi$ 时，$e=0$。同理，$t=t_3$ 时，$e = -E_{\mathrm{m}}$；$t=t_4$ 时，$e=0$；$t=t_5$ 时，$e = E_{\mathrm{m}} \sin(\omega t_5 + \varphi_0)$ 回到初始值，电动势变化一个周期。

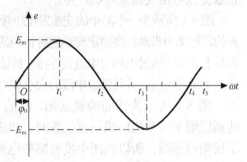

图 5-3　正弦量的波形图

视频 48

扫码观看"正弦交流电的波形图表示"视频，该视频演示了正弦交流电的波形图表示的方法和步骤。

5.1.2　正弦交流电 3 大要素

观察正弦交流电的瞬时值表达式，可以发现它主要由 3 个重要的量来进行表征。

$$e = E_{\mathrm{m}} \sin(\omega t + \varphi_0)$$

式中：E_{m}——最大值；

ω——角频率；

φ_0——初相位。

1. 最大值

在正弦交流电瞬时值表达式中，正弦符号 sin 前面的系数 E_{m}、I_{m} 和 U_{m} 称为正弦量的最大值，它是交流电瞬时值中所能达到的最大值。从图 5-3 所示正弦交流电的波形图可知，交流电完成一次周期性变化时，正、负最大值各出现一次。

2. 初相位

式（5-1）中（$\omega t + \varphi_0$）称为交流电的相位，又称为相角，$t=0$ 时刻的相位 φ_0 称为初相位，它反映了交流电起始时刻的状态。

图 5-4（a）、（b）、（c）所示分别是初相位 $\varphi_0 = 0$、$\varphi_0 > 0$ 和 $\varphi_0 < 0$ 时正弦电流的波形图。可见正弦量的初相位不同，初始值就不同，到达最大值和某一特定值所需的时间也不同。

对比图 5-4（a）、（b）、（c）发现，图 5-4（b）所示的波形为图 5-4（a）所示的波形向左平移了一个角度 φ_0，图 5-4（c）所示的波形为图 5-4（a）所示的波形向右平移了一个角度 φ_0。

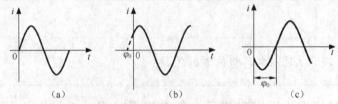

（a）　　　　　　　　　（b）　　　　　　　　　（c）

图 5-4　不同初相位的正弦电流的波形图

3. 角频率

角频率 ω 是描述正弦交流电变化快慢的物理量。交流电每秒钟变化的电角度，称为角频率，单位是弧度/秒（rad/s）。

在工程中，常用周期 T 或频率 f 来表示交流电变化的快慢。交流电完成一次周期性变化所需的时间，称为周期，单位是秒（s）；交流电在 1s 内完成周期性变化的次数，称为频率，单位是赫兹（Hz），简称赫，如图 5-5 所示。

可以看出，周期和频率互为倒数，即

$$T = \frac{1}{f} \text{ 或 } f = \frac{1}{T} \quad\quad (5-2)$$

因为交流电完成 1 次周期性变化所对应的电角度为 2π，所用时间为 T，所以角频率 ω 与周期 T 和频率 f 的关系是

$$\omega = \frac{2\pi}{T} = 2\pi f \quad\quad (5-3)$$

我国工农业生产和日常生活多采用的是频率为 50Hz 的正弦交流电，也称为工频交流电，其周期是 0.02s，即 20ms，角频率是 100πrad/s 或 314rad/s，电流方向每秒钟变化 100 次，如图 5-6 所示。

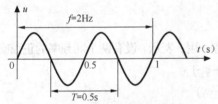

图 5-5　正弦交流电的周期和频率

图 5-6　我国工农业生产采用 50Hz 正弦交流电

 要点提示　任何一个正弦量的最大值、角频率和初相位确定后，就可以写出解析式，并可以计算出任一时刻的瞬时值。因此，最大值、角频率和初相位称为正弦量的 3 要素。

欧洲部分国家则采用频率为 60Hz 的正弦交流电，试写出其周期和角频率。

扫码观看"正弦交流电的 3 要素"视频，该视频演示了正弦交流电的 3 要素（最大值、初相位和角频率）的含义和数学表示。

视频 49

【例 5-1】　已知正弦电压 $u = 100\sin(100\pi t + \pi/3)$V，求它的最大值 U_m、角频率 ω、周期 T、频率 f、相位 $\omega t + \varphi_0$ 和初相位 φ_0，作出其波形图，并计算 $t_1 = 0.01$s 和 $t_2 = 0.02$s 时电压的瞬时值。

解：由正弦电压瞬时值表达式 $u = 100\sin(100\pi t + \pi/3)$V 可知：

（1）最大值 $U_\mathrm{m} = 100$V。

（2）角频率 $\omega = 100\pi$rad/s = 314rad/s。

（3）周期 $T = \dfrac{2\pi}{\omega} = \dfrac{2\pi}{100\pi}$s $= \dfrac{1}{50}$s $= 0.02$s。

（4）频率 $f = \dfrac{1}{T} = \dfrac{1}{0.02\text{s}} = 50$Hz。

（5）相位 $(\omega t + \varphi_0) = (100\pi t + \pi/3)$rad。

（6）初相 $\varphi_0 = \dfrac{\pi}{3}\text{rad} = 60°$。

（7）波形图如图 5-7 所示。

（8）$t_1 = 0.01\text{s}$ 时，瞬时值

$$u_1 = 100\sin(100\pi \times 0.01 + \pi/3)\text{V}$$

$$= 100\sin\left(\pi + \frac{\pi}{3}\right)\text{V} = -100\sin\pi/3\,\text{V}$$

$$= -100 \times 0.866\text{V} = -86.6\text{V}$$

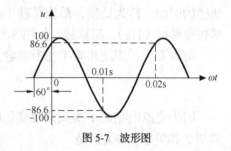

图 5-7　波形图

$t_2 = 0.02\text{s}$ 时，瞬时值

$$u_2 = 100\sin(100\pi \times 0.02 + \pi/3)\text{V}$$

$$= 100\sin\left(2\pi + \frac{\pi}{3}\right)\text{V} = 100\sin\pi/3\,\text{V}$$

$$= 100 \times 0.866\text{V} = 86.6\text{V}$$

5.1.3　正弦交流电的相位差

两个同频率正弦量的相位之差，叫作它们的相位差，用 φ 表示。设有两个同频率的正弦交流电

$$u = U_m\sin(\omega t + \varphi_u)$$

$$i = I_m\sin(\omega t + \varphi_i)$$

可以得出，$(\omega t + \varphi_u)$ 是电压 u 的相位；$(\omega t + \varphi_i)$ 是电流 i 的相位，则电压 u 和电流 i 的相位差为

$$\varphi = (\omega t + \varphi_u) - (\omega t + \varphi_i) = \varphi_u - \varphi_i$$

 要点提示　两个同频率正弦量的相位差等于它们的初相位之差，是个常量，与时间 t 无关。

相位差是描述同频率正弦量相互关系的重要特征量，它表征两个同频率正弦量在时间上超前或滞后到达正、负最大值或零值的关系。规定用绝对值小于 π（180°）的角来表示相位差。图 5-8 所示为两个同频率正弦电压和电流的相位关系。

图 5-8（a）中，$\varphi_u > \varphi_i$，相位差 $\varphi = \varphi_u - \varphi_i > 0$，称为电压 u 超前电流 i 角度 φ，或称电流 i 滞后电压 u 角度 φ，表示电压 u 比电流 i 要早到达正（或负）最大值或零值的时间是 φ/ω。

图 5-8（b）中，u 与 i_1 具有相同的初相位，即相位差 $\varphi = 0$，称为 u 与 i_1 同相位；而 u 和 i_2 相位正好相反，称为反相，即 u 与 i_2 的相位差为 ±180°。

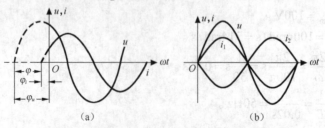

图 5-8　同频率正弦电压和电流的相位关系

观看"正弦交流电的相位差"视频，该视频演示了正弦交流电相位差的定义、物理意义以及相位差的超前、滞后、同相和反相的含义。

5.1.4　正弦交流电的有效值和平均值

交流电的有效值是根据电流的热效应来计算的，如图 5-9 所示。交流电有效值的表示方法与直流电相同，用大写字母表示，则 E、U 和 I 分别表示交流电的电动势、电压和电流的有效值。

交流电压表、电流表所测量的数值，各种交流电气设备铭牌上所标的额定电压和额定电流值以及人们平时所说的交流电的值都是指有效值。图 5-10 所示为常用交流电气设备铭牌上的有效值表示。以后凡涉及交流电的数值，只要没有特别说明的都是指有效值。

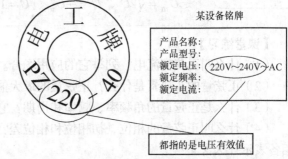

某设备铭牌

产品名称：
产品型号：
额定电压：220V～240V AC
额定频率：
额定电流：

都指的是电压有效值

把交流电 i 与直流电 I 分别通过两个相同的电阻，如果在相同的时间内产生的热量相同，该直流电的数值 I 就叫交流电 i 的有效值

图 5-9　交流电的有效值　　　　　图 5-10　常用交流电气设备铭牌上的有效值表示

通过理论计算可以知道，正弦交流电的有效值为最大值的 $\dfrac{1}{\sqrt{2}}$。我国照明电路的电压是 220V，其最大值是 $220\sqrt{2} = 311\text{V}$，因此接入 220V 交流电路的电容器耐压值必须不小于 311V，如图 5-11 所示。

电工电子技术中，有时还需要求交流电的平均值。交流电压或电流在半个周期内所有瞬时值的平均数，称为该交流电压或电流的平均值，用 $\overline{U}$ 表示，如图 5-12 所示。可以证明：交流电的平均值是最大值的 $\dfrac{2}{\pi}$，即为最大值的 0.637 倍。试着证明这个结论。

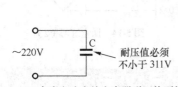

～220V　C　耐压值必须不小于 311V

图 5-11　20V 交流电路中的电容器耐压值不低于 311V

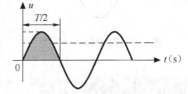

图 5-12　交流电的平均值

【例 5-2】　已知工频正弦电压 u_{ab} 的最大值为 311V，初相位为 –60°，其有效值为多少？写出其瞬时值表达式；当 $t = 0.0025\text{s}$ 时，U_{ab} 的值为多少？

解：

因为 $U_{abm} = \sqrt{2}U_{ab}$

所以有效值 $U_{ab} = \dfrac{1}{\sqrt{2}}U_{abm} = \dfrac{1}{\sqrt{2}} \times 311 = 220\,\text{V}$

瞬时值表达式为 $u_{ab}=311\sin(314t-60°)$ V

当 $t=0.0025$s 时，$U_{ab}=311\times\sin\left(100\pi\times0.0025-\dfrac{\pi}{3}\right)=311\sin\left(-\dfrac{\pi}{12}\right)=-80.5$ V

视频51

观看"正弦交流电的有效值和平均值"视频，该视频演示了正弦交流电的有效值和平均值的计算公式和含义。

要点提示

交流电的最大值 U_m、有效值 U 和平均值 $\overline{U}$ 的含义是不同的，它们的关系是 $U_m=\sqrt{2}U$、$\overline{U}=\dfrac{2}{\pi}U_m$、$U=1.1\overline{U}$。

【课堂练习】

（1）什么叫正弦交流电？列举它的应用场合。

（2）正弦量的3要素是什么？正弦量的最大值、有效值和平均值有什么关系？

（3）什么是正弦量的角频率、频率和周期？它们之间有什么关系？

（4）什么叫正弦量的相位、初相位和相位差？两个同频率正弦量超前、滞后、同相和反相各表示什么含义？

（5）根据图5-13所示的波形图，求正弦电流的周期、频率、角频率和初相位。

（6）根据图5-14所示的波形图，求电压与电流的最大值、有效值、平均值和相位差，并指出它们相位的超前或滞后关系。

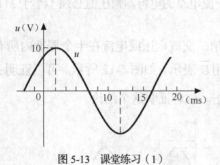

图5-13 课堂练习（1）

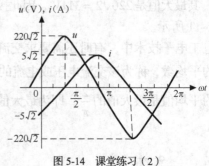

图5-14 课堂练习（2）

5.2 正弦交流电的相量图表示法

用三角函数形式表示正弦交流电随时间变化规律的方法，称为正弦交流电的解析式表示法，则正弦交流电的电动势、电压和电流的解析式分别为

$$e=E_m\sin(\omega t+\varphi_e)$$
$$i=I_m\sin(\omega t+\varphi_i)$$
$$u=U_m\sin(\omega t+\varphi_u)$$

根据正弦量的解析式，在直角坐标系中描绘出正弦量随时间变化的正弦曲线图的方法，称为正弦交流电的波形图表示法。示波器显示出来的正弦波形，就属于这种方法，如图 5-15 所示。

　　正弦交流电的解析式表示法和波形图表示法都是直接表示法，能简单、直观地反映正弦交流电的 3 要素，也可以直接求出任一时刻 t 时交流电的瞬时值。但是，在进行正弦量的加、减运算时，就显得非常烦琐了。在电工技术中，常用间接表示法（如相量图表示法）来表示正弦交流电。

1. 正弦量的旋转矢量表示法

　　在数学中，可用单位圆辅助法来画出正弦曲线图。在电工技术中，常用旋转矢量来表示正弦量。图 5-16 所示为正弦量的旋转矢量图。

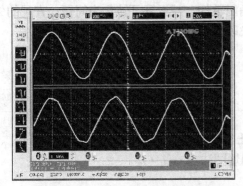

图 5-15　示波器上观察到的正弦交流电的波形图

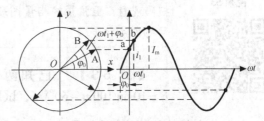

图 5-16　正弦量的旋转矢量图

　　如图 5-16 所示，在直角坐标系中，从原点作一矢量，其长度与正弦量最大值 I_m 成正比，矢量与横轴正方向的夹角等于正弦量的初相位 φ_0，矢量以正弦量的角频率 ω 沿逆时针方向匀速转动，则在任一时刻 t，旋转矢量在纵轴上的投影就等于正弦交流电流的瞬时值 $i = I_m \sin(\omega t + \varphi_0)$。显然，旋转矢量既体现出了正弦量的 3 要素，在纵轴上的投影又表示出了正弦量的瞬时值。因此，旋转矢量能间接完整地表示一个正弦量。

　　观看"正弦量的旋转矢量图"视频，该视频演示了正弦量的旋转矢量图的方法和步骤。

2. 正弦量的相量图表示法

　　用初始位置的矢量来表示一个正弦量，矢量的长度与正弦量的最大值或有效值成正比，矢量与横轴正方向的夹角等于正弦量的初相位，这种表示方法称为正弦量的相量图表示法，如图 5-17 所示。

　　把表示正弦量的矢量称为相量，用大写字母上加黑点的符号来表示。例如，$\dot{I}_m$ 和 $\dot{I}$ 分别表示正弦电流的最大值相量和有效值相量。把几个同频率正弦量的相量，在同一坐标系中表示出来的图形，称为相量图。例如，有 3 个同频率正弦量分别为

$$e = 220\sqrt{2}\sin(\omega t + 60°)\text{V}$$

$$u = 110\sqrt{2}\sin(\omega t + 30°)\text{V}$$

$$i = 10\sqrt{2}\sin(\omega t - 30°)\text{A}$$

则它们的相量图如图 5-18 所示。

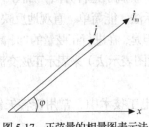

图 5-17　正弦量的相量图表示法

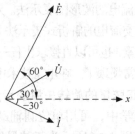

图 5-18　相量图

用相量图表示正弦量后，烦琐的正弦量的三角函数加、减运算可转化为简便、直观的矢量的几何运算。下面通过例题来介绍用相量图法求解同频率正弦量的和或差的运算方法。

视频 53

扫码观看"正弦量的相量图表示"视频，该视频演示了正弦量的相量图表示的方法和步骤。

【例 5-3】　已知两个正弦交流电为 $i_1 = 10\sin(100\pi t + 60°)\text{A}$、$i_2 = 10\sin(100\pi t - 60°)\text{A}$，试用相量图法求 $i = i_1 + i_2$。

解：作出与 i_1 和 i_2 对应的相量 $\dot{I}_{1m}$ 和 $\dot{I}_{2m}$。

如图 5-19 所示，应用平行四边形法则，求出 $\dot{I}_{1m}$ 和 $\dot{I}_{2m}$ 的相量和，即

$$\dot{I}_m = \dot{I}_{1m} + \dot{I}_{2m}$$

因为 $\dot{I}_{1m} = \dot{I}_{2m}$，由相量图可知平行四边形为菱形，而 $\dot{I}_{1m}$ 与横轴正向夹角为 60°，所以横轴上、下各为一个等边三角形。

由此可见，$I_m = I_{1m} = I_{2m} = 10\text{A}$。

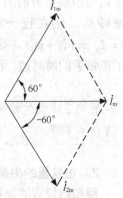

图 5-19　相量图

$\dot{I}_{1m}$ 与轴正方向一致，即初相位为 0。所以

$$i = i_1 + i_2 = 10\sin100\pi t \text{ A}$$

由此可以看出，用相量图法进行同频率正弦量加、减运算时，应按照以下步骤。

（1）作出与正弦量相对应的最大值或有效值相量图。

（2）用平行四边形法则求出它们的相量和。

要点提示

和相量的长度表示对应的正弦量和的最大值或有效值，和相量与横轴正方向的夹角就是正弦量和的初相位。

用相量图法求出同频率正弦量的和的最大值和初相位，再根据频率不变的特性，即可写出它的解析式。

同频率正弦量的减法，可用加上它的相反数的方法化为加法来做。采用上述方法试求解上例中 $i' = i_1 - i_2$。

要点 提示　用相量图法只能求解同频率正弦量的和或差，对不同频率正弦量则不能采用相量图法。

【课堂练习】

（1）请指出旋转矢量表示法中正弦量的 3 要素。

（2）如何用相量图表示正弦量？不同频率的正弦量能否在同一个相量图上表示?为什么?

（3）怎样利用相量图来进行同频率正弦量的加、减运算？

（4）如何根据正弦量的 3 要素写出它的解析式，作出它的波形图和相量图？

（5）已知两个正弦交流电为 $u_1 = 10\sqrt{3}\sin(100\pi t + 60°)\text{V}$、$u_2 = 10\sin(100\pi t - 30°)\text{V}$，试用相量图法求 $u = u_1 + u_2$。

5.3 单一元件的正弦交流电路

正弦交流电源作用下的电路称为正弦交流电路，在正弦交流电路中，电路元件可以是电阻 R、电感 L 和电容 C。本节介绍只有电阻、电感或电容的单一元件正弦交流电路。

5.3.1 纯电阻元件的正弦交流电路

纯电阻电路由交流电源和电阻元件组成，是最简单的交流电路，如图 5-20 所示。

【观察与思考】

大家注意到我们平时所使用的白炽灯、电炉和电烙铁等都属于电阻性负载，它们与交流电源连接，就构成了纯电阻电路。你还能列举纯电阻电路吗？

1. 纯电阻电路的电压与电流的关系

在图 5-20 所示的纯电阻电路中，由欧姆定律可得

$$u_R = Ri_R$$

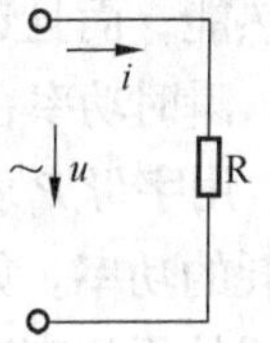

若通过电阻 R 的正弦电流为

图 5-20　纯电阻电路

$$i = I_m \sin(\omega t + \varphi_i)$$

则电阻 R 的端电压为

$$u_R = Ri = RI_m \sin(\omega t + \varphi_i) = U_m \sin(\omega t + \varphi_i)$$

由此可得

$$U_m = RI_m \text{ 或 } I_m = \frac{U_m}{R}$$

将上式两边同除以 $\sqrt{2}$，则得

$$U = RI \text{ 或 } I = \frac{U}{R} \tag{5-4}$$

式（5-4）称为纯电阻正弦交流电路的欧姆定律表达式。

纯电阻正弦交流电路中欧姆定律表达式与直流电路中的形式完全相同，不同的是，纯电阻正弦交流电路中电压和电流指的是有效值。

由 $u_R = RI_m \sin(\omega t + \varphi_i) = U_m \sin(\omega t + \varphi_i)$ 还可以看出，在纯电阻电路中，电压与电流同相位，即

$$\varphi_u = \varphi_i$$

根据上述结论，可作出纯电阻电路中电流与电压的波形图和相量图，如图 5-21 所示。

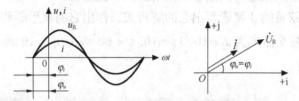

图 5-21 纯电阻电路的波形图和相量图

2. 纯电阻电路的功率

在交流电路中，电压瞬时值 u 与电流瞬时值 i 的乘积叫作瞬时功率，用 p 表示，即

$$p = ui$$

在纯电阻电路中，设

$$p_R = u_R i = U_{Rm} \sin \omega t \times I_m \sin \omega t = U_{Rm} I_m \sin^2 \omega t = \sqrt{2} U_R \sqrt{2} I \sin^2 \omega t = 2U_R I \sin^2 \omega t$$

U、i 和 p 的波形图如图 5-22 所示。

在纯电阻电路中，由于电压和电流同相位，所以瞬时功率 $p_R \geqslant 0$，其最大值为 $2U_R I$，最小值为零。这表明，电阻是一种耗能元件，它可以把电能转化为热能，而且这种能量转化是不可逆转的。

瞬时功率在一个周期内的平均值称为平均功率，也称有功功率，用字母 P 表示，在实际应用中，常用平均功率来表示电阻所消耗的功率。如图 5-22 所示，平均功率在数值上等于瞬时功率曲线的平均高度，即平均功率等于最大功率的一半。

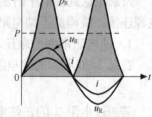

图 5-22 纯电阻电路功率曲线

由此可得，纯电阻电路的平均功率为

$$P = \frac{1}{2} P_m = \frac{1}{2} \times \sqrt{2} U_R \times \sqrt{2} I = U_R I$$

根据欧姆定律，得

$$I = \frac{U_R}{R}, \quad U_R = IR$$

平均功率还可以表示为

$$P = U_R I = I^2 R = \frac{U_R^2}{R} \tag{5-5}$$

纯电阻正弦交流电路的平均功率公式与直流电路的功率公式形式完全相同，但 U_R 为电阻元件两端交流电压的有效值，I 为通过电阻的交流电流有效值。

由此可以得出如下结论。

（1）在纯电阻电路中，电压与电流同频率、同相位，电压与电流的最大值、有效值和瞬时值之间都遵从欧姆定律。

（2）电阻对直流电和交流电的阻碍作用相同。直流电和交流电通过电阻时，电流都要做功，把电能转化为热能。

（3）纯电阻电路的平均功率等于电流的有效值与电阻端电压的有效值的乘积。

视频 54

> 扫码观看"纯电阻元件的交流电路"视频，该视频演示了纯电阻元件的交流电路的电路结构、电压与电流的关系及电功率的计算。

【例 5-4】 有一个标有"220V，1kW"的电炉，接到电压 $u = 220\sqrt{2}\sin\left(100\pi t + \dfrac{\pi}{6}\right)$ V 的交流电源上，试求：通过电炉丝的电流瞬时值表达式；电炉丝的电阻；画出电压、电流的相量图。

解： 由 $u = 220\sqrt{2}\sin\left(100\pi t + \dfrac{\pi}{6}\right)$ V 可得

$$U_{\mathrm{m}} = 220\sqrt{2}\,\mathrm{V} \qquad \omega = 100\pi\,\mathrm{rad/s}$$

$$\varphi = \frac{\pi}{6} \qquad U_{\mathrm{R}} = \frac{U_{\mathrm{m}}}{\sqrt{2}} = \frac{220\sqrt{2}}{\sqrt{2}}\,\mathrm{V} = 220\,\mathrm{V}$$

由 $P = U_R I$ 得电流有效值为

$$I = \frac{P}{U_{\mathrm{R}}} = \frac{1\,000\,\mathrm{W}}{220\,\mathrm{V}} = 4.55\,\mathrm{A}$$

因为纯电阻电路中电压与电流同频率、同相位，所以

$$i = 4.55\sqrt{2}\sin\left(100\pi t + \frac{\pi}{6}\right)\mathrm{A}$$

由 $P = \dfrac{U_{\mathrm{R}}^2}{R}$ 得

$$R = \frac{U_{\mathrm{R}}^2}{P} = \frac{(220\,\mathrm{V})^2}{1\,000\,\mathrm{W}} = 48.4\,\Omega$$

电压、电流相量图如图 5-23 所示。

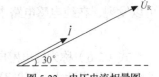

图 5-23 电压电流相量图

5.3.2 纯电感元件的正弦交流电路

由交流电源与纯电感元件组成的电路称为纯电感电路，如图 5-24 所示，这是一个理想电路的模型。实际的电感线圈都用导线绕制而成，总有一定的电阻。当电阻很小，其影响可忽略不计时，可近似看作纯电感元件。

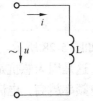

图 5-24 纯电感电路

1. 纯电感电路的电压与电流的关系

在纯电阻电路中，由于电阻元件对电压和电流的相位没有影响，即电阻的端电压和电流同相位，所以电压与电流的最大值、有效值和瞬时值之间都遵从欧姆定律。那么纯电感元件对电压和电流的相位有没有影响呢？

通过实验来看看吧。

实验电路如图 5-25 所示，用超低频交流信号发生器作电源，通电时，可以看到，电压表和电流表的指针摆动的步调是不同的，这说明同一时刻两者的相位不一致。当交流电频率很低（低于 6Hz）时，可发现当电压表指针到达右边最大值时，电流表指针指向中间零值；当电压表指针由右边最大值回到中间零值时，电流表指针由中间零值移到右边最大值；当电压表指针由中间零值移动到左边最大值时，电流表指针又从右边最大值回到中间零值，如此循环。

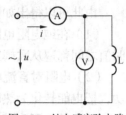

图 5-25　纯电感实验电路

视频 55

扫码观看"纯电感电路实验"视频，该视频演示了纯电感电路实验的实验电路和实验现象。

实验结果表明，在纯电感电路中，电压与电流不同相，电压超前电流 90°。把电感元件的端电压和线圈中电流的变化信号输送给双踪示波器，在显示屏上可看到电压和电流的波形如图 5-26 所示，可以看出，电感使电流滞后电压 90°。

纯电感电路电压与电流的相量图如图 5-27 所示。

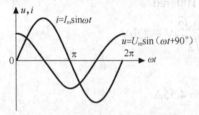

图 5-26　纯电感电路电压电流波形图

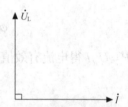

图 5-27　纯电感电路电压电流相量图

通过实验不仅可以研究纯电感电路中电压与电流的相位关系，还可以研究纯电感电路中电压与电流的大小关系。

保持交流信号发生器频率不变，连续改变输出电压的大小，并记录相应电压和电流的值，可以发现，在纯电感电路中电压和电流成正比，即

$$U_L = X_L I \tag{5-6}$$

式（5-6）称为纯电感电路的欧姆定律表达式，其中比例系数 X_L 称为感抗，对比电阻元件的欧姆定律表达式，可以看出 X_L 相当于电阻 R，表示电感对交流电的阻碍作用，单位也是 Ω。

电感线圈的感抗是由于交流电通过线圈时，产生自感电动势来阻碍电流的变化而形成的。

在纯电感电路中，电压与电流的最大值是否遵从欧姆定律呢？

 要点提示　在纯电感电路中，由于电压与电流相位不同，所以电压与电流的瞬时值之间不遵从欧姆定律。

下面仍用图 5-25 所示的实验电路来研究感抗的大小与哪些因素有关，如图 5-28 所示。上述实验说明，感抗 X_L 的大小与线圈的电感 L 和交流电的频率 f 有关。这是因为感抗是由自感现象引起的，电感 L 越大，自感作用也越大，感抗必然越大；交流电频率越高，电流的变化率就越大，自感作用也越大，感抗也必然越大。理论研究和实验分析证明电感线圈的

感抗 X_L 的大小为

$$X_L = \omega L = 2\pi f L \qquad (5\text{-}7)$$

式中：ω——交流电的角频率，单位为 rad/s；

　　　L——线圈电感，单位为 H；

　　　f——交流电频率，单位为 Hz。

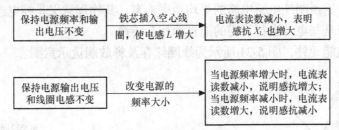

图 5-28　感抗实验结果

视频 56

扫码观看"感抗的概念"视频，该视频演示了感抗定义式，通过实验分析感抗与哪些因素有关。

要点提示

用电感 L 为几亨的铁心线圈做成低频扼流线圈，可让直流电无阻碍地通过，而对低频交流电则能产生很大阻碍作用。用电感 L 为几毫亨的线圈做成高频扼流线圈，对低频交流电阻碍作用较小，而对高频交流电的阻碍作用则很大。

L 值一定的电感线圈，对于低频交流电，由于 f 值较小，感抗 X_L 就小；而对于高频率交流电，由于 f 很大，感抗 X_L 也很大。所以，电感线圈在电路中具有"通直流，阻交流；通低频，阻高频"的特性，在电工和电子技术中有广泛的应用。图 5-29 所示为电感线圈的应用及实物图。

图 5-29　电感线圈的应用及实物

2. 纯电感电路的功率

设纯电感电路电流 $i = I_m \sin \omega t$ ，则

$$u_L = U_m \sin(\omega t + 90^\circ) = U_m \cos \omega t$$

故瞬时功率为

$$p_L = u_L i = U_m \cos \omega t \times I_m \sin \omega t = \sqrt{2} U_L \times \sqrt{2} I \sin \omega t \cos \omega t$$
$$= 2U_L I \times \frac{1}{2} \sin 2\omega t = U_L I \sin 2\omega t \qquad (5\text{-}8)$$

由式（5-8）可知，纯电感电路的瞬时功率 p_L 也是随时间按正弦规律变化的，其频率是电流频率的 2 倍，最大值为 U_LI，其波形图如图 5-30 所示。

平均功率的大小可用一个周期内功率曲线与时间轴 t 所包围的面积的和来表示。曲线在 t 轴上方，表明 $P>0$，即电路吸取功率；曲线在 t 轴下方，表明 $P<0$，即电路释放功率。

由图 5-30 中还可以看出，一个周期内功率曲线一半为正，一半为负，它们与 t 轴所包围的面积之和为零。这说明纯电感电路的平均功率为零，其物理意义是纯电感元件在交流电路中不消耗功率，而是与电源进行可逆的能量的相互转换。

电感线圈是储能元件，图 5-31 所示为线圈储存及释放能量示意图。

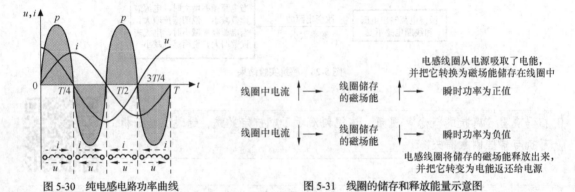

图 5-30　纯电感电路功率曲线　　　　图 5-31　线圈的储存和释放能量示意图

不同的电源与不同的电感线圈之间能量转换的规模也各不相同。为了反映纯电感电路中能量转换的规模，把电感元件与电源之间能量转换的最大速率，即瞬时功率的最大值，称为无功功率，用 Q_L 表示，单位是乏（var）、千乏（kvar）。即

$$Q_L = U_LI = I^2X_L = \frac{U_L^2}{X_L} \tag{5-9}$$

要点提示　无功功率的"无功"是相对于"有功"而言的，其含义是"交换"而不是"消耗"。绝不可把"无功"理解为"无用"。无功功率的实质是表征储能元件在电路中能量交换的最大速率，具有重要的现实意义。

变压器、电动机等电感性设备都是依靠电能与磁能相互转换而工作的，如图 5-32 所示，无功功率正是表征这种能量转换最大速率的重要物理量。

由此得到以下内容。

（1）在纯电感电路中，电压与电流同频率而不同相位，电压超前电流 90°。

图 5-32　变压器和电动机

（2）电压与电流的最大值和有效值之间都遵从欧姆定律。由于电压与电流的相位不同，它们的瞬时值之间不遵从欧姆定律。

（3）电路的有功功率为零，电感线圈是储能元件。

（4）无功功率表征电感元件与电源之间能量转换的最大速率，它等于电压有效值与电流有效值的乘积。

扫码观看"纯电感元件的交流电路"视频，该视频演示了纯电感元件的交流电路的组成、电压和电流相位关系、波形图、相量图以及纯电感电路的功率计算。

【例 5-5】　一个电阻可忽略的线圈 $L = 0.35\text{H}$，接到 $u = 220\sqrt{2}\sin(100\pi t + 60°)\text{V}$ 的交流电源上，试求：（1）线圈的感抗；（2）电流的有效值；（3）电流的瞬时值；（4）电路的有功功率和无功功率。

解：（1）线圈的感抗为 $X_{\text{L}} = \omega L = 314\text{rad/s} \times 0.35\text{H} = 110\Omega$。

（2）电流的有效值为 $I = \dfrac{U}{X_{\text{L}}} = \dfrac{220\text{V}}{110\Omega} = 2\text{A}$。

（3）在纯电感电路中，电压超前电流 90°，即

$$\varphi = \varphi_u - \varphi_i = 90°$$

所以 $\varphi_i = \varphi_u - 90° = 60° - 90° = -30°$。

则电流的瞬时值为 $i = 2\sqrt{2}\sin(100\pi t - 30°)\text{A}$。

（4）电路的有功功率 $P = 0$。

（5）电路的无功功率 $Q_{\text{L}} = U_{\text{L}}I = 220\text{V} \times 2\text{A} = 440\text{var}$。

5.3.3　纯电容元件的正弦交流电路

由交流电源与纯电容元件组成的电路，称为纯电容电路。下面仍然采用类似 5.3.2 小节的实验来介绍纯电容电路中电压与电流的大小关系、相位关系及电路的功率，如图 5-33 所示。

扫码观看"纯电容电路实验"视频，该视频演示了纯电容电路实验的实验电路和实验现象。

1. 纯电容电路的电压与电流的关系

图 5-33 所示的纯电容元件电路中，用超低频信号发生器作电源（频率低于 6Hz），从电压表和电流表指针的摆动情况可以看出，在纯电容电路中，电压滞后电流 90°，正好与纯电感电路情况相反。把电容器端电压 u_C 和电路中电流 i 的变化信号输送给双踪示波器，电压和电流的波形如图 5-34 所示。

纯电容电路电压与电流的相量图，如图 5-35 所示。

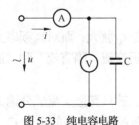

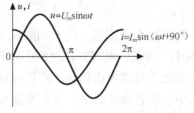

图 5-33　纯电容电路　　　图 5-34　纯电容电路电压电流波形图　　　图 5-35　纯电容电路电压电流相量图

仍采用研究纯电感电路同样的实验方法。先保持交流信号发生器频率不变，连续改变输出电

压的大小，记录对应电压和电流的值，可得出结论：在纯电容电路中，电压与电流成正比，即

$$U_C = X_C I \qquad (5\text{-}10)$$

式（5-10）称为纯电容电路的欧姆定律表达式，即式中 X_C 相当于纯电阻电路欧姆定律中的 R。X_C 表示电容对交流电的阻碍作用，称为容抗，单位也是 Ω。容抗产生的原因又不同于电阻和感抗。容抗是由于积聚在电容器两极板上的电荷，对在电源电压作用下作定向移动的自由电荷产生阻碍作用而形成的。这就与已在公共汽车上的人群，对继续上车的人有阻碍作用的情况相似。

视频 59

扫码观看"容抗的概念"视频，该视频演示了容抗定义式，通过实验分析了感抗与哪些因素有关。

那么，在纯电容电路中电压与电流的最大值是否遵从欧姆定律呢？

要点提示

与纯电感电路一样，在纯电容电路中由于电压与电流相位不同，所以，电压与电流的瞬时值之间也不遵从欧姆定律。

仍仿照研究感抗大小的实验方法来讨论影响容抗大小的因素，如图 5-36 所示。

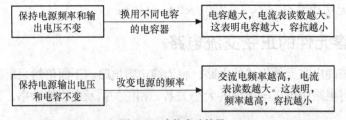

图 5-36　容抗实验结果

上述实验说明，容抗 X_C 的大小与电容器的电容 C 和交流电的频率 f 有关。这是因为，频率一定时，电容越大，在相同电压下容纳的电荷越多，充放电电流就越大，容抗就越小。当外加电压和电容一定时，交流电频率越高，充放电的速度就越快，电路中电流也就越大，容抗就越小。

理论研究和实验分析都可以证明，电容器的容抗 X_C 的大小计算公式为

$$X_C = \frac{1}{\omega C} = \frac{1}{2\pi f C} \qquad (5\text{-}11)$$

式中：ω——交流电的角频率，单位为 rad/s；

$\qquad C$——电容器的电容，单位为 F；

$\qquad f$——交流电频率，单位为 Hz。

当电容器的电容 C 一定时，对低频率交流电，由于 f 值小，容抗 X_C 就大；而对高频率交流电，由于 f 值很大，容抗 X_C 很小。所以，电容器在电路中具有"通交流，隔直流"和"通高频，阻低频"的特性，在电工和电子技术中也得到了广泛应用。

例如，在某电子线路的电流中，既含直流成分，又含交流成分。若只需把交流成分输送到下一级，则只要在这两级之间串联一个隔直流电容器就可以了。隔直流电容器的电容 C 一般较大，常用电解电容器，如图 5-37 所示。

若在线路的交流电中，既含低频成分，又含高频成分，只需将低频成分输送到下一级，则只要在输出端并联一个高频旁路电容器即可达到目的，如图 5-38 所示。高频旁路电容器的电容一般较小，对高频成分容抗小，而对低频成分容抗大。

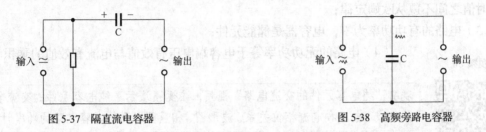

图 5-37　隔直流电容器　　　　　　　　　图 5-38　高频旁路电容器

电感元件具有"通直流，阻交流"和"通低频，阻高频"的性质；而电容器具有"通交流，隔直流"和"通高频，阻低频"的特性。这两种储能元件在电路中除与电路频繁交换能量外，还起电路的"交通警察"的作用，让电路中直流、交流、高频、低频各种成分，按人们的意愿、电路的需要，各行其道，有序通行。

2. 纯电容电路的功率

设纯电容电路中 $u_C = u_{Cm} \sin \omega t$ ，则 $i = I_m \sin(\omega t + 90°) = I_m \cos \omega t$ ，所以

$$p = u_C i = U_{Cm} \sin \omega t \times I_m \cos \omega t = \sqrt{2} U_C \sqrt{2} I \sin \omega t \cos \omega t$$
$$= 2U_C I \times \frac{1}{2} \sin 2\omega t = U_C I \sin 2\omega t \qquad (5\text{-}12)$$

由式（5-12）可知，纯电容电路的瞬时功率 p 也随时间按正弦规律变化，其频率是电流频率的两倍，最大值为 $U_C I$，其波形图如图 5-39 所示。

与纯电感电路相同，纯电容电路的功率曲线一半为正，一半为负，一个周期内它们与 t 轴所包围的面积之和为零，即表示纯电容电路的平均功率为零，说明纯电容元件在交流电路中不消耗功率。

电容器也是储能元件，图 5-40 所示为电容储存和释放能量示意图。

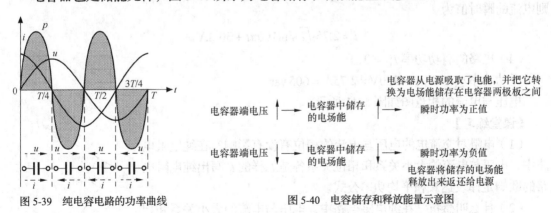

图 5-39　纯电容电路的功率曲线　　　　　图 5-40　电容储存和释放能量示意图

把电容元件与电源之间能力转换的最大速率，即瞬时功率最大值，称为无功功率，即

$$Q_C = U_C I = I_2 X_C = \frac{U_C^2}{X_C} \qquad (5\text{-}13)$$

由此可以得出，在纯电容电路中：

（1）电压与电流同频率而不同相位，电流超前电压 90°；

（2）电压与电流的最大值和有效值之间遵从欧姆定律，由于电压与电流相位不同，它们的瞬时值之间不遵从欧姆定律；

（3）电路的有功功率为零，电容器是储能元件；

（4）电路的无功功率等于电容端电压有效值与电流有效值的乘积。

视频 60

观看"纯电容元件的交流电路"视频，该视频演示了纯电容元件的交流电路的组成、电压和电流相位关系、波形图、相量图以及纯电容电路的功率计算。

【例 5-6】 把 $C = 40\mu F$ 的电容器接到 $u = 220\sqrt{2}\sin(100\pi t - 60°)V$ 的电源上，试求：电容的容抗；电流的有效值；电流的瞬时值；电路的有功功率和无功功率；作出电压与电流的相量图。

解： 由 $u = 220\sqrt{2}\sin(100\pi t - 60°)V$，可得

$$U = \frac{220\sqrt{2}}{\sqrt{2}}V = 220V \qquad \omega = 100\pi rad/s \qquad \varphi_u = -60°$$

（1）电容的容抗为 $X_C = \dfrac{1}{\omega C} = \dfrac{1}{314rad/s \times (40 \times 10^{-6})F} \approx 80\Omega$。

（2）电流的有效值为 $I = \dfrac{U}{X_C} = \dfrac{220V}{80\Omega} = 2.75A$。

（3）在纯电容电路中，电流超前电压 90°，即

$$\varphi = \varphi_u - \varphi_i = -90°$$

所以 $\varphi_i = \varphi_u + 90° = -60° + 90° = 30°$。

则电流的瞬时值为

$$i = 2.75\sqrt{2}\sin(100\pi t + 30°)A$$

（4）电路的有功功率 $P_C = 0$。

无功功率 $Q_C = U_C I = 220V \times 2.75A = 605\,var$。

电压与电流的相量图如图 5-41 所示。

【课堂练习】

（1）电阻对交流电的电压与电流的相位有没有影响？在纯电阻电路中，电压与电流的大小关系和相位关系各是怎样的？写出纯电阻电路的欧姆定律表达式和平均功率公式。

（2）什么叫感抗？在纯电感电路中，电压与电流的大小关系和相位关系各是怎样的？写出纯电感电路的欧姆定律表达式。

（3）什么是容抗？在纯电容电路中，电压与电流的大小关系和相位关系各是怎样的？写出纯电容电路的欧姆定律表达式。

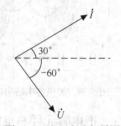

图 5-41　电压电流相量图

（4）无功功率能否理解为"无用"功率？它是用来表示什么的？国际单位是什么？写出纯电感电路和纯电容电路的无功功率公式。

5.4　RLC 串联正弦电路

由电阻 R、电感 L 和电容 C 串联而成的交流电路，称为 RLC 串联电路，如图 5-42 所示。RLC 串联电路是一种实际应用中常见的典型电路，如供电系统中的补偿电路，单相异步电动机的启动电路和电子技术中常用的串联谐振电路等都是 RLC 串联电路。

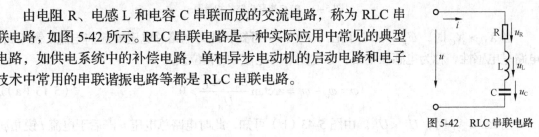

图 5-42　RLC 串联电路

 要点提示　串联电路中电流处处相等，电阻元件端电压与电流同相位，电感元件端电压超前电流 90°，电容元件端电压滞后电流 90°。

设 RLC 串联电路中的电流为

$$i = \sqrt{2}I\sin\omega t$$

则电阻 R 的端电压为

$$u_R = \sqrt{2}IR\sin\omega t$$

电感 L 的端电压为

$$u_L = \sqrt{2}IX_L\sin(\omega t + 90°)$$

电容 C 的端电压为

$$u_C = \sqrt{2}IX_C\sin(\omega t - 90°)$$

当电流正方向与电压 u、u_R、u_L、u_C 正方向关联一致时，电路总电压瞬时值等于各元件上电压瞬时值之和，即

$$u = u_R + u_L + u_C \tag{5-14（a）}$$

对应的有效值相量关系为

$$\dot{U} = \dot{U}_R + \dot{U}_L + \dot{U}_C \tag{5-14（b）}$$

5.4.1　RLC 串联电路中电压与电流的相位关系

作出与 i、u_R、u_L 和 u_C 相对应的相量图，方法如下。

以电流相量 $\dot{I}$ 为参考相量，画在水平位置上；再按比例分别作出与 $\dot{I}$ 同相的 $\dot{U}_R$，超前 $\dot{I}$ 90° 的 $\dot{U}_L$ 和滞后 $\dot{I}$ 90° 的 $\dot{U}_C$ 的相量图，如图 5-43 所示。

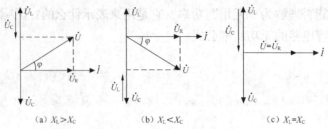

（a）$X_L > X_C$ （b）$X_L < X_C$ （c）$X_L = X_C$

图 5-43 RLC 串联电路的相量图

当 $X_L > X_C$ 时，$U_L > U_C$。由图 5-43（a）可知，此时电路总电压 u 超前电流 i 锐角 φ，电路呈电感性，称为电感性电路。总电压 u 与电流 i 的相位差为

$$\varphi = \varphi_u - \varphi_i = \arctan \frac{U_L - U_C}{U_R} > 0 \qquad (5\text{-}15（a）)$$

当 $X_L < X_C$ 时，$U_L < U_C$。由图 5-43（b）可知，此时电路总电压 u 滞后于电流 i 锐角 φ，电路呈电容性，称为电容性电路。总电压 u 与电流 i 的相位差为

$$\varphi = \varphi_u - \varphi_i = \arctan \frac{U_L - U_C}{U_R} < 0 \qquad (5\text{-}15（b）)$$

当 $X_L = X_C$ 时，$U_L = U_C$。由图 5-43（c）可知，此时电路电感 L 和电容 C 端电压大小相等，相位相反，电路总电压就等于电阻的端电压。总电压 u 与电流 i 同相位，即它们的相位差为

$$\varphi = \varphi_u - \varphi_i = 0 \qquad (5\text{-}15（c）)$$

电路呈电阻性，把 RLC 串联电路中电压与电流同相位，电路呈电阻性的状态叫作串联谐振。

5.4.2　RLC 串联电路电压与电流的大小关系

由图 5-43（a）、（b）可以看到，以电阻电压 $\dot{U}_R$、电感电压与电容电压的相量和 $\dot{U}_L + \dot{U}_C$ 为直角边，总电压 $\dot{U}$ 为斜边构成一个直角三角形，称为电压三角形。

 由电压三角形可知，电路总电压的有效值与各元件端电压有效值的关系是相量和而不是代数和。这是因为在交流电路中，各种不同性质元件的端电压除有数量关系外，还存在相位关系，所以其运算规律与直流电路有明显差异。

根据电压三角形，有

$$U = \sqrt{U_R^2 + (U_L - U_C)^2}$$

将 $U_R = IR$，$U_L = IX_L$，$U_C = IX_C$ 代入上式，得

$$U = \sqrt{U_R^2 + (U_L - U_C)^2} = I\sqrt{R^2 + (X_L - X_C)^2}$$
$$= I\sqrt{R^2 + X^2} = I|Z| \qquad (5\text{-}16（a）)$$

或

$$I = \frac{U}{|Z|} \qquad (5\text{-}16（b）)$$

式（5-16（a）、（b））称为 RLC 串联电路中欧姆定律的表达式，式中

$$|Z| = \sqrt{R^2 + (X_L - X_C)^2} = \sqrt{R^2 + X^2}$$

其中：$|Z|$——电路的阻抗，单位为Ω；

（$X_L - X_C$）——电抗，单位为Ω。

由于电阻 R、电抗 $X_L - X_C$ 为直角边，阻抗 $|Z|$ 为斜边也构成一个直角三角形，称为阻抗三角形，如图 5-44 所示，可以看出阻抗三角形与电压三角形相似。阻抗三角形中，R 与 $|Z|$ 的夹角 φ 叫作阻抗角，其大小等于电压与电流的相位差 φ，即

$$\varphi = \arctan \frac{X_L - X_C}{R} = \arctan \frac{X}{R} \tag{5-17}$$

由阻抗三角形可写出 $|Z|$、φ 与 R、X 关系为

$$R = |Z| \cos\varphi$$

$$X = |Z| \sin\varphi$$

【例 5-7】 在 RLC 串联电路中，已知 $R = 20\Omega$、$L = 10\text{mH}$、$C = 10\mu\text{F}$ 和电源电压 $u = 50\sqrt{2}\sin(2\,500t + 30°)\text{V}$。试求：

（1）电路感抗 X_L、容抗 X_C 和阻抗 $|Z|$；

（2）电路的电流 I 和各元件的端电压 U_R、U_L、U_C；

（3）电压与电流的相位差 φ，并确定电路的性质；

（4）画出相量图。

解：（1）由 $u = 50\sqrt{2}\sin(2\,500t + 30°)\text{V}$ 可知

$$\omega = 2\,500\text{rad/s}$$

$$X_L = \omega L = 2\,500\text{rad/s} \times (10 \times 10^{-3})\text{H} = 25\Omega$$

$$X_C = \frac{1}{\omega C} = \frac{1}{2\,500\text{rad/s} \times (10 \times 10^{-6})\text{F}} = 40\Omega$$

$$|Z| = \sqrt{R^2 + (X_L - X_C)^2} = \sqrt{20^2 + (25-40)^2}\,\Omega = 25\Omega$$

（2）$I = \dfrac{U}{|Z|} = \dfrac{50\text{V}}{25\Omega} = 2\text{A}$，$U_R = IR = 20\text{A} \times 2\Omega = 40\text{V}$，

$U_L = IX_L = 25\text{A} \times 2\Omega = 50\text{V}$，$U_C = IX_C = 40\text{A} \times 2\Omega = 80\text{V}$。

（3）$\varphi = \arctan \dfrac{X_L - X_C}{R} = \arctan \dfrac{25-40}{20} = -36.87° < 0$。

电路呈电容性。

（4）相量图如图 5-45 所示。

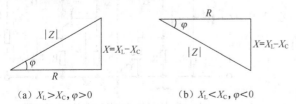

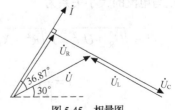

图 5-44 阻抗三角形　　　　　　　　　　　图 5-45 相量图

扫码观看 "RLC 串联电路" 视频，该视频演示了 RLC 串联电路的组成、电流和电压的相位和大小关系、相量图以及阻抗三角形、功率三角形的含义。

5.4.3　RLC 串联电路的两个特例

当电路中 $X_C = 0$，即 $U_C = 0$ 时，RLC 串联电路就成了 RL 串联电路，如图 5-46（a）所示；当电路中 $X_L = 0$，即 $U_L = 0$ 时，RLC 串联电路就成了 RC 串联电路，如图 5-46（b）所示。

（1）RL 串联电路。

电动机等电感性负载和由镇流器及灯管组成的日光灯电路都可以看作是 RL 串联电路，其相量图如图 5-47（a）所示。

由图 5-47（b）所示的电压三角形可知，总电压与电流的大小关系为

$$U = \sqrt{U_R^2 + U_L^2} = I\sqrt{R^2 + X_L^2} = I|Z|$$

$$|Z| = \sqrt{R^2 + X_L^2}$$

电阻 R、感抗 X_L 和阻抗 $|Z|$ 也构成一个阻抗三角形，如图 5-47（c）所示。阻抗角 φ 就是总电压与电流的相位差，其大小为

$$\varphi = \arctan \frac{U_L}{U_R} = \arctan \frac{X_L}{R} > 0$$

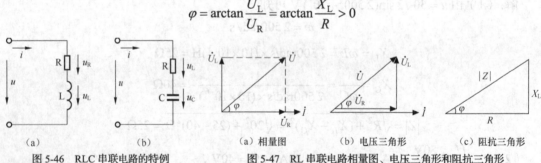

（a）　　　　　（b）

图 5-46　RLC 串联电路的特例

（a）相量图　　　（b）电压三角形　　　（c）阻抗三角形

图 5-47　RL 串联电路相量图、电压三角形和阻抗三角形

因此在 RL 串联电路中，电压超前电流 φ，电路呈电感性。

（2）RC 串联电路。

电子技术中常见的如图 5-48 所示的阻容耦合放大电路、RC 振荡器、RC 移相电路等都是 RC 串联电路的实例，其相量图如图 5-49（a）所示。

由图 5-49（b）所示的电压三角形可知，总电压与电流的大小关系为

$$U = \sqrt{U_R^2 + U_C^2} = I\sqrt{R^2 + X_C^2} = I|Z|$$

$$I = \frac{U}{|Z|}$$

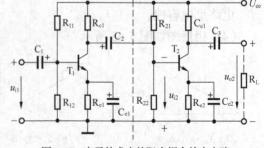

图 5-48　电子技术中的阻容耦合放大电路

式中

$$|Z| = \sqrt{R^2 + {X_C}^2}$$

电阻 R、容抗 X_C 和阻抗 $|Z|$ 也构成一个阻抗三角形，如图 5-49（c）所示，阻抗角 φ 等于总电压与电流的相位差，其大小为

$$\varphi = \arctan \frac{U_C}{U_R} = \arctan \frac{X_C}{R} < 0$$

因此在 RC 串联电路中，电压滞后电流 φ，电路呈电容性。

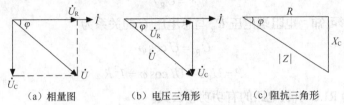

（a）相量图　　　　　　（b）电压三角形　　　　　（c）阻抗三角形

图 5-49　RC 串联电路相量图、电压三角形和阻抗三角形

另外前面介绍的纯电阻电路、纯电感电路和纯电容电路也可看作是 RLC 串联电路的特例。

【例 5-8】　有一线圈，接在电压为 48V 的直流电源上，测得电流为 8A。然后再将这个线圈改接到电压为 120V、50Hz 的交流电源上，测得的电流为 12A。试问线圈的电阻及电感各为多少？

解： 在直流电路中，只有电阻起作用。

$$R = \frac{U}{I} = \frac{48}{8} = 6 \ \Omega$$

在交流电路中，$|Z| = \dfrac{U}{I} = \dfrac{120}{12} = 10 \ \Omega$

$$X_L = \sqrt{|Z|^2 - R^2} = \sqrt{10^2 - 6^2} = 8 \ (\Omega)$$

$$L = \frac{X_L}{2\pi f} = \frac{8}{2 \times 3.14 \times 50} = 25.5 \ \text{mH}$$

【例 5-9】　有如图 5-50 所示正弦交流电路，已标明电流表 A_1 和 A_2 的读数，试用相量图求电流表 A 的读数。

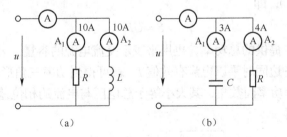

（a）　　　　　　　　　　（b）

图 5-50　例 5-9 图

解： 图（a）所示为电阻和电感并联，所以总电流为：$\sqrt{10^2 + 10^2} = 10\sqrt{2} = 14.14 \ \text{A}$

图（b）所示为电阻和电感并联，所以总电流为：$\sqrt{3^2 + 4^2} = 5 \ \text{A}$

5.4.4　RLC 串联电路的功率

在 RLC 串联电路中，既有耗能元件电阻 R，又有储能元件电感 L 和电容 C。所以，电路既有有功功率 P，又有无功功率 Q_L 和 Q_C。

由于 RLC 串联电路中只有电阻 R 是消耗功率的，所以电路的有功功率 P 就是电阻上所消耗的功率，即

$$P = U_R I$$

由电压三角形可知，电阻端电压 U_R 与总电压 U 的关系为

$$U_R = U \cos\varphi$$

故
$$P = U_R I = UI \cos\varphi = I^2 R \qquad (5\text{-}18)$$

式（5-18）为 RLC 串联电路的有功功率公式。

> 要点提示：纯电阻电路中，电压与电流同相，$\varphi = 0$、$\cos\varphi = 1$，所以有功功率公式 $P = UI$ 可看作是一个特例。而对于纯电感电路和纯电容电路：$\varphi = \pm 90°$、$\cos\varphi = 0$。可见有功功率公式 $P = UI \cos\varphi$ 具有普遍意义。

电路中的储能元件电感 L 和电容 C 虽然不消耗能量，但与电源之间进行着周期性的能量交换。无功功率 Q_L 和 Q_C 分别表征它们这种能量交换的最大速率，即

$$Q_L = U_L I$$
$$Q_C = U_C I$$

由于电感和电容的端电压在任何时刻都是反相的，所以 Q_L 和 Q_C 的符号相反。RLC 串联电路的无功功率为

$$Q = Q_L - Q_C = (U_L - U_C)I = I^2(X_L - X_C) \qquad (5\text{-}19)$$

而由电压三角形可知

$$U_L - U_C = U \sin\varphi$$

故
$$Q = UI \sin\varphi$$

把电路的总电压有效值和电流有效值的乘积称为视在功率，用符号 S 表示，单位是伏安（VA）或千伏安（kVA），即

$$S = UI \qquad (5\text{-}20)$$

视在功率表征电源提供的总功率，也用来表示交流电源的容量。

将电压三角形的各边同时乘以电流有效值 I，就可得到功率三角形，如图 5-51 所示。

P 与 S 的夹角称为功率因数角，其大小等于总电压与电流的相位差，等于阻抗角。

由功率三角形可得

$$S = \sqrt{P^2 + Q^2}$$
$$P = S \cos\varphi \qquad (5\text{-}21)$$
$$Q = S \sin\varphi$$

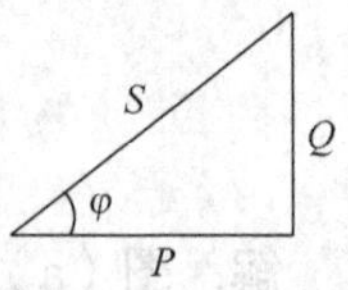

图 5-51　功率三角形

【例 5-10】 有一 RL 串联的电路，接于 50Hz、100V 的正弦电源上，测得电流 $I=2A$，功率 $P=100W$，试求电路参数 R 和 L。

解：

由公式 $P=I^2R$，得 $R=\dfrac{P}{I^2}=\dfrac{100}{2^2}=25\Omega$

$$|Z|=\frac{U}{I}=\frac{100}{2}=50\Omega \qquad X_L=\sqrt{|Z|^2-R^2}=\sqrt{50^2-25^2}=43.3\Omega$$

$$L=\frac{X_L}{2\pi f}=\frac{43.3}{2\times3.14\times50}=137.9mH$$

5.4.5 功率因数

由 $P=UI\cos\varphi=S\cos\varphi$ 可知，当 $\cos\varphi=1$ 时，电路消耗的有功功率与电源提供的视在功率相等，这时，电源的利用率最高；在 $\cos\varphi\neq1$ 时，电路消耗的有功功率总小于视在功率；而当 $\cos\varphi=0$ 时，电路有功功率等于零，这时电路只有能量交换，没有能量消耗，就不能转换成热能或机械能等被人们所利用。

为了表征电源功率被利用的程度，把有功功率与视在功率的比值称为功率因数，用 $\cos\varphi$ 表示，即

$$\cos\varphi=\frac{P}{S} \qquad\qquad （5-22）$$

对于同一电路，电压三角形、阻抗三角形和功率三角形都相似，所以

$$\cos\varphi=\frac{P}{S}=\frac{U_R}{U}=\frac{R}{|Z|} \qquad\qquad （5-23）$$

提高功率因数具有重要的现实意义。

（1）由于任何发电机、变压器等电源设备都会受绝缘和温度等因素限制，都有一定的额定电压和额定电流，即有一定额定容量（视在功率）。设电路功率因数只有 0.5 时，其输出功率 $P=0.5S$，这时，电源功率只有 50% 被利用；若设法把功率因数提高到 1，则可在不增加投资情况下，使输出功率增加 1 倍。显然，提高功率因数可充分发挥电源设备的潜在能力，提高经济效益。

（2）根据 $P=UI\cos\varphi$ 可知，提高功率因数后，在输送相同功率、相同电压的情况下，由于输电线路中电流减小，可大大地减小输电线路的电压损耗和功率损耗，节省电能。因此，在电力工程中，力求使功率因数接近于 1。

提高功率因数的方法之一是在电感性负载的两端并联一个容量适当的电容器，如图 5-52 所示。

电感性负载等效为 RL 串联电路，电流 i_1 滞后电压角度 φ_1。并联适当电容 C 后，电流 i_C 超前电压角度 90°，电路总电流 $i=i_1+i_C$，其对应的相量式为 $\dot{I}=\dot{I}_1+\dot{I}_C$，作出相量图，如图 5-53 所示。由相量图可知，并联适当电容后，电路总电流减小，电压与电流的相位差 φ 也小于并联电容前的 φ_1，所以 $\cos\varphi>\cos\varphi_1$，即功率因数提高了。

扫码观看"功率因数"视频，该视频演示了功率因数的含义、提高功率因数的意义以及如何提高功率因数。

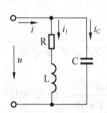

图 5-52　电感性负载并联电容器

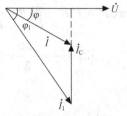

图 5-53　电感性负载并联电容后的相量图

【例 5-11】　今有一个 40W 的日光灯，使用时灯管与镇流器（可近似把镇流器看作纯电感）串联在电压为 220V，频率为 50Hz 的电源。已知灯管工作时属于纯电阻负载，灯管两端的电压等于 110V，试求镇流器上的感抗和电感。这时电路的功率因数等于多少？若将功率因数提高到 0.8，问应并联多大的电容器？

解：

$$\because P = 40W \qquad U_R = 110\,V \qquad \omega = 314 rad/s$$

$$\therefore I_R = I_L = \frac{P}{U_R} = \frac{40}{110} = 0.36A$$

$$\because U^2 = U_R^2 + U_L^2$$

$$\therefore U_L = \sqrt{U^2 - U_R^2} = \sqrt{220^2 - 110^2} = 190.5V$$

$$\therefore X_L = \frac{U_L}{I_L} = \frac{190.5}{0.36} = 529\Omega$$

$$L = \frac{X_L}{\omega} = \frac{529}{314} = 1.69H$$

由于灯管与镇流器是串联的，所以 $\cos\varphi = \dfrac{U_R}{U} = \dfrac{110}{220} = 0.5$。

设并联电容前功率因数角为 φ_1，并联后为 φ_2，则 $\tan\varphi_1 = \sqrt{3}$，$\tan\varphi_2 = \dfrac{3}{4}$。

所以，若将功率因数提高到 0.8，应并联的电容为

$$C = \frac{P}{\omega U^2}(\tan\varphi_1 - \tan\varphi_2) = \frac{40}{314 \times 220^2}\left(\sqrt{3} - \frac{3}{4}\right) = 2.58\mu F。$$

【例 5-12】　一个负载的工频电压为 220V，功率为 10kW，功率因数为 0.6，欲将功率因数提高到 0.9，试求需并联多大的电容器。

解： 当 $\cos\varphi_1 = 0.6$ 时，$\varphi_1 = 53.1°$

$\qquad\qquad \cos\varphi_2 = 0.9$ 时，$\varphi_2 = 25.8°$

所以 $C = \dfrac{P}{\omega U^2}(\tan\varphi_1 - \tan\varphi_2) = \dfrac{10 \times 10^3}{314 \times 220^2}(1.33 - 0.48) = 559\,\mu F$

【课堂练习】

（1）在 RLC 串联电路中，什么叫电路的总阻抗？它与电阻、感抗和容抗有什么关系？作出阻抗三角形。

（2）在 RLC 串联电路中，总电压与各元件端电压之间有什么关系？写出欧姆定律表达式；作出电流、各元件端电压和总电压的相量图。电压三角形与阻抗三角形有什么关系？

（3）什么叫感性电路？什么叫容性电路？

（4）什么叫正弦交流电路的瞬时功率？什么叫有功功率、无功功率和视在功率？3 者之间有什么关系？功率三角形与电压三角形、阻抗三角形有什么联系？写出 RLC 串联电路中有功功率、无功功率和视在功率公式及相应单位。

（5）什么叫功率因数？它是用来表征什么的物理量？提高功率因数有什么重要意义？

（6）提高感性负载的功率因数常用什么方法？如何计算将功率为 P 的感性负载的功率因数由 $\cos\varphi_1$ 提高到 $\cos\varphi$，应并联多大的电容 C？

5.5　串联谐振电路

电路中的谐振是由 L、C 组成的正弦交流电路中的一种特殊现象。电路的谐振可能会造成设备的损坏和人员的伤害，但是也可以被人们所利用，所以对谐振的研究具有重要的现实意义。

【观察与思考】

在第 1 章中曾经提到收音机是通过转动旋钮来选择合适的电台的，而这就与下面即将介绍的电路中的谐振现象有关。

谐振电路包括串联谐振和并联谐振两种电路，这里只介绍串联谐振电路。首先请思考图 5-54 所示的 RLC 串联电路中当感抗 X_L 与容抗 X_C 相等时电路中电压电流的相位关系。

当 RLC 串联电路中 $X_L = X_C$ 时，电路中的电压和电流同相位，电路呈电阻性，把这种状态叫作串联谐振。

由此可知，产生串联谐振的条件是电路中的感抗与容抗相等，即

$$X_L = X_C$$

串联谐振时的相量图如图 5-55 所示。

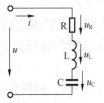

图 5-54　串联谐振电路

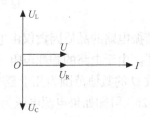

图 5-55　串联谐振时的相量图

满足串联谐振条件的电源电压频率，称为串联谐振频率。串联谐振角频率用 ω_0 表示，串联谐振频率用 f_0 表示，则由

$$X_{\mathrm{L}} = \omega L , \quad X_{\mathrm{C}} = \frac{1}{\omega C} , \quad X_{\mathrm{L}} = X_{\mathrm{C}} = \omega L = \frac{1}{\omega C}$$

可求得串联谐振时的角频率ω_0

$$\omega_0 = \frac{1}{\sqrt{LC}} \tag{5-24}$$

串联谐振频率为

$$f_0 = \frac{1}{2\pi\sqrt{LC}} \tag{5-25}$$

可见，串联谐振电路的谐振角频率和谐振频率仅由电路参数L和C决定，故谐振频率有时又称为电路的固有频率。式（5-25）中，L的单位为亨利（H），C的单位为法拉（F）时，f_0的单位为赫兹（Hz）。

由上总结串联谐振时的特点如下。

（1）串联谐振时，电路呈现纯电阻性，总阻抗最小。电路的功率因数为1。

（2）串联谐振时，电路的总电流最大，且与电源电压同相。

（3）串联谐振时，电感上的电压和电容器上的电压大小相等，相位相反。电阻两端电压就等于电源电压。

你能试着推导上述结论吗？

串联谐振时定义电感上的电压或电容上的电压与电源电压的比值为电路的品质因数，用大写字母Q表示，即

$$Q = \frac{U_{\mathrm{L}}}{U} = \frac{U_{\mathrm{C}}}{U} \tag{5-26}$$

又因谐振时

$$U_{\mathrm{L}} = I_0 X_{\mathrm{L}} = I_0 \omega_0 L , \quad U_{\mathrm{C}} = I_0 X_{\mathrm{C}} = I_0 \frac{1}{\omega_0 C}$$

$$U_{\mathrm{R}} = I_0 R = U , \quad \omega_0 = \frac{1}{\sqrt{LC}}$$

故可以推导电路的品质因数为

$$Q = \frac{\omega_0 L}{R} = \frac{1}{\omega_0 C R} = \frac{\sqrt{\dfrac{L}{C}}}{R} \tag{5-27}$$

可见，谐振电路的品质因数仅由电路的参数L、C及R决定，电路确定后，它的品质因数也就确定了。由于电路的损耗电阻R通常是很小的，因此品质因数要远大于1。一般谐振电路品质因数Q的数值范围为几十至200。

由式（5-26）可知如果电源电压为220V，电路的品质因数为100，则在发生串联谐振时，将使

$$U_{\mathrm{L}} = U_{\mathrm{C}} = QU = 100 \times 220\mathrm{V} = 22\,000\mathrm{V}$$

因此，串联谐振又称为电压谐振。

串联谐振时，电感和电容上的电压等于电源电压的 Q 倍，过高的电压会远远超过电气设备的额定电压和绝缘等级，造成设备的损坏及人员伤害。因此，在电力工程中（强电系统）应避免发生串联谐振。但在电子技术领域（弱电系统）中，串联谐振又得到了广泛应用。

 要点提示 交流电路中的无功功率也用字母 Q 表示，但与谐振电路中的品质因数意义完全不同，不要混淆。

串联谐振时，电感和电容两端的电压是电源电压的 Q 倍。正是利用这一宝贵特点，串联谐振在无线电通信系统中得到了广泛应用，收音机中用来选择不同电台信号的输入回路就是典型的一例，如图 5-56 所示。

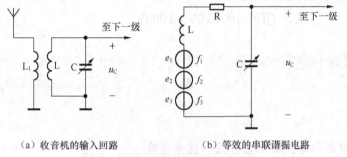

（a）收音机的输入回路　　　（b）等效的串联谐振电路

图 5-56　串联谐振在收音机中的应用

图 5-56（a）所示是收音机中的输入回路，它的作用是将需要接收的电台信号从天线收到的众多不同频率的信号中选择出来，而将其他不需要的电台信号尽量抑制掉。输入回路的主要部分是接收天线、天线线圈 L_1、电感线圈 L 和可变电容器 C。天线接收的众多不同频率的信号经过 L_1 与 L 之间的电磁感应，在 L 上产生众多不同频率的感应电动势 e_1、e_2、e_3、…，它们的频率分别为 f_1、f_2、f_3、…，这些感应电动势与 L 及其损耗电阻 R 和 C 构成了串联谐振电路，如图 5-56（b）所示。

调节可变电容器 C 的容量，改变了电路谐振频率，使之等于所要接收的电台频率，如接收 e_1，则有

$$f_0 = \frac{1}{2\pi\sqrt{LC}} = f_1$$

此时，电路就对信号 e_1（即 f_1）发生串联谐振，电容器两端的电压就等于 e_1（有效值为 E_1）的 Q 倍，即

$$U_C = QE_1$$

而对其他频率的信号 e_2、e_3、…，电路不对它们谐振，在电容器 C 两端形成的电压就很小，即被抑制掉了。这样，由 LC 组成的串联谐振电路就完成了"选择信号、抑制干扰"的任务。

【例 5-13】　某 RLC 串联电路中，$R=100\Omega$、$L=20\text{mH}$、$C=200\text{pF}$，电源电压有效值 $U=10\text{V}$。试求：电路的串联谐振频率；电路的品质因数；串联谐振时的电路电流；电容器两端电压。

解：（1）电路的谐振频率

$$f_0 = \frac{1}{2\pi\sqrt{LC}} = \frac{1}{2\times 3.14\text{rad/s}\sqrt{(20\times 10^{-3})\text{H}\times(200\times 10^{-12})\text{F}}} \approx 0.08\times 10^6\text{Hz} = 80\text{kHz}$$

（2）电路的品质因数

$$Q = \frac{\omega_0 L}{R} = \frac{2\times 3.14\times 0.08\times 10^6\times 20\times 10^{-3}}{100} = 100$$

（3）串联谐振时电路的电流

$$I = I_0 = \frac{U}{Z_0} = \frac{U}{R} = \frac{10\text{V}}{100\Omega} = 0.1\text{A}$$

（4）串联谐振时电容器上的电压

$$U_C = QU = 100\times 10\text{V} = 1\,000\text{V}$$

5.6　实验1　交流电压和电流的测量

【实验目的】

- 掌握交流电压和电流的测量方法和注意事项。
- 理解正弦交流电的基本概念。
- 学会用电笔测量交流电的方法。

1. 实验内容

（1）使用交流电压表测量交流电压。

（2）使用交流电流表测量交流电流。

（3）使用万用表测量交流电压和交流电流。

（4）使用电笔。

2. 实验步骤

（1）使用交流电压表测量交流电压。

交流电压表表盘如图 5-57 所示，其使用方法与直流电压表基本相同，但是交流电压表不必考虑并联接入电路的电压表极性，其接线图如图 5-58 所示。

（2）使用交流电流表测量交流电流。

交流电流表如图 5-59 所示，其使用方法与直流电流表基本相同，但是交流电流表也不必考虑串联接入电路的电流表极性，其接线图如图 5-58 所示。

图 5-57　交流电压表

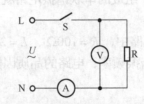

图 5-58　交流电压表、电流表接线图

图 5-59　交流电流表

（3）使用万用表测量交流电压和交流电流。

使用万用表测量交流电压和电流的方法与第 2 章所述的测量直流电压和电流的方法类似，需要注意的是交流电信号要选择对应的合适的交流量程或挡位。

（4）电笔的使用。

电笔是用来测试导线、开关和插座等电器及其他设备是否带电的工具。常用的电笔有钢笔式和螺丝刀式两种，如图 5-60 所示。它主要由氖管、电阻、弹簧和笔身等组成。

使用电笔时要注意右手握住笔身，食指触及笔身金属体（尾部），电笔的小窗口朝向自己眼睛，如图 5-61 所示。

钢笔式　　　　　　螺丝刀式

图 5-60　两种类型的电笔

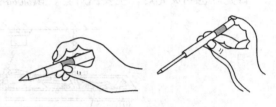

图 5-61　电笔的使用方法

3．预习要求

（1）熟悉常用电工仪器的使用方法和注意事项。

（2）掌握交流电路的基本概念。

（3）设计本次实验所用到的表格。

4．实验报告要求

（1）根据学校实验室情况，写出测量交流电的仪器设备，填入表 5-1。

表 5-1　　　　　　　　　　　测量交流电的仪器设备

序　号	名　　称	符　　号	规　　格	数　　量

（2）将单相交流电路的电压、电流测试结果填入自行设计的表格中。

（3）说明使用交流电压表、交流电流表和万用表测量交流信号的注意事项。

（4）写出本次实验的心得体会。

5．注意事项

（1）交流电压表、电流表测量交流信号时，要注意选择合适的量程范围，必要时采用电压互感器或电流互感器。

（2）使用万用表测量电流时，要注意红表笔选择电流插孔。

5.7 实验2 认识正弦交流电路

【实验目的】

● 加强对正弦交流电路的理解。

● 掌握使用万用表、电压表和电流表测量正弦交流电路中的电压、电流值。

● 通过测量值求解电感式镇流器的电感量、电路的有功功率和功率因数等。

● 理解功率因数的含义，了解在感性负载上并联电容器来提高功率因数的方法。

1. 基础知识

（1）日光灯的组成。

日光灯也叫荧光灯，主要由灯管、镇流器和启辉器等部分组成，如图 5-62 所示。

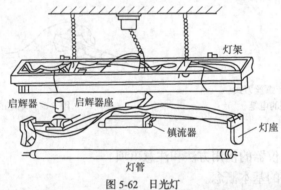

图 5-62 日光灯

① 灯管。灯管是一根直径为 15～40.5mm 的玻璃管。两端各有一个灯丝，灯管内充有微量的氩和稀薄的汞蒸气，内壁上涂有荧光粉。两个灯丝之间的气体导电时发出紫外线，使涂在管壁上的荧光粉发出柔和的近似日光色的可见光。

② 镇流器。镇流器是一个带铁心的电感线圈，它有两个作用：一是在启动时与启辉器配合，产生瞬时高压点燃灯管；二是在工作时利用串联于电路的高电抗限制灯管电流，延长灯光使用寿命。

③ 启辉器。启辉器主要是一个充有氖气的小玻璃泡，里面装有两个电极，一个是固定不动的静触片，另一个是用双金属片制成的 U 型动触片。动触片与静触片平时分开。与氖泡并联的纸介电容，容量 5 000pF 左右，它有两个作用：一是与镇流器线圈组成 LC 振荡回路，能延长灯丝预热时间和维持脉冲放电电压；二是能吸收干扰收录机、电视机等电子设备的干扰杂波信号。

（2）日光灯的基本原理。

当日光灯开关闭合后，电源把电压加在启辉器的两极之间，使氖气放电而发出辉光。辉光产生的热量使动触片膨胀伸长，跟静触片接触而把电路接通，于是镇流器的线圈和灯管的灯丝中就有电流通过。

电路接通后，启辉器中的氖气停止放电，U 型动触片冷却收缩，两个触片分离，电路自动断开。在电路突然中断的瞬间，由于镇流器中的电流急剧减小，会产生很高的自感电动势，方向与原来电压的方向相同，这个自感电动势与电源电压加在一起，形成一个瞬时高电压，加在灯管两端，使灯管中的气体开始放电，于是日光灯成为电流的通路开始发光。

2. 实验内容

（1）测量日光灯电路的端电压 U、灯管两端电压 U_R、镇流器两端电压 U_L 和电路的电流 I_1。

（2）根据测量数据求解镇流器的电感量 L、电路的有功功率 P 和功率因数 $\cos\varphi_1$。

（3）若采用并联补偿电容器的方法将日光灯的功率因数提高到 0.9，求解并联电容器的电容量。

（4）选择与所求容量相近的电容器与日光灯并联，重新测量电路的端电压、灯管上的电压、镇流器上的电压、灯管的电流及总电流。

3. 实验步骤

（1）按照图 5-63 所示对日光灯电路进行连线，保证日光灯能正常工作。

（2）测量日光灯电路的端电压 U、灯管两端电压 U_R、镇流器两端电压 U_L 和电路的电流 I_1，将数据填入表 5-2 中。

（3）根据测量数值，求解镇流器的 L 值、电路的有功功率 P 和功率因数 $\cos\varphi_1$。

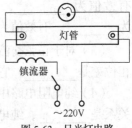

图 5-63 日光灯电路

（4）计算将功率因数提高到 0.9 时，所需并联的电容值。

（5）画出并联了补偿电容器的日光灯电路图，重新测量日光灯电路的端电压 U、灯管两端电压 U_R、镇流器两端电压 U_L 和电路的电流 I。

表 5-2　　　　　　　　　　　　　　　　测量与计算数据

	$U(\text{V})$	$U_R(\text{V})$	$U_L(\text{V})$	$I_1(\text{A})$	$I(\text{A})$	$P(\text{W})$	$\cos\varphi$
并联 C 前							
并联 C 后							

4. 预习要求

（1）掌握正弦交流电路的基本概念。

（2）理解并掌握 RLC 串联正弦交流电路的基本知识。

（3）理解日光灯的组成和基本原理。

（4）掌握使用电流表、电压表和万用表测量交流电压和电流的方法以及注意事项。

（5）制定本实验有关数据记录表格。

5. 实验报告

（1）报告的内容包括实验目的、实验内容和实验步骤等。

（2）记录实验过程中的测量数据，作出 U、U_R、U_L 和 I_1 的相量图。

（3）根据实验要求进行的相关计算等。

6. 注意事项

（1）在对正弦交流 220V 电源进行操作时注意安全。

（2）使用万用表时，注意测量不同量要进行挡位和插孔的调整。

7．思考题

日光灯电路由镇流器和灯管组成，为什么 $U \neq U_R + U_L$ ？

思考与练习

1．填空题

（1）正弦交流电的 3 要素分别是_____、_____和_____。

（2）已知正弦交流电压 $u = 220\sqrt{2}\sin(50\pi t + 30°)\text{V}$，则该交流电压的最大值为_____，有效值为_____，平均值为_____，角频率为_____，频率为_____，周期为_____，有效值为_____，初相位为_____。

（3）对于正弦交流电流 $i_1 = 10\sqrt{2}\sin(100\pi t + 30°)\text{A}$、$i_2 = 20\sqrt{2}\sin(100\pi t - 60°)\text{A}$，它们的相位差是_____，它们的"超前"和"滞后"关系是_____。

（4）纯电阻电路中电压和电流的相位关系是_____，纯电感电路中电压和电流的相位关系是_____，纯电容电路中电压和电流的相位关系是_____。

（5）提高功率因数 $\cos\varphi$ 的措施是_____。

2．判断题

（1）无功功率是没有用的功率。（　　）

（2）可以使用相量图法比较任意两个正弦量的关系。（　　）

（3）纯电感电路可以"通直流，阻交流"。（　　）

（4）纯电容电路可以"通交流，阻直流"。（　　）

（5）功率因数可以大于 1。（　　）

（6）负载电路中电压 U 与电流 I 的相位之差越大，功率因数越小。（　　）

（7）两个不同频率的正弦量在相位上的差叫相位差。（　　）

（8）并联电容器可以提高感性负载本身的功率因数。（　　）

（9）某电气元件两端交流电压的相位超前于流过它上面的电流，则该元件为容性负载。（　　）

（10）纯电感负载功率因数为零，纯电容负载功率因数为 1。（　　）

（11）电感元件在电路中不消耗能量，它是无功负荷。（　　）

3．选择题

（1）纯电感电路的感抗为（　　）。

A. L　　　　　　B. ωL　　　　　　C. $1/\omega L$　　　　　　D. $1/2\pi fL$

（2）在正弦交流电阻电路中，正确反映电流电压的关系式为（　　）。

A. $i = U/R$　　　　B. $i = U_m/R$　　　　C. $I = U/R$　　　　D. $I = U_m/R$

（3）单相正弦交流电路中有功功率的表达式是（　　）。

A. UI　　　　　　B. UI　　　　　　C. $UI\cos\varphi$　　　　　D. $UI\sin\varphi$

（4）纯电容交流电路中电流与电压的相位关系为电流（　　）。

A．超前 90°　　　　B．滞后 90°　　　　C．同相　　　　　　D．超前 0°～90°

（5）两个正弦量分别为 $u_1 = 36\sin(314t+120°)$ V、$u_2 = 36\sin(628t+30°)$ V，则有（　　）。

A．u_1 比 u_2 超前 90°　　　　　　　　　　B．u_2 比 u_1 超前 90°

C．不能判断相位差　　　　　　　　　　　　D．同相

（6）某正弦交流电压的初相角中，$\varphi_U = \pi/6$，在 $t = 0$ 时，其瞬时值将（　　）。

A．小于零　　　　　B．大于零　　　　　　C．等于零　　　　　D．不定

（7）已知 $m\sin\omega t$ 第一次达到最大值的时刻是 0.005s，则第二次达到最大值的时刻在（　　）。

A．0.01s　　　　　　B．0.025s　　　　　C．0.05s　　　　　D．0.075s

（8）$U = 311\sin(314t-15°)$ V，则 $U = $（　　）V。

A．220∠−195°　　B．220∠195°　　C．311∠−15°　　D．220∠−15°

（9）已知电流 $I = 6+j8$，电源频率为 50Hz，其瞬时值表达式为 $I = $（　　）。

A．$10\sin(314t+53.1°)$　　　　　　　　B．$10\sin(314t+36.9°)$

C．$10\sin(314t+53.1°)$　　　　　　　　D．$10\sin(314t+36.9°)$

（10）某正弦交流电压的初相角 $\varphi = -\pi/6$，在 $t = 0$ 时，其瞬时值将（　　）。

A．大于零　　　　　B．小于零　　　　　C．等于零　　　　D．最大值

（11）发生 LC 串联谐振的条件是（　　）。

A．$\omega L = \omega C$　　B．$L = C$　　　　C．$\omega L = 1/\omega C$　　D．$X_L = 2\pi f L$

（12）若电路中某元件两端的电压 $u = 100\sin(100\pi t+50°)$V、电流 $I = 10\sin(100\pi t+140°)$ A，则该元件是（　　）。

A．电阻　　　　　　B．电感　　　　　　C．电容　　　　　D．阻容

（13）交流电的表示法有（　　）种形式。

A．代数式　　　　　　　　　　　　　　B．三角式

C．几何式　　　　　　　　　　　　　　D．指数式

E．极坐标式

（14）提高功率因数的好处有（　　）。

A．可以充分发挥电源设备容量　　　　B．可以提高电动机的出力

C．可以减少线路功率损耗　　　　　　D．可以减少电动机的启动电流

E．可以提高电机功率

4．思考问答题

（1）什么叫感抗？什么叫容抗？

（2）什么是无功功率？写出纯电感电路和纯电容电路无功功率公式。

（3）什么是功率因数？提高功率因数的意义是什么？

5．计算题

（1）已知正弦交流电压 $u = 120\sqrt{2}\sin(100\pi t - 30°)$V，则该交流电压的最大值、有效值、角频率、频率、周期、相位和初相位是多少？作出波形图。

（2）求出 $u_1 = 220\sqrt{2}\sin(100\pi t - 30°)\text{V}$ 、 $u_2 = 220\sqrt{2}\sin(100\pi t + 60°)\text{A}$ 的相位差，并指出其"超前"和"滞后"的关系。

（3）有一个工频交流电的最大值为 380V、初相是 120°，请写出解析式；作出波形图；求 $t = 0.1\text{s}$ 时的电压瞬时值。

（4）在同一坐标系中作出 $u_1 = 220\sqrt{2}\sin(100\pi t - 30°)\text{V}$ 、 $u_2 = 220\sqrt{2}\sin(100\pi t + 60°)\text{A}$ 的相量图，并指出其相位差。

（5）把一个电感 $L = 0.35\text{H}$ 的线圈，接到 $u = 220\sqrt{2}\sin(100\pi t - 30°)\text{V}$ 的电源上，试求线圈的感抗；电流的有效值；写出电流解析式；作出电压与电流的相量图；电路的无功功率。

（6）把 $C = 10\text{μF}$ 的电容器接到 $u = 220\sqrt{2}\sin(100\pi t - 30°)\text{V}$ 的电源上，试求：电容的容抗；电流的有效值；写出电流解析式；作出电压与电流的相量图；电路的无功功率。

（7）某电容器接在正弦电压 $u = 220\sqrt{2}\sin(100\pi t - 60°)\text{V}$ 的电源上，通过的电流为 259mA，求该电容器的电容 C。

（8）在 RLC 串联电路中， $u = 20\sqrt{2}\sin 50t\text{V}$ 、电阻 $R = 40\Omega$ 、电感 $L = 0.6\text{H}$ 、电容 $C = 333\text{μF}$ ，试求：电路中的总阻抗 $|Z|$；电流 I；各元件的端电压 U_R、U_L、U_C；电压与电流的相位差 φ；电路的性质；作出相量图；电路的有功功率 P、无功功率 Q 和视在功率 S；电路的功率因数。

（9）流过某负载的电流 $i = \sqrt{2}\sin(100\pi t + 15°)\text{A}$ 时，其端电压为 $u = 220\sqrt{2}\sin(100\pi t - 45°)\text{V}$ ，试问：该负载是感性还是容性？该负载的电阻和电抗各为多少？

（10）某功率 $P = 10\text{kW}$、$\cos\varphi = 0.6$ 的感性负载，接到 220V、50Hz 的交流电路中，现要使功率因数提高到 0.9，应并联多大的电容器？

第 6 章

三相交流电路

由 3 个绕组按一定方式连接起来的交流发电机作为向电路提供交流电能的电源，称为三相交流电源。由三相正弦交流电源和三相负载组成的交流电路称为三相正弦交流电路。三相交流电路广泛应用于工农业生产，日常生活中的单相电也是取自三相交流电中的一相。目前，世界各国电力系统普遍采用三相交流电路。这种供电方式具有节省线材、输送电能经济方便和运行平稳等特点。

【学习目标】
- 了解三相交流电的产生。
- 掌握三相四线制供电方式的构成。
- 掌握线电压、相电压的概念。
- 掌握三相负载的星形连接和三角形连接。
- 掌握三相对称电路的功率的计算。

【观察与思考】

生活中经常听说三相电或者三相电动机，那么什么是三相电呢？三相电与生产生活到底有什么关系呢？

6.1 三相交流电的基本知识

三相交流电由三相交流发电机产生，图 6-1 所示为三相交流发电机实物图。

图 6-1 三相交流发电机实物图

6.1.1　三相交流电的产生

三相交流发电机原理示意图如图 6-2 所示，它主要由定子和转子两部分组成。发电机定子铁心由内圆开有槽口的绝缘薄硅钢片叠制而成，槽内嵌有 3 个尺寸、形状、匝数和绕向完全相同的独立绕组 U_1U_2、V_1V_2 和 W_1W_2。它们在空间位置互差 120°，其中 U_1、V_1 和 W_1 分别是绕组的始端，U_2、V_2 和 W_2 分别是绕组的末端。每个绕组称为发电机中的一相，分别称为 U 相、V 相和 W 相。发电机的转子铁心上绕有励磁绕组，通过固定在轴上的两个滑环引入直流电流，使转子磁化成磁极，建立磁场，产生磁通。

当转子磁极在风力、水力或者蒸气（火力）等动力驱动下以角速度 ω 顺时针匀速旋转时，相当于每相绕组沿逆时针方向匀速旋转，作切割磁力线运动，从而产生 3 个感应电压 u_U、u_V 和 u_W，三相电就这样产生了，如图 6-3 所示。

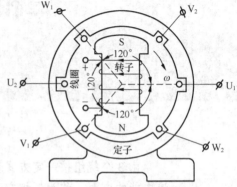

图 6-2　三相交流发电机原理示意图

（a）风力发电　　　　（b）火力发电　　　　（c）水力发电示意图

图 6-3　各种发电方式

视频 63

扫描观看"三相交流电的产生"视频，该视频演示了三相交流电的产生原理。

6.1.2　三相对称正弦量

由于三相绕组的结构完全相同，在空间位置互差 120°，并以相同角速度 ω 切割磁感线，所以转子磁极切割磁感线运动产生的 3 个感应电压 u_U、u_V 和 u_W 的最大值相等，频率相同，而相位互差 120°。以 u_U 为参考电压，则这 3 个绕组的感应电压瞬时值表达式为

$$u_U = \sqrt{2}U_相 \sin \omega t$$
$$u_V = \sqrt{2}U_相 \sin(\omega t - 120°)$$
$$u_W = \sqrt{2}U_相 \sin(\omega t - 240°) = \sqrt{2}U_相 \sin(\omega t + 120°)$$

（6-1）

式（6-1）中 u_U、u_V 和 u_W 分别叫作 U 相电压、V 相电压和 W 相电压。把这种最大值（有效值）相等、频率相同、相位互差 120° 的三相电压称为三相对称电压。每相电压都可以看作是一个单独的正弦电压源，其参考极性规定：各绕组的始端为"+"极，末端为"−"极，如图 6-4 所示。将发电机三相绕组按一定方式连接后，就组成一个三相对称电压源，可对外供电。

由式（6-1）可作出三相对称电压的波形图和相量图，如图 6-5 所示。

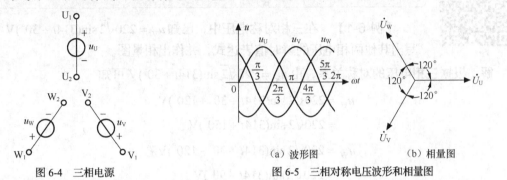

图 6-4 三相电源

（a）波形图　　　（b）相量图

图 6-5 三相对称电压波形和相量图

由图 6-5（a）所示三相对称电压的波形图可以看出，三相对称电压的瞬时值在任一时刻的代数和等于零，即 $u_U + u_V + u_W = 0$。将图 6-5（b）所示相量图中任意两个电压相量按平行四边形法则合成，其相量和必与第 3 个电压相量大小相等、方向相反、相量和为零，即

$$\dot{U}_U + \dot{U}_V + \dot{U}_W = 0 \tag{6-2}$$

 要点提示 三相对称电压瞬时值的代数和等于零，有效值的相量和等于零的结论同样适用于三相对称电动势和三相对称电流，即三相对称正弦量之和恒等于零。

试在图 6-5（b）所示的相量图上作出 $\dot{U}_U + \dot{U}_V$，看看是多少？

视频 64

扫描观看"三相对称正弦量"视频，该视频演示了三相对称正弦量的表示方法和步骤。

6.1.3　相序

在三相电压源中，各相电压到达正的或负的最大值的先后次序，称为三相交流电的相序，如图 6-6 所示。

 要点提示 习惯上，选用 U 相电压作参考，V 相电压滞后 U 相电压 120°，W 相电压又滞后 V 相电压 120°，所以它们的相序为 U—V—W，称为正序，反之则为负序。

在实际工作中，相序是一个很重要的问题。例如，几个发电厂并网供电，相序必须相同，否则发电机都会遭到重大损害。因此，统一相序是整个电力系统安全、可靠运行的基本要求。为此，电力系统并网运行的发电机、变压器，发电厂的汇流排、输送电能的高压线路和变电所等，都按技术标准采用不同颜色来区别电源的 U、V 和 W 三相，即用黄色表示 U 相，绿色表示 V 相，红色表示 W 相，如图 6-7 所示。相序可用相序器来测量。

视频 65

扫描观看"三相交流电的相序"视频，该视频演示了三相交流电相序的定义以及如何使用不同的颜色区别电源的 U、V、W 三相。

【例 6-1】 在三相对称电压中，已知 $u_V = 220\sqrt{2}\sin(314t + 30°)$V，试写出其他两相电压的瞬时值表达式，并作出相量图。

解： 根据三相电压的对称关系，由 $u_V = 220\sqrt{2}\sin(314t + 30°)$V 可知

$$u_U = 220\sqrt{2}\sin(314t + 30° + 120°)V$$
$$= 220\sqrt{2}\sin(314t + 150°)V$$
$$u_W = 220\sqrt{2}\sin(314t + 30° - 120°)V$$
$$= 220\sqrt{2}\sin(314t - 90°)V$$

三相对称电压的相量图如图 6-8 所示。

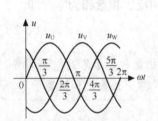

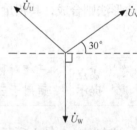

图 6-6 三相交流电的相序　　图 6-7 使用不同颜色区别电源的 U、V、W 三相　　图 6-8 相量图

【课堂练习】

（1）你能简单说说三相正弦交流电是怎样产生的吗？试试看。

（2）以 $i_V = 5\sqrt{2}\sin\omega t$A 为参考，写出三相对称电流的解析式。

（3）什么是三相电的相序？

6.2　三相电源的星形连接

把三相电源的 3 个绕组的末端 U_2、V_2 和 W_2 连接成 1 个公共点 N，由 3 个始端 U_1、V_1 和 W_1 分别引出 3 根导线 L_1、L_2 和 L_3，向负载供电的连接方式，称为星形（Y 形）连接，如图 6-9 所示。

公共点 N 称为中点或零点，从 N 点引出的导线称为中线或零线，如图 6-9 所示。若 N 点接地，则中线又称为地线。由 U_1、V_1 和 W_1 端引出的 3 根输电线 L_1、L_2 和 L_3 称为相线，俗称火线。这种由 3 根火线和 1 根中线组成的三相供电系统称为三相四线制供电系统，在低压配电中常采用这种系统。

有时为简化线路图，常省略三相电源不画，而只标相线和中线符号，如图 6-10 所示。

观看"三相电源的星形连接"视频，该视频演示了三相电源星形连接的定义、方法以及各个量之间的含义。

三相电源每相绕组两端的电压称为相电压，在三相四线制中，相电压就是相线与中线之间的电压。3 个相电压的瞬时值用 u_U、u_V 和 u_W 表示，通用符号为 $u_{相}$，相电压的正方向规定为：由绕组的始端指向末端，即由相线指向中线，如图 6-10 所示。

相线与相线之间的电压称为线电压，它们的瞬时值用 u_{L1-2}、u_{L2-3}、u_{L3-1} 表示，通用符号为 $u_{线}$，线电压的正方向由下标数字的先后次序来标明。例如，表示两相线 L_1 和 L_2 之间的线电压是由 L_1 指向 L_2 线，如图 6-10 所示。

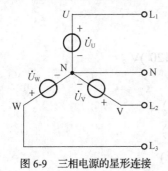

图 6-9 三相电源的星形连接

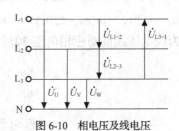

图 6-10 相电压及线电压

根据电压与电位关系，可得出线电压与相电压的关系式为

$$u_{L1-2} = u_U - u_V$$
$$u_{L2-3} = u_V - u_W \qquad (6-3)$$
$$u_{L3-1} = u_W - u_U$$

式（6-3）表明，线电压的瞬时值等于相应两个相电压的瞬时值之差。由此可得它们对应的相量关系为

$$\dot{U}_{L1-2} = \dot{U}_U - \dot{U}_V$$
$$\dot{U}_{L2-3} = \dot{U}_V - \dot{U}_W \qquad (6-4)$$
$$\dot{U}_{L3-1} = \dot{U}_W - \dot{U}_U$$

以 $\dot{U}_U$ 为参考相量，图 6-11 所示为各相电压、线电压的相量图。

由图 6-11 所示的相量图可以看出，线电压与相电压之间的数量关系为

$$\frac{1}{2}U_{线} = U_{相} \cos 30°$$

即

$$U_{线} = \sqrt{3}U_{相} \qquad (6-5（a）)$$

在相位上，线电压超前对应的相电压 30°，即

$$\varphi_{线} = \varphi_{相} + 30° \qquad (6-5（b）)$$

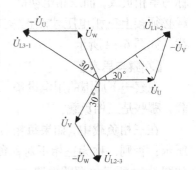

图 6-11 三相电源星形连接相电压和线电压相量图

由于 3 个线电压的大小相等、频率相同、相位互差 120°，所以也是三相对称量，即

$$\dot{U}_{L1-2} + \dot{U}_{L2-3} + \dot{U}_{L3-1} = 0 \qquad (6-6)$$

视频 67

观看"三相电源星形连接的相电压和线电压"视频，该视频演示了三相电源星形连接的相电压和线电压的含义以及它们之间的关系。

【例 6-2】 星形连接的三相对称电源电压为 380V，试以 u_U 为参考，写出 u_V、u_W、u_{L1-2}、u_{L2-3}、u_{L3-1} 的表达式。

解：三相对称电源电压 380V 指的是线电压的有效值为 380V，故相电压有效值为

$$U_{相} = \frac{U_{线}}{\sqrt{3}} = \frac{380}{\sqrt{3}} = 220V$$

以 u_U 为参考，即 $u_U = 220\sqrt{2}\sin\omega t \, V$。

则 $u_V = 220\sqrt{2}\sin(\omega t - 120°)V$、$u_W = 220\sqrt{2}\sin(\omega t + 120°)V$。

因为线电压超前对应相电压 30°，则

$$u_{L1-2} = 380\sqrt{2}\sin(\omega t + 30°)$$
$$u_{L2-3} = 380\sqrt{2}\sin(\omega t - 30°)$$
$$u_{L3-1} = 380\sqrt{2}\sin(\omega t + 150°)$$

【课堂练习】

（1）试着画出三相电源星形连接的电路图。

（2）在三相四线制供电系统中，线电压与相电压在数量上和相位上各有什么关系？作出它们的相量图。

6.3 三相负载的连接

电灯、电冰箱等家用电器都是交流用电设备，它们是接在三相电源中任意一相上工作的，称为单相负载；而三相电动机、三相工业电炉等负载必须接上三相电压才能正常工作，称为三相负载，如图 6-12 所示。

【观察与思考】

观察一下周围的用电设备，说说哪些是单相负载，哪些是三相负载？

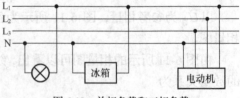

图 6-12 单相负载和三相负载

在三相负载中，如果每相负载的电阻、电抗分别相等，则称为三相对称负载，如图 6-13 所示；否则，称为三相不对称负载。由 3 组单相负载组合成的三相负载通常是不对称的，如图 6-14 所示的照明电路。

三相负载与三相电源的连接有星形（Y 形）和三角形（△形）两种连接方式。

图 6-13 三相异步电动机为三相对称负载

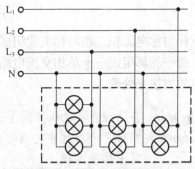

图 6-14 照明电路为三相不对称负载

6.3.1 三相负载的星形连接

三相负载的星形连接是指把三相负载的一端连接在一起,称为负载中性点,如图 6-15(a)中所示的 N′,它常与三相电源的中线连接;把三相负载的另一端分别与三相电源的三根相线连接,如图 6-15(a)所示。这种连接方式就是"著名"的三相四线制供电线路。图 6-15(b)所示为各种负载连接到电源上。

在三相四线制电路中,每相负载两端的电压叫作负载的相电压,用 $U_{Y相}$ 表示,其正方向规定为由相线指向负载的中性点,即相线指向中线。

若忽略输电线电阻上的电压降,由图 6-15(a)可以看出,负载的相电压等于电源的相电压,电源的线电压等于负载相电压的 $\sqrt{3}$ 倍,即

$$U_{线} = \sqrt{3}U_{Y相} \tag{6-7}$$

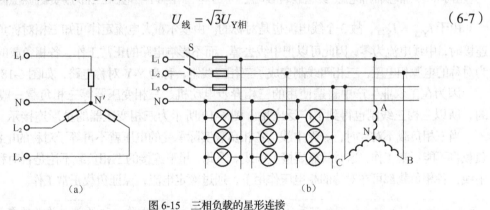

(a)   (b)

图 6-15 三相负载的星形连接

 要点提示 当电源的线电压为各相负载额定电压的 $\sqrt{3}$ 倍时,三相负载必须采用星形连接。

在三相电路中,流过每相负载的电流叫相电流,用 $I_{相}$ 表示,正方向与相电压方向相同。流过每根相线的电流叫线电流,用 $I_{线}$ 表示,正方向规定由电源流向负载。工程上通称的三相电流,若无特别说明,都是指线电流的有效值。流过中线的电流称为中线电流,用 I_N 表示,正方向规定为由负载中点流向电源中点,如图 6-16 所示。

显然,在三相负载的星形连接中,线电流就是相电流,即

$$I_{Y线} = I_{Y相} \qquad (6-8)$$

由三相对称电源和三相对称负载组成的电路称为三相对称电路。在三相四线制三相对称电路中，每一相都组成一个单相交流电路，各相电压与电流的数量和相位关系都可采用单相交流电路的方法来处理。

 在三相对称电压作用下，流过三相对称负载的各相电流也是对称的，因此，在计算三相对称电路时，只要计算出其中一相，再根据对称特点，就可以写出其他两相。

当三相对称负载为电感性负载时，其相电压与相电流的相量图如图6-17所示。

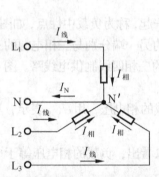

图6-16 三相电路的相电流、线电流和中线电流

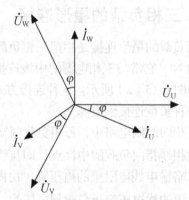

图6-17 电感性三相对称负载的相量图

由于$I_{Y线} = I_{Y相}$，故3个线电流也是对称的。由基尔霍夫电流定律可知三相对称负载做星形连接时，中线电流为零，因此可以把中线去掉，而不影响电路的正常工作，各相负载的相电压仍为对称的电源相电压，三相四线制变成了三相三线制，称为Y-Y对称电路，如图6-18所示。

因为在工农业生产中普遍使用的三相异步电动机、三相变压器等三相负载一般都是对称的，所以三相三线制也得到了广泛应用。图6-19所示为三相变压器的星形连接示意图。

当三相负载不对称时，若无中线，各相负载实际承受的电压就不再等于对称的电源相电压，负载将不能正常工作，这时就需要接上中线。因此，星形连接的三相负载不论是否对称，只要有中线，各相负载都可在对称的相电压作用下，通过额定电流，保证负载正常工作。

 在三相四线制系统中规定，中线不准安装保险丝和开关，并必须有足够的机械强度，以免断开。

理论研究和实践证明，三相负载越接近对称，其中线电流就越小。因此在安装照明电路时，应尽量将它们平均地分配在各相电路之中，使各相负载尽量平衡，以减小中线电流，如图6-20所示。

视频68

观看"三相负载的星形连接"视频，该视频演示了三相负载星形连接的定义、方法和各个量之间的关系。

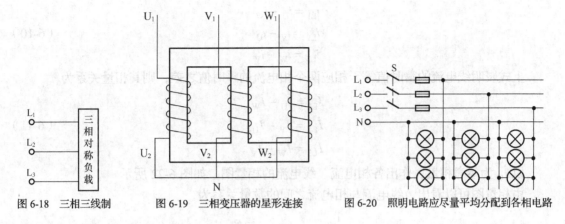

图 6-18　三相三线制　　　图 6-19　三相变压器的星形连接　　　图 6-20　照明电路应尽量平均分配到各相电路

6.3.2　三相负载的三角形连接

三相负载分别接在三相电源的每两根相线之间的连接方式,称为三相负载的三角形连接,如图 6-21 所示。

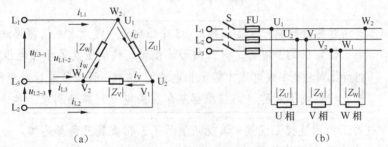

（a）　　　　　　　　　　　　　　（b）

图 6-21　三相负载的三角形连接

三相负载做三角形连接时,不论负载是否对称,各相负载所承受的相电压就是对称的电源线电压,即

$$U_{\triangle 相} = U_{线} \qquad (6-9)$$

 要点提示　当电源线电压等于各相负载的额定电压时,三相负载应该接成三角形。

由图 6-21 可知,三相负载做三角形连接时,线电流与相电流是不一样的。线电流的正方向仍然是由电源流向负载,而相电流的正方向与相电压的正方向一致。相电流 i_U 由 L_1 指向 L_2、i_V 由 L_2 指向 L_3、i_W 由 L_3 指向 L_1。

对三角形连接的每一相负载都可按照单相交流电路的方法计算其相电流。

 要点提示　若三相负载对称,则流过各相负载的相电流也对称,即它们的大小相等,相差互为 120°。

图 6-21 所示的线电流与相电流的关系可由基尔霍夫电流定律求出,即

$$i_{L1} = i_U - i_W$$
$$i_{L2} = i_V - i_U \quad (6\text{-}10)$$
$$i_{L3} = i_W - i_V$$

上式表明线电流的瞬时值等于相应两个相电流的瞬时值之差，则其相量关系为

$$\dot{I}_{L1} = \dot{I}_U - \dot{I}_W$$
$$\dot{I}_{L2} = \dot{I}_V - \dot{I}_U \quad (6\text{-}11)$$
$$\dot{I}_{L3} = \dot{I}_W - \dot{I}_V$$

以 $\dot{I}_U$ 为参考相量，作出各相电流、线电流的相量图，如图 6-22 所示。

由相量图可以看出，线电流与相电流之间的数量关系为

$$\frac{1}{2}I_{\triangle 线} = I_{\triangle 相}\cos 30°$$

$$I_{\triangle 线} = \sqrt{3}I_{\triangle 相} \quad (6\text{-}12)$$

在相位上，线电流滞后于对应相电流 30°，即

$$\varphi_{线} = \varphi_{相} - 30° \quad (6\text{-}13)$$

要点提示 三相对称负载做三角形连接时，3 个线电流也是对称的。需要注意的是，不论三相负载是否对称，做三角形连接时，线电压总等于相电压；而只有三相负载对称时，线电流才等于相电流的 $\sqrt{3}$ 倍，且相位滞后对应相电流 30°。若三相负载不对称，则应根据基尔霍夫电流定律分别求出各个线电流。

观看"三相负载的三角形连接"视频，该视频演示了三相负载三角形连接的定义、方法和各个量之间的关系。

视频 69

【例 6-3】 有 3 个 100Ω 的电阻分别接成星形和三角形，接到电压为 380V 的对称三相电源上，如图 6-23 所示，试分别求出它们的线电压、相电压、线电流和相电流。

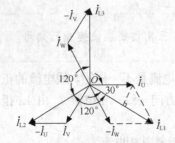

图 6-22 对称负载三角形连接时的相量图

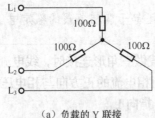

（a）负载的 Y 联接

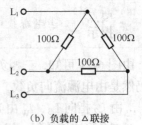

（b）负载的 △ 联接

图 6-23 电路图

解：（1）负载做星形连接时，负载的线电压为

$$U_{Y线} = U_{线} = 380V$$

由于三相负载对称，负载相电压为线电压的 $\frac{1}{\sqrt{3}}$，即

$$U_{Y\text{相}} = \frac{U_{\text{线}}}{\sqrt{3}} = \frac{380\text{V}}{\sqrt{3}} = 220\text{V}$$

负载的线电流等于相电流

$$I_{Y\text{线}} = I_{Y\text{相}} = \frac{U_{Y\text{相}}}{R} = \frac{220\text{V}}{100\Omega} = 2.2\text{A}$$

（2）负载做三角形连接时，线电压等于相电压，即

$$U_{\triangle\text{线}} = U_{\triangle\text{相}} = U_{\text{线}} = 380\text{V}$$

负载相电流为

$$I_{\triangle\text{相}} = \frac{U_{\triangle\text{相}}}{R} = \frac{380\text{V}}{100\Omega} = 3.8\text{A}$$

负载线电流等于相电流的 $\sqrt{3}$ 倍，即

$$I_{\text{线}} = \sqrt{3}I_{\text{相}} = \sqrt{3} \times 3.8\text{A} = 6.58\text{A}$$

通过上述计算可知，在同一个三相对称电源作用下，同一个三相对称负载做三角形连接时的相电流是做星形连接时相电流的 $\sqrt{3}$ 倍，做三角形连接时的线电流是做星形连接时线电流的 3 倍。根据这个规律，有时为了减小大功率三相电动机启动时产生很大的启动电流，可以采用如图 6-24 所示的星三角启动器，它采用 Y–△ 降压启动的方法，启动时将三相绕组先接成 Y 形，使启动电流降为△连接启动时的 1/3，启动完毕后再改接成△全压运行。

图 6-24　星三角起动器

【例 6-4】　某一对称三相负载，每相的电阻 $R = 8\,\Omega$，$X_L = 6\,\Omega$，联成三角形，接于线电压为 380 V 的电源上，试求其相电流和线电流的大小。

解：令 $\dot{U}_A = 380\,\text{V}$　　$\varphi_A = 0°$
则
$\dot{I}_{AB} = \dot{U}_A / Z = 38\,\text{A}$　　$\varphi_{AB} = -37°$
$\dot{I}_{BC} = 38\,\text{A}$　　　　　　　$\varphi_{BC} = -157°$　　$\dot{I}_{CA} = 38\,\text{A}$　　$\varphi_{CA} = 83°$
$\dot{I}_A = \dot{I}_{AB} - \dot{I}_{CA} = 66\,\text{A}$　$\varphi_A = -67°$
$\dot{I}_B = 66\,\text{A}$　　　　　　　　$\varphi_B = -187°$　　$\dot{I}_C = 66\,\text{A}$　　$\varphi_C = 53°$

【课堂练习】
（1）分别画出三相负载的星形连接和三角形连接的电路图。
（2）什么是三相对称负载？什么是三相对称电路？
（3）在三相对称电路中，负载做星形连接时线电压与相电压、线电流与相电流的关系是怎样的？作出它们的相量图。有中线和没有中线有无差别？为什么？若电路不对称，则情况又如何？三相四线制供电线路的中线有什么重要作用？
（4）在三相对称电路中，负载做三角形连接时线电压与相电压、线电流与相电流关系是怎样的？作出它们的相量图。

【阅读材料】

三相四线制系统中零线的重要作用

在低压供电系统中，大多数采用三相四线制方式供电，因为这种方式能够提供线电压（380V）和相电压（220V）两种不同的电压以适应用户不同的需要。在三相四线制系统中，如果三相负载是完全对称的，则零线可有可无，如三相异步电动机中的三相绕组完全对称，连接成星形后，即使没有零线，三相绕组也能得到三相对称的电压，电动机能照常工作。但是对于住宅楼、学校、机关和商场等以单相负荷为主的用户来说，零线就起着举足轻重的作用了。尽管这些地方在设计、安装供电线路时都尽可能使三相负荷接近平衡，但是这种平衡只是相对的，不平衡则是绝对的，而且每时每刻都在变化。在这种情况下，如果零线中断了，那么三相电压不平衡了，有的相电压就可能大大超过电器的额定电压，轻则烧毁电器，重则引起火灾等重大事故；而有的相电压大大低于电器的额定电压，轻则使电器无法工作，重则也会烧毁电器（因为电压过低，空调、冰箱和洗衣机等设备中的电动机无法启动，时间长了也会烧毁）。

下面以一个简单的例子来帮助理解没有零线时各相负载两端电压的变化情况。

假定某住宅楼为 3 层，二相电源分别送入 1 楼、2 楼和 3 楼住户。零线正常时，各层楼的住户用电互不相干。当零线中断后，假定 1 楼住户都不用电，2 楼住户只开了 1 盏灯，3 楼住户开了 3 盏同样的灯，如图 6-25 所示，不难看出，3 楼的 3 盏灯并联后再与 2 楼的 1 盏灯串联，接到了 380V 的电压上，由于 2 楼负载的电阻就是 3 楼负载电阻的 3 倍，所以 380V 电压的 3/4（285V）都加到了 2 楼灯泡上，那么灯泡就会被烧坏，而 3 楼灯泡两端的电压只有 95V，自然就不能正常发光了。2 楼的灯泡烧毁（开路）后，3 楼的灯泡也就不能构成回路了，所以都不工作了。

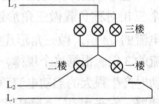

图 6-25 未接零线的三相交流电路

因此，在三相四线制系统中零线是非常重要的。

6.4 三相电路的功率计算

在三相交流电路中，不论负载采用何种连接方式，三相负载的总功率都等于各相负载功率的总和，即

$$P = P_U + P_V + P_W = U_U I_U \cos\varphi_U + U_V I_V \cos\varphi_V + U_W I_W \cos\varphi_W$$

$$Q = Q_U + Q_V + Q_W = U_U I_U \sin\varphi_U + U_V I_V \sin\varphi_V + U_W I_W \sin\varphi_W$$

$$S = S_U + S_V + S_W = U_U I_U + U_V I_V + U_W I_W$$

其中，U_U、U_V、U_W 和 I_U、I_V、I_W 分别为各相电压和相电流，φ_U、φ_V、φ_W 分别为各相负载的相电压与相电流之间的相位差。

在三相对称电路中，由于各线电压、相电压、线电流都对称，所以各相功率相等，总功率为一相功率的 3 倍，即

$$P = 3P_{相} = 3U_{相}I_{相}\cos\varphi_{相}$$
$$Q = 3Q_{相} = 3U_{相}I_{相}\sin\varphi_{相} \tag{6-14}$$
$$S = 3S_{相} = 3U_{相}I_{相}$$

在实际应用中，由于测量线电压、线电流比较方便，故三相电路的总功率常用线电压、线电流来表示和计算。

当三相负载做星形连接时，有

$$U_{Y相} = \frac{U_{线}}{\sqrt{3}} \qquad I_{Y相} = I_{Y线}$$

故
$$P_{Y} = 3U_{Y相}I_{Y相}\cos\varphi_{相} = 3\frac{U_{线}}{\sqrt{3}}I_{Y线}\cos\varphi_{相} = \sqrt{3}U_{线}I_{线}\cos\varphi_{相}$$

当三相负载做三角形连接时，有

$$U_{\triangle相} = U_{线} \qquad I_{\triangle相} = \frac{I_{\triangle线}}{\sqrt{3}}$$

所以
$$P_{\triangle} = 3U_{\triangle相}I_{\triangle相}\cos\varphi_{相} = 3U_{线}\frac{I_{线}}{\sqrt{3}}\cos\varphi_{相} = \sqrt{3}U_{线}I_{线}\cos\varphi_{相}$$

因此三相负载不论做星形还是三角形连接，总有功功率公式可以统一写成

$$P = \sqrt{3}U_{线}I_{线}\cos\varphi_{相} \tag{6-15}$$

同理可得三相对称负载的无功功率和视在功率的计算公式为

$$Q = \sqrt{3}U_{线}I_{线}\sin\varphi_{相}$$
$$S = \sqrt{3}U_{线}I_{线} \tag{6-16}$$

三相对称电路中有功功率 P、无功功率 Q 和视在功率 S 三者之间的关系为

$$S = \sqrt{P^2 + Q^2}$$

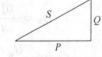

图 6-26　三相对称电路有功功率、
无功功率和视在功率的关系

如图 6-26 所示。

【例 6-5】　某三相对称负载电阻 $R = 80\Omega$、电抗 $X = 60\Omega$，接到电压为 380V 的三相对称电源上，试求负载做 Y 连接和 △ 连接时的有功功率各为多大？

解：每相负载阻抗为

$$|Z| = \sqrt{R^2 + X^2} = \sqrt{80^2 + 60^2}\,\Omega = 100\Omega$$

（1）负载做 Y 连接时

$$U_{Y相} = \frac{U_{线}}{\sqrt{3}} = \frac{380}{\sqrt{3}}\,\text{V} = 220\text{V}$$

所以有功功率为

$$P_{Y} = \sqrt{3}U_{线}I_{线}\cos\varphi_{相} = \sqrt{3}\times 380\text{V}\times 2.2\text{A}\times 0.8 = 1158\text{W}$$

或

$$P_{\text{Y}} = 3U_{\triangle 相}I_{\triangle 相}\cos\varphi_{相} = 3 \times 220\text{V} \times 2.2\text{A} \times 0.8 = 1161.6\text{W}$$

（2）负载做△连接时

$$U_{\triangle 相} = U_{线} = 380\text{V}$$

$$I_{\triangle 相} = \frac{U_{\triangle 相}}{R} = \frac{380\text{V}}{100\Omega} = 3.8\text{A}$$

$$I_{\triangle 线} = \sqrt{3}I_{\triangle 相} = \sqrt{3} \times 3.8\text{A} = 6.58\text{A}$$

负载功率因数不变，所以有功功率为

$$P_{\triangle} = \sqrt{3}U_{线}I_{线}\cos\varphi_{相} = \sqrt{3} \times 380\text{V} \times 6.58\text{A} \times 0.8 = 3\,465\text{W}$$

或

$$P_{\triangle} = 3U_{\triangle 相}I_{\triangle 相}\cos\varphi_{相} = 3 \times 380\text{V} \times 3.8\text{A} \times 0.8 = 3\,466\text{W}$$

通过计算证明，在相同的线电压作用下，三相对称负载做△连接时的线电流和功率分别是做 Y 连接时的 3 倍。因此在实际应用中，必须根据电源的线电压和负载的额定电压来选择负载的正确连接方式，使每相负载的实际承受电压都等于其额定电压，才能保证负载正常工作。

【例6-6】 三相对称负载三角形连接，其线电流为 I_{L}=5.5A，有功功率为 P=7 760W，功率因数 $\cos\varphi$=0.8，求电源的线电压 U_{L}、电路的无功功率 Q 和每相阻抗 Z。

解： 由于 $P = \sqrt{3}U_{\text{L}}I_{\text{L}}\cos\varphi$

所以 $U_{\text{L}} = \dfrac{P}{\sqrt{3}I_{\text{L}}\cos\varphi} = \dfrac{7760}{\sqrt{3} \times 5.5 \times 0.8} = 1\,018.2\text{V}$

$$Q = \sqrt{3}U_{\text{L}}I_{\text{L}}\sin\varphi = \sqrt{3} \times 1018.2 \times 5.5 \times \sqrt{1 - \cos\varphi} = 5\,819.8\text{Var}$$

$$U_{\text{P}} = \frac{1018.2}{\sqrt{3}} = 587.86\text{V}$$

$$|Z| = \frac{U_{\text{p}}}{I_{\text{p}}} = \frac{587.86}{5.5} = 106.9\Omega$$

$$Z=106.9 \qquad \varphi=36.9$$

【例6-7】 对称三相电源，线电压 U_{L}=380V，对称三相感性负载作星形连接，若测得线电流 I_{L}=17.3A，三相功率 P=9.12kW，求每相负载的电阻和感抗。

解： 由于对称三相感性负载作星形连接时，则 $U_{\text{L}} = \sqrt{3}U_{\text{P}}$，$I_{\text{L}} = I_{\text{P}}$

因 $P = \sqrt{3}U_{\text{L}}I_{\text{L}}\cos\varphi$

所以 $\cos\varphi = \dfrac{P}{\sqrt{3}U_{\text{L}}I_{\text{L}}} = \dfrac{9.12 \times 10^3}{\sqrt{3} \times 380 \times 17.3} = 0.8$

$$U_{\text{P}} = \frac{U_{\text{L}}}{\sqrt{3}} = \frac{380}{\sqrt{3}} \approx 220\text{V}, \quad I_{\text{L}} = I_{\text{P}} = 17.3\text{A}$$

$$|Z| = \frac{U_{\text{P}}}{I_{\text{P}}} = \frac{220}{17.3} = 12.7\Omega$$

$$R = |Z|\cos\varphi = 12.7 \times 0.8 = 10.2\Omega$$

$$X_{\mathrm{L}} = \sqrt{|Z|^2 - R^2} = \sqrt{12.7^2 - 10.2^2} = 7.57\Omega$$

$$Z = 10.2 + \mathrm{j}7.57\,\Omega$$

【课堂练习】

（1）分别写出三相对称负载星形连接和三角形连接时的三相功率的计算公式。

（2）写出三相对称负载三相功率计算的统一表达式。

6.5 实验 三相负载的连接

【实验目的】

- 掌握三线四线制供电系统的构成。
- 掌握三相负载的星形连接和三角形连接方式。
- 掌握三相对称电路中相电压、线电压及相电流、线电流的关系。
- 了解三相不对称电路中相电压、线电压及相电流、线电流的关系。

1．实验内容

（1）搭建三相对称电路，包括三相负载的星形连接和三角形连接方式。

（2）测试三相对称电路的相电压、线电压、相电流和线电流。

（3）测试三相不对称电路的相电压、线电压、相电流和线电流。

2．实验步骤

（1）根据图 6-27 所示搭建三相对称负载星形连接线路。

（2）观察灯泡的亮度；测试相电压、线电压、相电流、线电流，并比较其大小关系。

（3）根据图 6-28 所示搭建三相对称负载三角形连接线路。

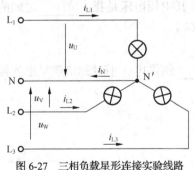

图 6-27 三相负载星形连接实验线路

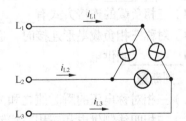

图 6-28 三相负载三角形连接实验线路

（4）观察灯泡的亮度，并与步骤（2）中灯泡的亮度进行对比；测试相电压、线电压、相电流、线电流，并比较其大小关系。

（5）将一相负载改为两个相同规格的灯泡，重复上面 4 步。

3. 实验器材

（1）三相电源供电装置 1 套。

（2）额定电压为 380V 的灯泡 4 只。

（3）数字万用表 1 块。

（4）导线若干。

4. 预习要求

（1）掌握万用表的使用方法和注意事项。

（2）复习三相交流电路中相电压、线电压，相电流、线电流的关系。

（3）制定本实验有关数据记录表格。

5. 实验报告

（1）报告的内容包括实验目的、实验内容和实验步骤。

（2）按照设计的数据表格记录实验过程的测试数据。

6. 注意事项

视频 70

（1）实验使用 380V 交流电，务必注意安全。

（2）使用万用表测试电压和电流时，使用不同的插孔。

扫码观看"三相交流电路.wmv"视频，该视频演示了三相交流电路中三相电源的连接和测量、三相负载的连接方法。

思考与练习

1. 填空题

（1）习惯上正相序是指_____。

（2）三相四线制是由_____组成的供电体系，其中相电压是指_____之间的电压，线电压是指_____之间的电压，且有 U_L_____ U_P。

（3）三相负载的连接方式有_____和_____。

（4）对称三相负载星形连接时，通常采用_____制供电，不对称负载星形连接时一定要采用_____制供电。

2. 判断题

（1）三相对称电压的瞬时值之和为零。（　　）

（2）三相四线制供电和三相三线制是一样的。（　　）

（3）三相对称电源电压作用下，流过三相对称负载的电流也是对称的。（　　）

（4）三相负载不对称时，一定要接上中线。（　　）

（5）三相负载星形连接和三角形连接的功率是不同的。（　　）

3. 选择题

（1）一三相对称负载，三角形连接，已知相电流 $I_{BC}=10\angle-10° A$，则线电流 $I=$（　　）A。

A.　17.3∠–40°　　　B.　10∠–160°　　　C.　10∠80°　　　　　D.　17.3∠80°

（2）三相电源 Y 连接，已知 U_B=220∠–10° V，其 U_{AB}=（　　　）V。

A.　220∠20°　　　B.　220∠140°　　　C.　380∠140°　　　D.　380∠20°

（3）三相负载对称是（　　　）。

A.　各相阻抗值相等　　　　　　　　　B.　各相阻抗值差

C.　各相阻抗复角相差 120°　　　　　D.　各相阻抗值复角相等

E.　各相阻抗复角相差 180°

（4）一三相对称感性负载，分别采用三角形和星形接到同一电源上，则有以下结论：（　　　）。

A.　负载相电压：$U_{\triangle相}$=3$U_{Y相}$　　　B.　线电流：$I_{\triangle相}$=3I_Y　　C.　功率：$P_\triangle$=3P_Y

D.　相电流：$I_{\triangle相}$= I_Y `　　　　　　E.　承受的相电压相同

（5）设三相正弦交流电的 i_a=$I_m$sinωt，则 i_b 为（　　　）。

A.　i_b=$I_m$sin$(\omega t -120°)$　　　　　　B.　i_b=$I_m$sin$(\omega t +240°)$

C.　i_b=$I_m$sin$(\omega t -240°)$　　　　　　D.　i_b=$I_m$sin$(\omega t +120°)$

E.　i_b=$I_m$sin　$(\omega t ±0°)$

4.　问答思考题

（1）写出三相对称电压的瞬时值表达式。

（1）画出三相四线制供电线路图。

（2）在三相四线制中，中线的作用是什么？

（3）列举周围三相负载的实例，并说明其连接方式。

5.　计算题

在三相对称电压中，已知 $u_U = 220\sqrt{2}\sin(314t - 30°)$V，试写出其他两相电压的瞬时值表达式，并作出相量图。

第 7 章

变压器与电动机

变压器具有变换电压、电流和阻抗的功能，广泛应用于日常生活和工业现场。电动机是把电能转换为机械能的一种设备。其中，三相异步电动机是工农业生产中应用最广泛的一类电动机。

【学习目标】

- 了解变压器的基本概念及其基本结构。
- 理解变压器的工作原理，变压器的功率概念及其铭牌的概念。
- 了解常见的各种变压器。
- 了解三相异步电动机的基本结构和基本工作原理。
- 理解三相异步电动机的铭牌，掌握其接线方式。

7.1 变 压 器

【观察与思考】

手机没电了怎么办？充电呗，但是手机电池电压是只有 4V 左右的直流电压，而电源通常为 220V 交流电压，这怎么能充呢？对了，正是充电器里面有变压器的缘故。

7.1.1 变压器的基本结构

变压器种类繁多，图 7-1 所示为现实生活中常用的一些变压器。

虽然变压器的种类很多，但是变压器的结构都是相似的，均由铁心和绕组（线圈）组成。图 7-2 所示为两种变压器的常见结构，图 7-2（a）所示为绕组包着铁心，叫心式结构，图 7-2（b）所示为铁心包着绕组，叫壳式结构。

铁心一般都采用相互绝缘的硅钢片叠压而成，作为变压器的磁路。选用硅钢片是因为它的磁导率较大，剩磁小，涡流损耗、磁滞损耗小等，其厚度一般为 0.35～0.5mm。通信用的变压器铁心常用铁氧体铝合金等磁性材料制成。

图 7-1　常用的一些变压器

变压器的绕组是用紫铜材料制作的漆包线、纱包线或丝包线绕成。工作时，与电源相连的绕组称为原边绕组或初级绕组，与负载相连的称为副边绕组或次级绕组，如图 7-3 所示。

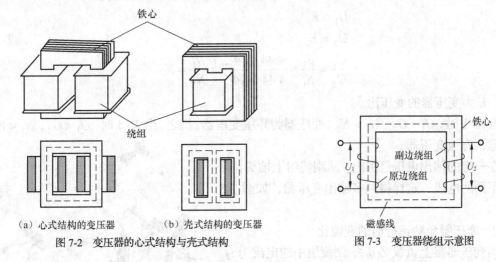

（a）心式结构的变压器　　　（b）壳式结构的变压器
图 7-2　变压器的心式结构与壳式结构

图 7-3　变压器绕组示意图

变压器的原边和副边绕组之间、副边绕组与铁心之间必须绝缘良好。

> 观看"变压器的基本结构"视频，该视频演示了变压器的组成和心式结构与壳式结构。

视频 71

7.1.2　变压器的工作原理

图 7-4（a）所示为变压器工作原理示意图，原绕组的匝数为 N_1，副绕组的匝数为 N_2，输入电压、电流为 u_1 和 i_1，输出电压、电流为 u_2 和 i_2，负载为 Z_L。在电路中，变压器的符号如图 7-4（b）所示，变压器的名称用字母 T 表示。

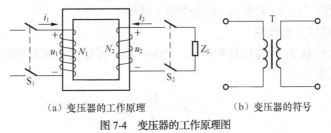

（a）变压器的工作原理　　　　　（b）变压器的符号
图 7-4　变压器的工作原理图

1. 变压器的空载运行和变压比

在图 7-4（a）中，如果断开负载 Z_L，即开关 S_2 断开，则 $i_2 = 0$，这时原绕组中电流为 i_0，此电流称为空载电流，是用于维持原、副边绕组产生感应电动势 e_1 和 e_2 的电流。i_0 要比额定运行时的电流小得多。

由于 u_1 和 i_0 是按正弦规律交变的，所以在铁心中产生的磁通 Φ 也是正弦交变的。在交变磁通的作用下，原、副绕组感应电动势的有效值为

$$E_1 = 4.44 f N_1 \Phi_m$$
$$E_2 = 4.44 f N_2 \Phi_m$$

由于采用了铁磁材料作磁路，所以漏磁很小，可以忽略。空载电流很小，原绕组上的压降也可以忽略，这样，原副绕组两边的电压近似等于原副绕组的电动势，即

$$U_1 \approx E_1$$
$$U_2 \approx E_2 \tag{7-1}$$
$$\frac{U_1}{U_2} \approx \frac{E_1}{E_1} = \frac{4.44 f N_1 \Phi_m}{4.44 f N_2 \Phi_m} = \frac{N_1}{N_2} = K$$

式中，K 为变压器的变压比。

当 $K>1$ 时，$U_1 > U_2$，$N_1 > N_2$，变压器为降压变压器；反之，当 $K<1$ 时，$U_1 < U_2$，$N_1 < N_2$，变压器为升压变压器。

在一定的输出电压范围内，从副绕组上抽头，可输出不同的电压，这样得到多输出变压器，如图 7-5 所示。

2. 变压器负载运行时的变流比

当变压器接上负载 Z_L 后，副绕组中的电流为 i_2，原绕组上的电流将变为 i_1，原、副绕组的电阻、铁心的磁滞损耗、涡流损耗都会损耗一定的能量，但该能

图 7-5　多输出变压器

量通常都远小于负载消耗的电能，可以忽略。这样，就可以认为变压器输入功率等于负载消耗的功率，即

$$U_1 I_1 = U_2 I_2$$

结合式（7-1）可得

$$\frac{I_1}{I_2} = \frac{U_2}{U_1} = \frac{N_2}{N_1} = \frac{1}{K} \tag{7-2}$$

由式（7-2）可知，变压器带负载工作时，原、副边的电流有效值与它们的电压或匝数成反比。变压器在变换了电压的同时，电流也随之变换。

3. 变压器的阻抗变换作用

把变压器 T 及负载 Z_L 看作原边电压 U_1 的负载 Z_1，根据交流电路的欧姆定律，电流、电压的有效值关系可表示为

$$|Z_1| = \frac{U_1}{I_1}$$

又因为

$$U_1 = KU_2 \qquad I_1 = \frac{I_2}{K}$$

则有

$$|Z_1| = \frac{U_1}{I_1} = K^2 \frac{U_2}{I_2} = K^2 |Z_2| \tag{7-3}$$

式（7-3）表示的是副边阻抗 Z_2 等效到原边时的等量关系，只要改变 K，就可以得到不同的等效阻抗。

对于电子线路，如收音机电路，可以把它看成是一个信号源加一个负载。要使负载获得最大功率，其条件是负载的电阻等于信号源的内阻，此时，称之为阻抗匹配。但实际电路中，负载电阻并不等于信号源内阻，这时就需要用变压器来进行阻抗变换。

视频 72

观看"变压器的工作原理"视频，该视频演示了变压器的工作原理以及变压器的空载运行和变压比、变流比和阻抗变换作用的含义。

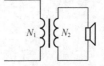

【例 7-1】　在收音机的输出电路中，其最佳负载为 784Ω，而扬声器的电阻为 $R_2 = 16\Omega$，如图 7-6 所示，求变压器的变比。

解：由 $\dfrac{|Z_1|}{|Z_2|} = K^2$ 得

图 7-6　变压器的阻抗匹配

$$K = \sqrt{\frac{|Z_1|}{|Z_2|}} = \sqrt{\frac{R_1}{R_2}} = \sqrt{\frac{784}{16}} = 7$$

当变压器的变比为 7 时，即可得到最佳匹配效果。

【例 7-2】　电源变压器的输入电压为 220V，输出电压为 11V，求该变压器的变比，若变压器的负载 $R_2 = 5.5\Omega$，求原、副绕组中的电流 I_1、I_2 及等效到原边的阻抗 R_1。

解：

$$K = \frac{U_1}{U_2} = 20$$

$$I_2 = \frac{U_2}{R_2} = \frac{11V}{5.5\Omega} = 2A$$

$$I_1 = \frac{I_2}{K} = \frac{2A}{20} = 0.1A$$

$$R_1 = K^2 R_2 = 20^2 \times 5.5\Omega = 2\,200\Omega$$

【例 7-3】　一台单相变压器，$U_{1N}/U_{2N} = 220V/110V$，折算到高压侧的短路阻抗 $Z_k = 4 + j10\Omega$。现将高压侧短路，在低压侧加 10V 电压，问低压侧电流多少？

解：该变压器变比为 2，因此，折算到低压侧的短路阻抗为

$$Z_k' = \frac{1}{4}(4 + j10) = 1 + j2.5$$

低压侧电流为

$$I_k = \frac{10}{\sqrt{1+2.5^2}} = 3.71A$$

7.1.3　几种常见的变压器

变压器的种类很多，根据用途可分为：用于输变电系统的电力变压器，用于实验室等场所的调压变压器，用于测量电压、电流的电压互感器、电流互感器以及用于电子线路的输入、输出耦合变压器等，如图 7-7 所示。另外，根据用电相数的不同还可将其分为单相变压器和三相变压器等。

（a）电力变压器　　　　　（b）调压变压器　　　　　（c）电压互感器

（d）电流互感器　　　　　（e）耦合变压器

图 7-7　各种用途的变压器

下面介绍几种常见的变压器。

1. 自耦变压器

自耦变压器的铁心上只有一个绕组，原、副绕组是共用的，副绕组是原绕组的一部分，它可以输出连续可调的交流电压，如图 7-8 所示。调节箭头所示滑动端的位置，就改变了 N_2，即改变了输出电压 U_2。

自耦变压器也叫作调压变压器，原、副绕组之间仍然满足电压、电流、阻抗变换关系。

自耦变压器在使用时，它的原、副绕组的电压一定不能接错。使用前，先将输出电压调至零，接通电源后，再慢慢转动手柄调节出所需的电压。

2. 多电压输出变压器

在工业生产中，小型变压器的应用是非常广泛的，如在机床电路中输入 220V 的交流电，通过变压器可以得到 36V 的安全电压以及 12V 或 6V 的指示灯电压等。图 7-9 所示为小型变压器的原理图，它在副绕组上制作了多个引出端，可以输出 3V、6V、12V、24V 和 36V 等不同电压。

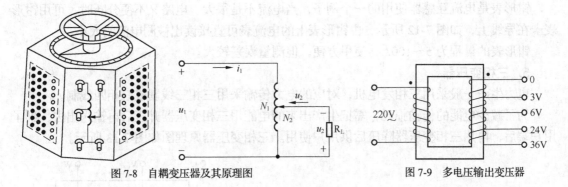

图 7-8　自耦变压器及其原理图　　　　图 7-9　多电压输出变压器

3. 电压互感器

电压互感器是用来测量电网高压的一种专用变压器,它能把高电压变成低电压进行测量,它的构造与双绕组变压器相同。在使用时,原绕组并联在高压电源上,副绕组接低压电压表,如图 7-10 所示,只要读出电压表的读数 U_2,则可得到待测高压,即 $U_1 = KU_2$。

电压互感器的额定电压为 100V,在实际使用时,需要根据供电线路的电压来选择电压互感器。如互感器标有 10 000V/100V,电压表的读数为 66V,则

$$U_1 = KU_2 = 100 \times 66 = 6\,600\text{V}$$

在使用电压互感器时,副绕组的一端和铁壳应可靠接地,以确保安全。

4. 电流互感器

电流互感器是用来专门测量大电流的专用变压器,使用时原绕组串接在电源线上,将大电流通过副绕组变成小电流,由电流表读出其电流值,接线方法如图 7-11 所示。

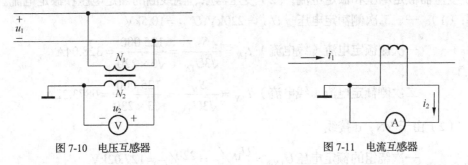

图 7-10　电压互感器　　　　　图 7-11　电流互感器

电流互感器的原绕组匝数很少,只有一匝或几匝,绕组的线径较粗。副绕组匝数较多,通过的电流较小,但副绕组上的电压很高,它的工作原理也满足双绕组的电流、电压变换关系,即

$$I_1 = \frac{I_2}{K}$$

通常电流互感器副绕组的额定电流为 5A,如某电流互感器标有 100/5A,电流表的读数为 3A,则

$$I_1 = \frac{I_2}{K} = \frac{100 \times 3\text{A}}{5} = 60\text{A}$$

电流互感器的副绕组的电压很高，使用时严禁开路，副绕组的一端和外壳都应可靠接地。

钳形表是电流互感器使用的一个例子，当电流不是很大、电路又不便分断时，可用钳形表卡在导线上，如图7-12所示，由钳形表上的电流表可直接读出被测电流的大小。

钳形表的量程为5～100A，使用方便，但测量误差较大。

5. 三相变压器

电力生产一般采用三相发电机，对应的电力传输采用三相三线制或三相四线制。

为了减少电能的传输损耗，需把生产出来的电能用三相变压器升压后再输送出去，到了用户端后，再用三相变压器降压后供用户使用。三相变压器原理图如图7-13所示。

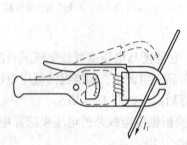

图7-12 钳形电流表

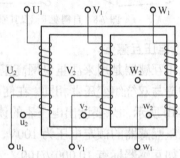

图7-13 三相变压器示意图

三相变压器的原、副绕组可根据需要分别接成星形或三角形，如 Y/Y_0，$Y/\triangle$，$\triangle/Y_0$ 和 $\triangle/\triangle$ 等，斜线左方表示原绕组的接法，右方表示副绕组的接法，Y_0 表示有中线，即三相四线制，Y 表示无中线。

【例7-4】 有一台SSP-125000/220三相电力变压器，YN，d接线，$U_{1N}/U_{2N}=220/10.5\text{kV}$，求（1）变压器额定电压和额定电流；（2）变压器原、副线圈的额定电压和额定电流。

解：（1） 一、二次侧额定电压 $U_{1N}=220\text{kV}, U_{2N}=10.5\text{kV}$

一次侧额定电流（线电流）$I_{1N}=\dfrac{S_N}{\sqrt{3}U_{1N}}=\dfrac{125\,000}{\sqrt{3}\times220}=328.04\text{A}$

二次侧额定电流（线电流）$I_{2N}=\dfrac{S_N}{\sqrt{3}U_{2N}}=\dfrac{125\,000}{\sqrt{3}\times230}=6873.22\text{A}$

（2）由于YN，d接线

一次绕组的额定电压 $U_{1N\Phi}=U_{1N}\big/\sqrt{3}=220\big/\sqrt{3}=127.02\text{kV}$

一次绕组的额定电流 $I_{1N\Phi}=I_{1N}=328.04\text{A}$

二次绕组的额定电压 $U_{2N\Phi}=U_{2N}=10.5\text{kV}$

二次绕组的额定电流 $I_{2N\Phi}=I_{2N}\big/\sqrt{3}=6873.22\big/\sqrt{3}=3968.26\text{A}$

视频73

观看"几种常见的变压器"视频，该视频演示了常见的变压器：自耦变压器、多电压输出变压器、电压互感器、电流互感器和三相变压器的原理和特点。

7.1.4　变压器的功率和铭牌

1. 变压器的功率

当变压器带上负载后，原边输入功率为

$$P_1 = U_1 I_1 \cos\varphi_1 \tag{7-4}$$

副边的输出功率，即负载获得的功率为

$$P_2 = U_2 I_2 \cos\varphi_2 \tag{7-5}$$

φ_1 和 φ_2 分别为原、副两绕组电压与电流的相位差。

2. 变压器的效率

变压器在实际使用时，由于电流的热效应，绕组上有铜损 P_{Cu}，铁心中有铁损 P_{Fe}，即磁滞损耗与涡流损耗。变压器总的损耗等于铜损与铁损之和，即

$$\Delta P = P_{\mathrm{Cu}} + P_{\mathrm{Fe}} \tag{7-6}$$

由于有了铜损与铁损，变压器的输入与输出功率不再相等，把输出功率与输入功率比值的百分数称为变压器的效率，用 η 表示，即

$$\eta = \frac{P_2}{P_1} \times 100\% \tag{7-7}$$

通常大容量变压器的效率可达 98%～99%，小容量变压器的效率为 70%～80%。

3. 变压器的铭牌

变压器铭牌上标有变压器在额定负载运行情况下的额定电压、电流等。图 7-14 所示为变压器铭牌示意图。

产品型号	SL7-1000/10	产品编号	
额定容量	1000kVA	使用条件	户外式
额定电压	1000± 5%/400V	冷却方式	油浸白冷
额定频率	50Hz	短路电压	4%
相　数	三相	油　重	715kg
组　别	Y，yn0	总　重	3440kg
制造厂商		生产日期	

图 7-14　变压器铭牌

其中，额定容量是指副边的最大视在功率，用 S 表示；初级额定电压 U_1 是指原边绕组的电压规定值；次级额定电压 U_2 是指原边绕组加额定电压，副边绕组开路时的电压；额定电流是指规定的满载电流值；除以上的额定值以外，还包括有工作频率、绝缘等级和工作温度等。

【例 7-5】　有一机床照明变压器，$f = 50\mathrm{Hz}$、$U_1 = 380\mathrm{V}$、$U_2 = 36\mathrm{V}$，其铁心截面积为 $8.1\mathrm{cm}^2$，对应的 $B_{\mathrm{m}} = 1.1\mathrm{T}$，求原、副绕组的匝数。

解：

$$N_1 = \frac{U_1}{4.44 f B_{\mathrm{m}} S} = \frac{380}{4.44 \times 50 \times 1.1 \times 8.1 \times 10^{-4}} = 1\,920$$

$$N_2 = N_1 \frac{U_2}{U_1} = 1\,920 \times \frac{36}{380} = 182$$

【例 7-6】　有一台 380/220V 的单相变压器，如不慎将 380V 加在二次线圈上，会产生什么现象？

解：

根据 $U_1 \approx E_1 = 4.44 f N_1 \Phi_{\mathrm{m}}$ 可知，$\Phi_{\mathrm{m}} = \dfrac{U_1}{4.44 f N_1}$，由于电压增高，主磁通 Φ_{m} 将增大，磁密

B_m 将增大，磁路过于饱和，根据磁化曲线的饱和特性，磁导率 μ 降低，磁阻 R_m 增大。于是，根据磁路欧姆定律 $I_0 N_1 = R_m \Phi_m$ 可知，产生该磁通的励磁电流 I_0 必显著增大。再由铁耗 $p_{Fe} \propto B_m^2 f^{1.3}$ 可知，由于磁密 B_m 增大，导致铁耗 p_{Fe} 增大，铜损耗 $I_0^2 r_1$ 也显著增大，变压器发热严重，可能损坏变压器。

【课堂练习】

（1）说说你所知道身边的变压器。

（2）变压器对电压、电流和阻抗的变换关系各是什么？

（3）变压器的功率和效率有什么不同？

7.2 三相交流异步电动机

7.2.1 三相异步电动机的基本结构

三相异步电动机是一种将电能转换为机械能，输出机械转矩的动力设备，如图 7-15 所示。

三相异步电动机主要由定子和转子两个基本部分组成，其基本结构如图 7-16 所示。

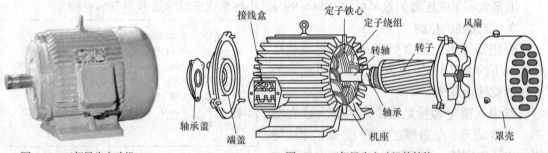

图 7-15 三相异步电动机   图 7-16 三相异步电动机的结构

三相异步电动机的定子是由机座、定子铁心和三相绕组等组成。机座通常由铸铁或铸钢制成，机座内装有很薄且表面绝缘的硅钢片叠制而成的筒形铁心，铁心内圆上冲有均匀分布的平行槽口，如图 7-17 所示。

三相异步电动机的定子绕组由三相对称绕组组成，按一定空间角度依次嵌放在定子槽内，并与铁心绝缘。三相定子绕组的 3 个始端 U_1、V_1、W_1 和 3 个末端 U_2、V_2、W_2，都从机座上的接线盒内引出，并按电动机铭牌上的说明接成星形或三角形，如图 7-18 所示。

三相异步电动机的转子由转轴、转子铁心和转子绕组组成，有鼠笼式和绕线式两种。转子铁心由相互绝缘的硅钢片叠压固定在转轴上，呈圆柱形。在转子铁心的外圆周上冲有均匀分布的沟槽，用来嵌放转子绕组。转子冲片如图 7-19（a）所示。

鼠笼式转子绕组是在沟槽内嵌放铜条或铝条，并在两端与金属短路环（称为端环）焊接而成，其形状与鼠笼相似，所以称为鼠笼式转子，如图 7-19（b）所示。100kW 以下鼠笼式电动机的转子通常用熔化的铝浇铸在沟槽内制成，称为铸铝转子。在浇铸的同时，把转子端环和冷却电动机用的扇叶也一起用铝铸成，如图 7-19（c）所示。

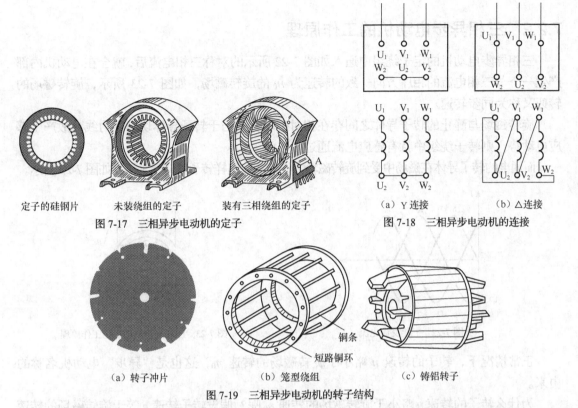

定子的硅钢片　　未装绕组的定子　　装有三相绕组的定子

（a）Y 连接　　　　（b）△连接

图 7-17　三相异步电动机的定子　　　　图 7-18　三相异步电动机的连接

（a）转子冲片　　　　（b）笼型绕组　　　　（c）铸铝转子

图 7-19　三相异步电动机的转子结构

　　绕线式转子绕组与定子绕组形式相似，如图 7-20 所示。嵌放在转子铁心沟槽内的对称三相绕组通常末端接在一起，呈星形连接，3 个始端分别与固定在转轴上的彼此绝缘的 3 个铜环连接。

　　三相电源经外加变阻器通过电刷与滑环的接触，跟转子绕组接通，以便电动机启动，如图 7-21 所示。绕线式三相异步电动机具有良好的启动性能，适用于需重载下启动且启动频繁的生产机械。

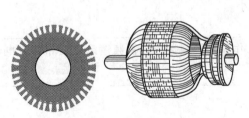

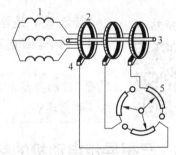

图 7-20　绕线式转子绕组　　　　图 7-21　绕线式电动机启动电路

　　　　　　　　　　　　　　　　1—绕组；2—滑环；3—轴；4—电刷；5—变阻器

视频 74

观看"三相异步电动机的结构"视频，该视频演示了三相异步电动机的结构和组成。

7.2.2 三相异步电动机的工作原理

三相异步电动机的定子绕组中通入如图 7-22 所示的对称三相电流后，就会在电动机内部产生一个与三相电流的相序方向一致的转速为 n_0 的旋转磁场，如图 7-23 所示，旋转磁场的转速又称为同步转速。

旋转磁场与静止的转子导体之间存在相对运动，相当于转子导体切割磁力线，故产生感应电动势，则转子绕组中就有感应电流通过。

而通电的转子导体在磁场中受到旋转磁场力的作用，这样转子就转起来了，如图 7-23 所示。

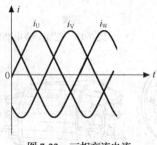

图 7-22 三相交流电流

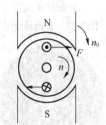

图 7-23 三相异步电动机的工作原理

正常情况下，转子的转速 n 略小于旋转磁场的转速 n_0，这也是"异步"电动机名称的由来。

为什么转子的转速 n 略小于旋转磁场的转速 n_0 呢？假设转子转速 n 等于旋转磁场的转速 n_0，则转子与旋转磁场之间没有相对运动，则转子导体不切割磁力线，不产生感应电动势，没有转子电流，没有转矩产生。

通常把同步转速 n_0 与转子转速 n 之差对同步转速 n_0 的比值，称为异步电动机的转差率，有

$$s = \frac{n_0 - n}{n_0}$$

转差率 s 是异步电动机一个重要的参数。当电动机刚启动时，$n = 0$、$s = 1$；转子转速越高，s 越小。

视频 75

> 观看"三相异步电动机的工作原理"视频，该视频演示了三相异步电动机的工作原理。

7.2.3 三相异步电动机的铭牌

每台电动机的机座上都有一个铭牌，标记了电动机的型号、额定值和连接方法等，如图 7-24 所示。

要正确使用电动机，必须能看懂铭牌。按电动机铭牌所规定的条件和额定值运行，称作额定运行状态。

型号是指电动机的产品代号、规格代号和特殊环境代号。国产异步电动机的型号一般用汉语拼音字母和一些阿拉伯数字组成，其含义如图 7-25 所示。

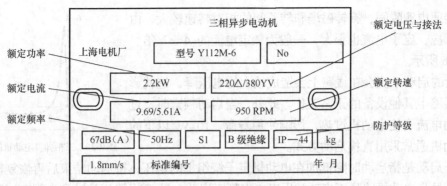

图 7-24　电动机的铭牌

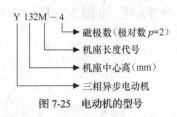

图 7-25　电动机的型号

- 额定功率 P_N：电动机在额定运行时轴上输出的机械功率，单位为 kW。图 7-24 中 $P_N = 2.2\text{kW}$。

- 额定电压 U_N 与接法：电动机在额定运行时定子绕组应加的线电压，单位为 V。图 7-26 中铭牌标注 220△/380YV，是指当电源线电压为 220V 时，定子绕组应采用三角形连接；而电源线电压为 380V 时，定子绕组应采用星形连接。

- 额定电流 I_N：电动机在额定运行时定子绕组的线电流，单位为 A。

- 额定频率 f_N：加在电动机定子绕组上的工作频率。

- 额定转速 n_N：电动机在额定电压、额定频率和额定输出功率情况下的转速，单位为 r/min。

- 绝缘等级：指电动机内部所用绝缘材料允许的最高温度等级，它决定了电动机工作时允许的温升。各种等级对应的温度关系如表 7-1 所示。

表 7-1　　　　　　　　　　　　电动机允许温升与绝缘耐热等级关系

绝缘耐热等级	A	E	B	F	H	C
允许最高温度（℃）	105	120	130	155	180	180 以上
允许最高温升（℃）	60	75	80	100	125	125 以上

此外，三相异步电动机铭牌上还标有防护等级、噪音量等。

观看"三相异步电动机的铭牌"视频，该视频演示了三相异步电动机铭牌的含义。

视频 76

7.2.4　三相异步电动机的控制

【观察与思考】

你可曾有过这种经历：在看着喜欢的动画片，突然停电接着又来电了？知道可能是什么原因导致的这种情况吗？

1. 三相异步电动机的启动

三相异步电动机的启动分为全压启动和降压启动。

加在定子绕组的启动电压为电动机的额定电压，这种启动方式称为全压启动。全压启动时，刚接通电源瞬间，旋转磁场和转子间的相对转速较大，由于电磁感应，定子电流也很大，一般为额定电流的 4～7 倍，如图 7-26 所示。

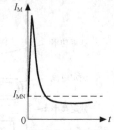

图 7-26　三相异步电动机的起动电流

过大的启动电流会在线路上会造成较大的电压降，这就影响供电线路上其他设备的正常工作。此外，当启动频繁时，过大的启动电流会使电动机过热，影响使用寿命。10kW 以下的异步电动机通常采用直接启动方式。

降压启动是指启动时降低加在电动机定子绕组上的电压，待启动结束后再恢复额定值运行。三相异步电动机的降压启动常用串电阻降压启动、星-三角降压启动和自耦变压器降压启动等方法，如图 7-27 所示。

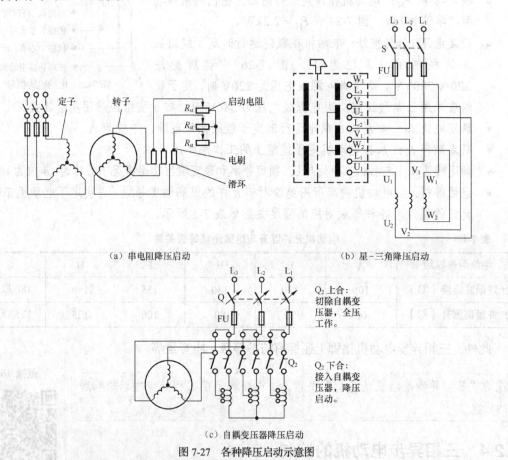

（a）串电阻降压启动　　　　　　　　　　　（b）星–三角降压启动

（c）自耦变压器降压启动

图 7-27　各种降压启动示意图

2. 三相异步电动机的调速

在负载不变的情况下，改变电动机的转速，保持电动机速度不变，即为异步电动机的调速。

电动机调速用得最多的是变频调速，其基本原理是：采用整流电路将交流电转换为直流电，再由逆变器将直流电变换为频率、电压可调的三相交流电，如图 7-28 所示。

对于绕线式电动机，通过改变接到转子电路中电阻的大小，从而进行调速。

变极调速是改变定子绕组的连接方式，改变磁极对数，使电动机获得不同的转速。

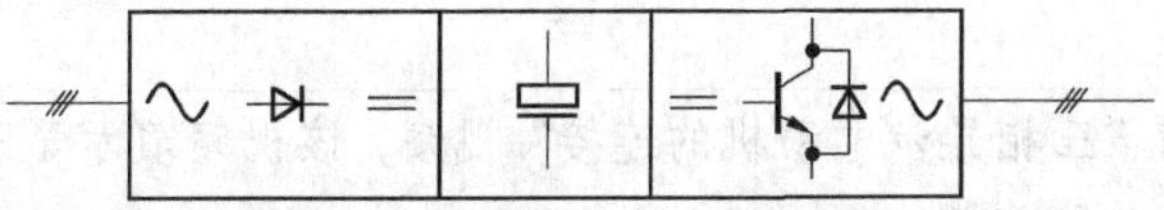

整流　　滤波　　逆变

图 7-28　变频调速示意图

3. 三相异步电动机的制动

电动机在断电时要保证克服惯性迅速停机，需要对其进行制动。

反接制动是指在电动机停机时，将其三相电源线中的两根对调，产生相反的转矩，起到制动作用。当转速接近于零时，要切断电源，以防电动机反转。

能耗制动是在断电的同时，接通直流电源。直流电源产生的磁场是固定的，而转子由于惯性转动产生的感应电流与直流电磁场相互作用产生的转矩方向恰好与电动机的转向相反，起到制动的作用。

4. 三相异步电动机的正反转

三相异步电动机的转向与旋转磁场的方向一致，而旋转磁场方向与三相电源相序有关，因此要实现三相异步电动机的反转，只需将 3 根相线中的两根对调即可。

【例 7-7】　一台三相异步电动机，$P_N = 4.5\text{kW}$，$Y/\triangle$ 接线，380/220V，$\cos\varphi_N = 0.8$，$\eta_N = 0.8$，$n_N = 1\,450\text{ r/min}$，试求：（1）接成 Y 形或 $\triangle$ 形时的定子额定电流；（2）同步转速 n_1 及定子磁极对数 P；（3）带额定负载时转差率 s_N。

解：（1）Y 接时：$U_N = 380\text{V}$

$$I_N = \frac{P_N}{\sqrt{3}U_N\cos\varphi_N\eta_N} = \frac{4.5\times10^3}{\sqrt{3}\times380\times0.8\times0.8} = 10.68\text{A}$$

$\triangle$ 接时：$U_N = 220\text{V}$

$$I_N = \frac{P_N}{\sqrt{3}U_N\cos\varphi_N\eta_N} = \frac{4.5\times10^3}{\sqrt{3}\times220\times0.8\times0.8} = 18.45\text{A}$$

（2）$n_N = n_1 = \dfrac{60f}{p}$

$$磁极对数\ p = \frac{60f}{n_N} = \frac{60\times50}{1450} = 2.07\quad 取\ p=2$$

$$同步转速\ n_1 = \frac{60f}{p} = \frac{60\times50}{2} = 1500\text{r/min}$$

（3）额定转差率　$s = \dfrac{n_1 - n_N}{n_1} = \dfrac{1500-1450}{1500} = 0.0333$

【例 7-8】　一台八极异步电动机，电源频率 $f = 50\text{Hz}$，额定转差率 $s_N = 0.04$，试求：（1）额定转速 n_N；（2）在额定工作时，将电源相序改变，求反接瞬时的转差率。

解：（1）同步转速 $n_1 = \dfrac{60f}{p} = \dfrac{60\times50}{4} = 750\text{r/min}$

额定转速 $n_N = (1-s)n_1 = (1-0.04)\times750 = 720\text{r/min}$

（2）反接转差率 $s = \dfrac{-n_1 - n}{-n_1} = \dfrac{-750-720}{-750} = 1.19$

视频 77

观看"三相异步电动机的连接"视频，该视频演示了三相异步电动机连接的方法和步骤。

【观察与思考】

（1）三相异步电动机是由哪几部分组成的？各起什么作用？

（2）简述三相异步电动机的工作原理，并说明"异步"的由来。

（3）说说三相异步电动机铭牌上的数据各有什么含义？

（4）如何判断三相异步电动机定子绕组的接法？

7.3　单相异步电动机

单相异步电动机的结构与三相异步电动机类似，也是由定子和转子两大部分组成，其基本结构如图 7-29 所示。单相异步电动机的定子为单相绕组。

当绕组通入单相交流电时会产生一个磁极轴线位置固定不变，而磁感应强度的大小随时间做正弦交变的脉动磁场，磁极轴线的位置如图 7-30 中的虚线所示。

由于脉动磁场是不旋转的磁场，所以在转子导条中不能产生感应电流，也不会形成电磁

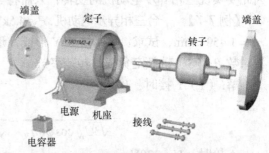

图 7-29　单相异步电动机的基本结构

转矩，因此单相电动机没有启动转矩。但当外力使转子旋转起来后，因转子与脉动磁场之间的相对运动而产生的电磁转矩能使其继续沿原方向旋转。

为了使单相异步电动机产生启动转矩，常采用电容分相和罩极两种方法来实现。这里只介绍电容分相式单相异步电动机的基本原理。

下面用图 7-31 来说明电容分相式单相异步电动机的工作原理。电动机有工作绕组 U_1U_2 和启动绕组 V_1V_2，两绕组的头或尾在定子内圆周上相差 90° 嵌放。启动绕组 V_1V_2 与电容 C 串联后，再与工作绕组 U_1U_2 并连接入电源。当启动绕组串联电容 C 时，适当选择电容的容量后，可使两绕组中的电流 i_A、i_B 相位差为 90°，即形成相位差为 90° 的两相电流。

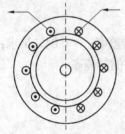

图 7-30　单相异步电动机的磁场

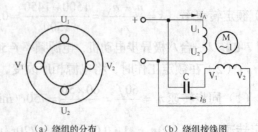

（a）绕组的分布　　　　（b）绕组接线图

图 7-31　电容分相式单相异步电动机的工作原理

在空间位置相差 90° 的两个绕组中通入相位差 90° 的两相电流 i_A 和 i_B 后，就会在电动机

内部产生一个旋转磁场。在这个旋转磁场的作用下，转子导条中会产生感应电流，使电动机有了启动转矩，转子就能转起来了。

单相异步电动机启动后，启动绕组可以留在电路中，也可以在转速上升到一定数值后利用离心开关将其断开。转子一旦转起来，转子导条与磁场间就有了相对运动，转子导条中的感应电流和电动机的电磁转矩就能持续存在，所以启动绕组断开后，电动机仍能继续运转。

单相异步电动机可以正转，也可以反转，图 7-32 所示为既可正转又可反转的单相异步电动机的电路图。图中，利用一个转换开关 S 使工作绕组与启动绕组实现互换使用，以对电动机进行正转和反转的控制。例如，当 S 合向 1 时，U_1U_2 为启动绕组，V_1V_2 为工作绕组，电动机正转；当 S 合向 2 时，V_1V_2 为启动绕组，U_1U_2 为工作绕组，电动机反转。

三相异步电动机在有载运行时如果断了一根电源线，就变成三相电动机的单相运行状态，若不及时排除故障将会使电动机过热。三相电动机如果长时间处于单相运行状态，会烧坏电动机，因此要对电动机设置断相保护措施。

单相异步电动机常用于拖动小功率生产机械，如日常生活中的吸尘器、电冰箱、洗衣机和电风扇等家用电器中的电动机都是单相异步电动机，如图 7-33 所示。

罩极式电动机结构简单，容易制造，但启动转矩小，常用于电唱机、录音机等设备中。

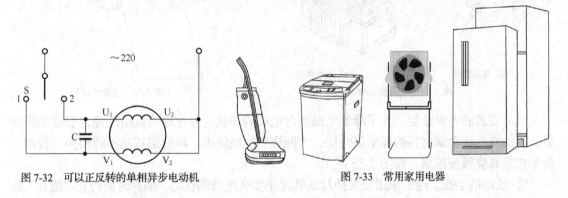

图 7-32　可以正反转的单相异步电动机　　　　图 7-33　常用家用电器

7.4　实验 1　简易变压器的制作

【实验目的】

- 了解变压器制作的一般程序。
- 掌握绕制简易变压器的实际技能。
- 掌握判断变压器原、副边绕组好坏的方法。
- 掌握测量变压器电压比和电流比的方法。

1.　实验内容

（1）制作一只小型变压器，容量 S_N 为 10VA，原边接 $U_1 = 220V$ 电压，副边输出 $U_2 = 9V$ 电压。

（2）判断变压器原、副边绕组的好坏。

（3）测量变压器电压比。

2. 实验步骤

要制作一只变压器，要经过前期设计、线圈绕制和铁心装配等几个步骤。假定所制作的变压器已经设计、核算好了，现只需进行绕组的绕制和铁心的装配。

（1）制作简易变压器。

① 绕组的绕制。首先做好引出线。变压器每一组线圈都有两个或两个以上的引出线，用较粗的铜线将其焊在线圈端头，用绝缘材料包好，将引线从骨架端面上预先打好的孔伸出，以备连接外电路。

然后固定首、末端。绕制开头几匝漆包线时，需用机械强度高的布条包住漆包线头，然后在布条上绕10匝漆包线压住对折部分，再抽紧布条，这样线头就固定了。绕到末端时，仍用此方法将最后1～2匝从对折布条中穿过后，抽紧布条，如图7-34所示。

再安放绝缘层。每放一层导线，应安放一层绝缘纸，如图7-35所示。

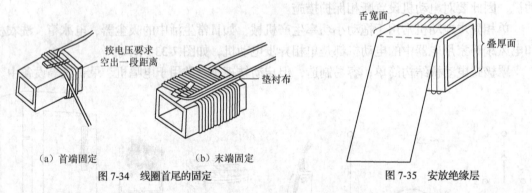

（a）首端固定　　　　　（b）末端固定

图7-34　线圈首尾的固定　　　　　　　　　图7-35　安放绝缘层

最后安放静电屏蔽层。为了降低电磁场对电路的干扰，应在原边绕组绕完，安放绝缘层后，再加放一层金属材料的静电屏蔽层，才能绕制次级绕组。屏蔽层首尾不能相接，否则，会形成短路烧毁变压器，如图7-36所示。

② 铁心的装配。通常采用交叉插片法装配小型变压器的铁心。插片时要防止"抢片"和硅钢片错位的现象，如图7-37所示。

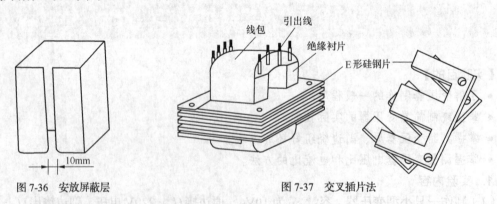

图7-36　安放屏蔽层　　　　　　　　　　图7-37　交叉插片法

（2）判断变压器原、副边绕组的好坏。

变压器通电后，如果没有电压输出或者变压器严重发热，变压器的线圈就可能出现开路或者绕组短路。

可以使用万用表测量原边线圈的电阻，若原边绕组部分短路，则可在原边绕组中串联一个 25～40W 的灯泡。副边开路，变压器通电后，若灯泡微红或不亮，则说明变压器原边绕组没有短路；若灯泡很亮，则说明短路比较严重。

（3）测量变压器电压比。

按照图 7-38 所示连接电路。合上开关，调节调压器使电压表 V_1 读数为 22V，记录电压表 V_2 的读数，填入表 7-2；改变调压器使电压表 V_1 的读数为 110V 和 220V，分别记录电压表 V_2 的读数，填入表 7-2。

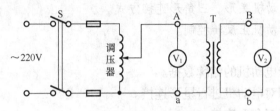

图 7-38   测量变压器变压比的电路示意图

表 7-2   变压器电压比

U_1/V	U_2/V	变　压　比
22		
110		
220		

3. 实验器材

（1）制作变压器所需的绕组骨架、漆包线、硅钢片和绝缘材料等。

（2）调压器 1 台。

（3）电压表或万用表两台。

（4）其他附件若干。

4. 预习要求

（1）掌握变压器的基本知识。

（2）复习使用常用仪器仪表的方法和注意事项。

（3）制定本实验有关数据记录表格。

5. 实验报告

（1）报告内容包括实验目的、实验内容和实验步骤。

（2）按照设计的数据表格记录实验过程的测试数据。

6. 注意事项

（1）绕组绕制的好坏决定了变压器的质量，要求如下。

① 线圈要绕得紧，外一层紧压内一层上。

② 绕线要密，每两根导线之间不得有空隙。

③ 绕线要平，每层导线排列整齐，严禁重叠。

（2）搭建变压器测试电路时，注意不要接错端子。

7.5 实验2 三相异步电动机操作

【实验目的】

- 了解三相异步电动机的基本结构。
- 理解三相异步电动机铭牌的含义。
- 掌握三相异步电动机星形、三角形连接方式。
- 掌握三相异步电动机正反转控制。

1. 实验内容

（1）读取三相异步电动机的铭牌数据。

（2）按照铭牌说明对电动机进行星形连接。

（3）对电动机进行三角形连接。

（4）连接电动机的正反转控制电路。

2. 实验步骤

（1）读取图7-39所示的电动机铭牌数据，填入表7-3中。

表 7-3 三相异步电动机铭牌数据

型号		额定电压	
额定功率		接法	
额定电流		额定转速	

（2）按照图7-40（a）所示将电动机按星形连接。

（3）按照图7-40（b）所示将电动机按三角形连接。

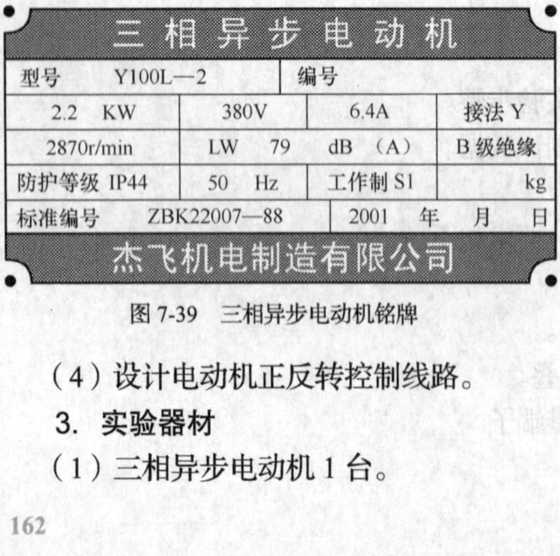

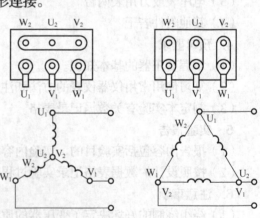

图 7-39 三相异步电动机铭牌

（a）为星形接法（Y形）　（b）为三角形接法（△形）

图 7-40 电动机定子绕组的接线示意图

（4）设计电动机正反转控制线路。

3. 实验器材

（1）三相异步电动机1台。

（2）三相交流电源实验台 1 套。

（3）导线若干。

4. 预习要求

（1）了解三相异步电动机的基本结构和工作原理。

（2）熟悉三相异步电动机的星形和三角形连接方式。

（3）熟悉三相异步电动机的正反转控制线路。

（4）制定本实验有关数据记录表格。

5. 注意事项

（1）千万注意安全用电。

（2）接线时不要将电源短接。

视频 78

观看"三相异步电动机.wmv"视频，该视频演示了三相异步电动机的结构特点、铭牌含义以及连接的方法和步骤。

思考与练习

1. 填空题

（1）变压器与电源相连的绕组称为_____，与负载相连的绕组称为_____。

（2）变压器的原边绕组 880 匝，接到 220V 的交流电源上，要在副边得到 12V 的电压，则副边绕组的匝数应该为_____。

（3）变比为 $n = 10$ 的变压器，原边绕组接到 20V 的直流电源上，副边电压为_____；原边绕组接到 20V 的交流电源上，副边电压为_____。

（4）变压器的基本结构是由_____和_____两大部分组成的。它们分别是变压器的_____系统和_____系统。

（5）变压器是一种能改变_____而保持_____不变的静止的电气设备。

（6）变压器的铁心，按其结构形式分为_____和_____两种。

（7）变压器的种类很多，按相数分为_____、_____和多相变压器；按冷却方式分为_____、_____和_____。

（8）在电力系统中使用的电力变压器，可分为_____变压器，_____变压器和_____变压器。

（9）所谓变压器的空载运行是指变压器的一次侧_____，二次侧_____的运行方式。

（10）电焊变压器是_____的主要组成部分，它具有_____的外特性。

（11）自耦变压器的一次侧和二次侧既有_____的联系，又有_____的联系。

（12）三相异步电动机由_____和_____两大部分组成。

（13）三相异步电动机的降压启动方式有_____、_____和_____。

（14）电动机按其所需电源不同，电动机可分为_____电动机和_____电动机。

（15）三相异步电动机转子的转速总是_____旋转磁场的转速，所以称为异步电动机。

（16）三相定子绕组中产生的旋转磁场的转速 n_1 与_____成正比，与_____成反比。

（17）三相笼型异步电动机的降压启动方法有_____、_____、_____和_____4种。

（18）三相笼型异步电动机的调速方法有_____、_____和_____3种。

（19）电动机是一种将_____转换成_____的动力设备。

（20）功率相同的电动机，磁极数越多，转速越_____，输出转矩越_____。

2．判断题

（1）电压互感器副绕组可以短接，电流互感器副绕组可以开路。（　　　）

（2）三相异步电动机的定子绕组的接法由铭牌数据决定。（　　　）

（3）电动机刚启动时转差率是最大的。（　　　）

（4）三相异步电动机不管功率多大，都可以直接启动。（　　　）

（5）变压器的工作原理实际上是利用电磁感应原理，把一次侧的电能传送给二次侧的负载。（　　　）

（6）升压变压器的变压比大于1。（　　　）

（7）电流互感器在使用中，二次侧严禁开路。（　　　）

（8）变压器的铜耗 P_{Cu} 为常数，可以看成是不变损耗。（　　　）

（9）一般地说，电力变压器仅用于改变交变电压。（　　　）

（10）变压器既可以变换电压、电流、阻抗和相位，又可以变换频率和功率。（　　　）

（11）当变压器的二次侧电流变化时，一次侧的电流也跟着变化。（　　　）

（12）从设备利用率和全年效益考虑，变压器负荷系数应在0.9以上。（　　　）

（13）电压互感器在使用中，二次侧严禁短路。（　　　）

（14）电焊变压器的输出电压随负载电流的增大而略有增大。（　　　）

（15）三相异步电动机转子绕组中的电流是由电磁感应产生的。（　　　）

（16）三相异步电动机在轻载下运行时，当电源电压稍有降低时，电动机转速不会下降。（　　　）

（17）只要是供电线路允许三相异步电机直接启动，就可以采用直接启动的方法来启动电动机。（　　　）

（18）三相笼型异步电动机如果需带动重负载启动，则不能用降压启动的方法来启动电动机。（　　　）

（19）新购进的三相笼型异步电动机只要用手拨动电动机转轴，如转动灵活就可以通电运行。（　　　）

（20）旋转磁场的产生必须要有两个条件，即对称三相定子绕组和对称的三相正弦交流电流。（　　　）

（21）对称三相定子绕组在空间位置上应彼此相差120°。（　　　）

3．选择题

（1）下列关于变压器的叙述中，正确的是（　　　）。

A．空载时，变压器的铁损和铜损都很小，因此效率最高

B．带载时，一、二次绕组电流之比近似等于匝数之比

C. 空载时，一、二次绕组电动势之比等于匝数之比

D. 额定容量是指在额定电压和额定电流下，连续运行时能够输送的能量，以千瓦（kW）为单位

（2）下列关于变压器效率的叙述中，不正确的是（   ）。

A. 变压器满载的效率小于 1

B. 变压器空载的效率接近于 1

C. 满负荷运行时，电力变压器的效率大于 95%

D. 满负荷运行时，电力变压器的效率大于电子设备中使用变压器的效率

（3）下列各项中，（   ）是中、小型电力变压器的最基本组成部分。

A. 油箱   B. 铁心和绕组

C. 储油柜   D. 调压装置

（4）下列中、小型变压器的部件中，（   ）属于保护装置。

A. 储油柜   B. 有载分接开关

C. 冷却装置   D. 油箱

（5）下列关于三相异步电动机的叙述中，正确的是（   ）。

A. 定子是电动机固定部分，由定子铁心和定子绕组组成

B. 转子是电动机转动部分，由转子铁心、转子绕组和转轴等部件组成

C. 转子的作用是用来产生旋转磁场

D. 定子的作用是在旋转磁场作用下获得转动力矩

（6）下列关于三相异步电动机的叙述中，正确的是（   ）。

A. 定子由定子铁心和定子绕组组成

B. 绕线式转子的绕组连接成星形

C. 额定功率等于额定电压与额定电流乘积

D. Y160L-4 表示该电动机的磁极对数为 4

（7）一台三相异步电动机的旋转磁场转速为 750r/min，在额定负载下运转时的转速为 712.5r/min，则该电动机的转差率为（   ）。

A. 5%   B. 4%   C. 3%   D. 2.5%

（8）一台三相异步电动机磁极对数为 3，交流电频率为 60Hz，此电动机旋转磁场的转速为（   ）。

A. 3 000r/min   B. 1 500r/min   C. 3 600r/min   D. 1 200r/min

（9）下列关于异步电动机额定数据的叙述中，错误的是（   ）。

A. 在额定运行情况下，电动机轴上输出的机械功率称为额定功率

B. 在额定运行情况下，外加于定子绕组上的线电压称为额定电压

C. 在额定电压下，定子绕组的线电流称为额定电流

D. 在额定运行情况下，电动机的转速称为额定转速

（10）下列关于鼠笼式三相异步电动机的表述中，正确的是（   ）。

A. 可以将附加电阻接入转子电路，从而改善启动性能和调节转速

B. 三相定子绕组的首端、末端分别接在出线盒的接线柱上

C. 三相定子绕组的首端连接在一起，末端分别接线盒的接线柱上

D. 功率较大的电动机（100kW 以上），其鼠笼转子多采用铸铝材料

（11）以下关于三相异步电动机的说法中，正确的是（   ）。

A. 额定电压是在额定运行情况下，外加于定子绕组上的相电压

B. 额定功率是在额定运行情况下，电动机轴上输入的机械功率

C. 额定电流是在额定电压下，轴端有额定功率输出时，定子绕组上的线电流

D. 鼠笼式异步电动机采用星形-三角形启动时，每相绕组上的电压降到正常电压的 1/3，所以，启动转矩也降低到正常运转时转矩的 1/3

（12）在三相异步交流电动机直接启动线路中，使用的电器不包括（   ）。

A. 组合开关   B. 时间继电器   C. 热继电器   D. 交流接触器

（13）变压器可以用来变换（   ）。

A. 电流   B. 频率   C. 相位   D. 电压

E. 阻抗

（14）变压器的最基本组成部分包括（   ）。

A. 铁心   B. 油箱及冷却装置   C. 绕组   D. 气体继电器

E. 出线套管

（15）以下关于变压器的表述中，不正确的是（   ）。

A. 三相电力变压器 $S_e = 3U_e I_e \times 10^{-3}$kW

B. 变压器空载时的效率为零

C. 气体继电器与无励磁开关属于中小型变压器的保护装置

D. 额定功率 S_e 是指变压器在厂家铭牌规定的额定电压、额定电流下连续运行时，能够输送的能量

E. 铁心、绕组及外壳是变压器的最基本组成部分

（16）三相交流异步电动机铭牌型号为 Y160L-4，表示电压 380V，电流 30.3A，接法△，转速 1 440r/min，温升 80℃，（   ）。

A. 磁极对数为 $p=2$ B. 功率为 $380 \times 30.3/1\ 000 = 1.15$kW

C. 转差率为 0.04   D. 绝缘材料的允许最高温度为 120℃左右

E. 机座中心高度为 160mm

（17）以下关于三相交流异步电动机的表述中，正确的是（   ）。

A. 三相定子绕组的 3 个首端和 3 个末端分别接在电动机出线盒的 6 个接线柱上

B. 绕线式转子的三相绕组连接成星形

C. 鼠笼式电动机的定子绕组可以连接成星形或三角形

D. 额定功率等于额定电压与额定电流的乘积

E. 额定功率在 7.5kW 以下的小容量异步电动机可以直接启动

（18）下列关于三相异步交流电动机的叙述中，正确的有（   ）。

A. 一般地说，额定功率在 7.5kW 以下的小容量异步电动机可直接启动

B. 直接启动的电流约为额定电流的 5～7 倍，电动机严重过热，以致烧坏

C. 电动机在额定电压下启动称为直接启动

D．直接启动的电路中，不需要时间继电器

E．大功率的三相交流异步电动机可以采用星形-三角形降压启动

（19）下列关于三相异步电动机的叙述中，正确的是（　　　）。

A．定子绕组通入三相交变电流会产生旋转磁场

B．旋转磁场的转速与电源频率有关

C．旋转磁场的磁极对数越多，旋转磁场的转速越高

D．在额定负载下，转子转速总是低于旋转磁场转速

E．空载运行时，转差率接近于 1

（20）下列关于三相异步电动机的叙述中，正确的是（　　　）。

A．在额定运行情况下，外加于定子绕组上的线电压称为额定电压

B．在额定运行情况下，外加于定子绕组上的相电压称为额定电压

C．在额定电压下，轴端有额定功率输出时，定子绕组线电流为额定电流

D．在额定电压下，轴端有额定功率输出时，转子绕组线电流为额定电流

E．在额定运行情况下，电动机轴上输出的机械功率称为额定功率

（21）下列关于三相异步电动机的叙述中，正确的是（　　　）。

A．定子绕组三角形连接时，相电压等于线电压

B．定子绕组三角形连接时，相电流等于线电流

C．定子绕组星形连接时，线电压等于相电压的 $\sqrt{3}$ 倍

D．定子绕组星形连接时，相电流等于线电流

E．Y–△降压启动时，启动转矩是正常转矩的 1/3

（22）在三相鼠笼式交流异步电动机的直接启动线路中，使用的电器有（　　　）。

A．组合开关　　　　B．交流接触器　　　　C．按钮　　　　D．时间继电器

E．热继电器

（23）鼠笼式异步电动机可以采用（　　　）等方法启动。

A．星形-三角形接法转换　　　　　　B．串入电阻

C．串入频敏变阻器　　　　　　　　D．采用自耦变压器

E．直接启动

4．思考题

（1）电压互感器和电流互感器的作用各是什么？

（2）什么叫转差率？

（3）简述三相异步电动机的工作原理，并思考在制动时同步转速与转子转速的关系。

5．计算题

（1）一台单相变压器，原边线圈电压为 1 000V，空载时测得副边线圈电压为 400V。若已知副边线圈匝数为 32 匝，求变压器的原边线圈匝数为多少？

（2）一台三相异步电动机 P_N=20kW、U_N=380V，采用三角形接法，启动电流与额定电流之比为 6.5，求：

① 若直接启动，则电源变压器的容量最小为多少？

② 若启动转矩为额定转矩的 1.8 倍，负载转矩为额定转矩的 0.8 倍，能否采用 Y/△启动？

第 8 章

安全用电及抢救技能

电已经彻底地融入了人们的生活，它给人类社会带来了大量的财富，极大地改善了人类的生活质量；但如果不注意安全用电，它也会给人类带来灾害，如触电造成的人身伤亡事故，电线老化、短路或设备漏电造成的火灾、爆炸事故以及高频用电设备产生的电磁污染等。本章将介绍一些安全用电的知识。

【学习目标】
- 理解安全用电的基本概念。
- 掌握安全用电的基本知识和安全用电的基本措施。
- 掌握触电现场的一些必要的抢救技能。

8.1 安 全 用 电

【观察与思考】

家里的电冰箱、洗衣机的电源插头你注意观察没有：是 3 根线的，前面学过的单相交流电路两根线就够了，这里为什么要用 3 根线呢？因为还有一根是接地线。

8.1.1 触电

人体接触到带电导体（如裸导线、开关、插座的铜片等）时，便成为一个通电导体，电流流过人体会造成伤害，这称为触电。

常见的触电情况主要有以下 3 种。

（1）人体站在地面而触及一根相线，电流通过人体、大地和电源中线或对地电容形成回路，称为单相触电，也非常危险，如图 8-1（a）所示。

（2）人体同时触及两根相线，承受线电压的作用，电流由一根相线经人体到另一根相线的触电称为两相触电，是最危险的一种，如图 8-1（b）所示。

（3）某些电气设备相线接触外壳短路接地或带电导线直接触地时，人体虽没有接触带电设备外壳或带电导线，但跨步行走在电位分布曲线的范围内而造成的触电，称为跨步触电或跨步电压触电，如图 8-1（c）所示。

（a）单相触电　　　　　　　　（b）两相触电　　　　　　　　（c）跨步电压触电

图 8-1　几种触电情况

视频 79

观看"几种触电情况"视频，该视频演示了几种触电情况的形式、特点和示意图。

触电对人体的伤害程度主要决定于通过人体的电流大小、频率、时间及触电者自身的身体状况等。表 8-1 所示为工频电流对人体的影响。

表 8-1　　　　　　　　　　　　　工频电流对人体的影响

电流范围	电流/mA	通 电 时 间	人的生理反应
0	0～0.5	连续通电	没有感觉
A_1	0.5～5	连续通电	开始有感觉，手指、手腕等处有痛感，没有痉挛，可以摆脱带电体
A_2	5～30	数分钟以内	痉挛，不能摆脱带电体，呼吸困难，血压升高，是可以忍受的极限
A_3	30～50	数秒钟到数分钟	心脏跳动不规则，昏迷，血压升高，强烈痉挛，时间过长即引起心室颤动
B_1	50～数百	低于心脏搏动周期	受到强烈冲击，但未发生心室颤动
		超过心脏搏动周期	昏迷，心室颤动，接触部位留有电流通过的痕迹
B_2	超过数百	低于心脏搏动周期	在心脏搏动特定的相位触电时，发生心室颤动、昏迷，接触部位留有电流通过的痕迹
		超过心脏搏动周期	心脏停止跳动，昏迷，可能致命的电击伤

注：电流范围"0"是没有感知的范围，"A"是感知的范围，"B"是容易致命的范围。

要点提示

人体触电时，发生危险的主要因素是通过人体的电流，而电流的大小又决定于人体触及带电体的电压和人体的电阻。人体的电阻因人而异，通常为800Ω至几万欧不等，皮肤干燥时电阻大，而潮湿时电阻小。为了减少触电危险，我国规定 36V 为安全电压。

【例 8-1】 分析站在高压输电线上的小鸟不会触电的原因。

解： 鸟不是绝缘体，事实上鸟和人一样也是导体，它的耐压性也不强，高压线外面设有绝缘层，鸟在高压线上不触电是因为鸟的双爪在一根电线上，鸟的身体很小，两爪间的距离很近，加在鸟身体上的电压很小，通过鸟的电流也极小，因此不会触电。

8.1.2 安全用电的措施

1. 合理选用供电电压

在使用电气设备时，电气设备的额定电压必须要与供电电压相配。如果供电电压过高，就容易烧毁电气设备；如果供电电压过低，电气设备也不能发挥效能。

2. 合理选用导线截面

在合理地选用供电电压之后，还必须合理选用导线截面。家庭照明配电线路，其导线截面一般选 $1.5mm^2$、$2.5mm^2$ 和 $4mm^2$，材质主要为铜导线或铝导线。铜导线每平方毫米允许通过的电流为 6A 左右，铝导线则为 4A 左右。表 8-2 所示为常用铜、铝导线的截面与安全载流量对照表。

表 8-2　　　　　　　　　常用铜、铝导线的截面与安全载流量对照表

导线截面/mm²	铜导线的安全载流量/A	铝导线的安全载流量/A
1.5	10	7
2.5	15	10
4	25	17
6	36	25

3. 合理选用开关

选用开关时，不仅要根据开关的额定电压及额定电流来确定，还要根据它的开断频率、负载功率的大小以及操纵距离远近等条件进行选用。此外，相线接入开关是重要的安全用电措施，如图 8-2 所示。

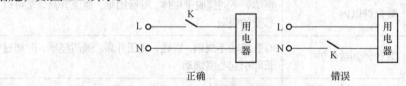

图 8-2　相线接入开关

4. 重视安全用电并培养良好的用电习惯

电能的应用十分广泛，对每个人电工技术的要求也越来越高，如果安装、使用不当，就会发生这样或那样的事故。为此，应提高用电的重视程度，培养良好的工作习惯。例如，尽量避免带电操作，不使用不合格的电器设备；注意线路维护，及时更换损坏的导线，不乱拉电线及乱装插座等；对有小孩的家庭，所有明线和插座都要安装在小孩够不着的部位；也不要在插座上装接过多和功率过大的用电设备，不可用铜丝代替保险丝等，如图 8-3 所示。

视频 80

观看"安全用电"视频，该视频演示了各种安全用电措施。

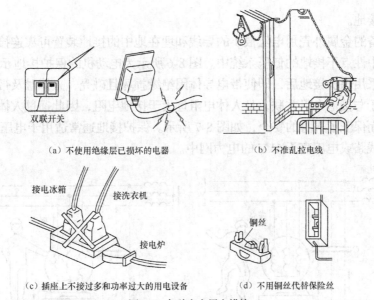

（a）不使用绝缘层已损坏的电器　　　　　　　（b）不准乱拉电线

（c）插座上不接过多和功率过大的用电设备　　　（d）不用铜丝代替保险丝

图 8-3　各种安全用电措施

5. 重视电气设备的接地

对电气设备进行"接地"是保证人身和设备安全的一个重要措施。电气上的"地"是指电位等于零的地方，即图 8-4 所示的距接地体（点）20m 以外地方的电位，该处的电位已降为零。

（1）工作接地。

电力系统由于运行和安全的需要，将中性点接地的方式称为工作接地，如图 8-5 所示。当一相出现接地故障时，由于接近单相短路，接地电流较大，保护装置动作迅速，这时会立即切断故障设备。另外，因为相线对地为相电压，因而降低了电气设备对地的绝缘水平。工作接地时，触电电压接近相电压（220V），有人身危险。

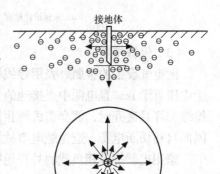

图 8-4　接地电流的电位分布示意图

在图 8-6 所示的中性点不接地的系统中，当一相接地时，会使另外两相的对地电压升高到线电压。人体若触到另外两相时，触电电压接近线电压（380V），人身危险更大。

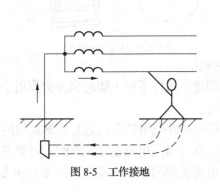

图 8-5　工作接地

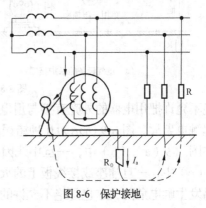

图 8-6　保护接地

（2）保护接地。

把电气设备的金属外壳用电阻很小的导线和埋在地中的接地装置可靠连接的方式称为保护接地，用于中性点不接地的低压系统中。图8-6所示为电动机的保护接地示意图。

电气设备采用保护接地后，即使带电导体因绝缘损坏且碰壳，人体触及带电的外壳时，由于人体相当于与接地电阻并联，且人体电阻远大于接地电阻，因此通过人体的电流也就微乎其微了，从而保证了人身的安全，如图8-7所示。保护接地通常适用于电压低于1kV的三相三线制供电线路或电压高于1kV的电力网中。

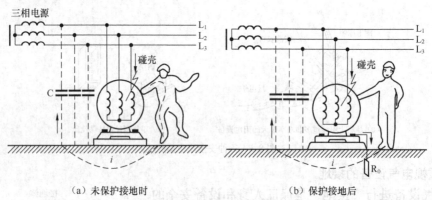

图8-7　保护接地示意图

（3）保护接零。

把电气设备的金属外壳用导线单独与电源中线相连的方式称为保护接零。保护接零适用于电压低于1kV且电源中点接地的三相四线制供电线路。保护接零后，一旦电气设备的某相绝缘损坏且碰壳时，就会造成该相短路，这时就会立即把熔丝熔断或使其他保护装置动作，因而自动切断电源，避免触电事故的发生。

家用电器等单相负载的外壳用接零导线接到电源线三脚插头中央的长而粗的插脚上，使用时通过插座与中线单独相连，如图8-8所示。

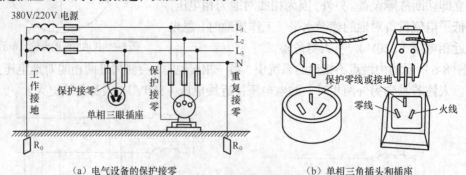

图8-8　保护接零示意图

绝不允许把用电器的外壳直接与用电器的零线相连，这样不仅不能起到保护作用，还可能引起触电事故。图8-9所示为几种错误的接零方法。

在图8-9（a）、（b）中，一旦中线因故断开，用电器外壳将带电，这是非常危险的。在图8-9（c）中，一旦插座或接线板上的火线与零线接反，当用电器正常工作时，外壳就会带电，易发生触电危险，这也是绝不允许的。单相用电器正确的保护接零方式如图8-10所示。

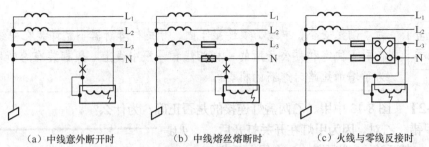

（a）中线意外断开时　　　　（b）中线熔丝熔断时　　　　（c）火线与零线反接时

图 8-9　单相用电器错误的保护接零方式

在同一供电线路上，不允许一部分电气设备保护接地，另一部分电气设备保护接零，如图 8-11 所示。因为当接地电气设备绝缘损坏使外壳带电时，若熔丝未能熔断，此时就有电流由接地电极经大地回到电源，形成闭合电路。由于电流在大地中是流散的，只有在接地电极附近才有电阻值和较大的电压降，这样使所有接中线的电气设备外壳与大地的零电位之间都存在一个较大的对地电压，站在地面上的人体若触及这些设备，就可能引起触电。如果有人同时触到接地设备外壳和接零设备外壳，人体将承受电源的相电压，这是非常危险的。

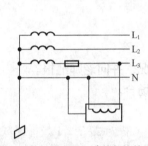

图 8-10　单相用电器正确的保护接零方式

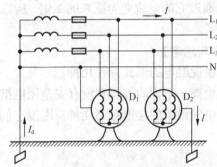

图 8-11　保护接地与设备保护接零

（4）重复接地。

采用图 8-10 所示的保护接零电网中，中性线必须按规定重复接地，如图 8-12 所示，以免在中性线断线的情况下，电工设备接零外壳可能发生的带电危险。

如果无重复接地，当零线发生意外断线时，断线后任一设备均会因绝缘损坏而使外壳带电，这一电压通过中性线引到所有接零设备的外壳，操作人员接触任一设备的外壳，都会存在危险。

重复接地一般布置在容量较大的用电设备、线路的分支和曲线终点等处。

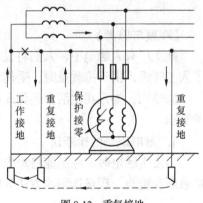

图 8-12　重复接地

视频 81

观看"电气设备接地"视频，该视频演示了 4 种（工作接地、保护接地、保护接零和重复接地）电气设备接地的措施。

要点提示

为了确保安全，中线必须连接牢固，开关和熔断器不允许装在中线上。但在引入住宅和办公场所的一根相线和一根中线上一般都装有熔断器，这是为了增加短路时熔断的机会。

【例8-2】 图8-13中甲、乙两盏灯连接的是否正确？为什么？

解： 甲错，乙对。因为甲灯在开关打开后，处于火线上，其开关的安装不符合安全用电要求。

【例8-3】 家庭电路中的电能表标有"220V，10A"的字样，而保险丝只有5A的，怎样使保险丝能与电能表匹配？有什么理论根据？

解： 取两段同样长的5A的保险丝并联后拧在一起再接入电路，就能允许10A电流通过了。

因为根据欧姆定律：电压一定，保险丝拧在一起长度没变，横截面加倍了，电阻变为原来的1/2，因此通过它的电流变为原来的2倍，所以能通过10A的电流，这样的保险丝就可以与电能表匹配了。

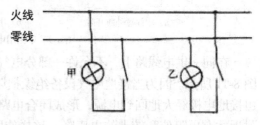

图8-13 例8-2图

【观察与思考】

（1）说说触电的形式有哪几种？

（2）检查一下你的周围有没有安全用电措施不到位的情况，并向老师汇报。

（3）电气设备的接地有哪几种？说说它们的异同及适用场合。

8.2 触电现场的抢救

【观察与思考】

某工厂有人触电了，人们将设备附近的总电源开关断开后，对已经昏厥的触电人员进行了人工呼吸，由于抢救及时，受伤者苏醒了过来。

同学们，如果在生活中遇到此种情况，你知道如何进行处理吗？本节介绍触电现场抢救的知识。

1. 触电现场的诊断法

当发生触电时，应迅速将触电者撤离电源，除及时拨打急救电话外，还应进行必要的现场诊断和抢救，现场诊断的方法如图8-14所示。

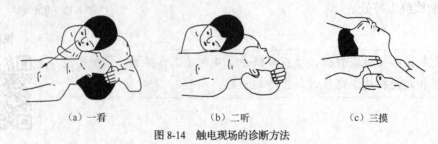

（a）一看　　　　　（b）二听　　　　　（c）三摸

图8-14 触电现场的诊断方法

"看"，即看一看触电者的胸部腹部有无起伏动作；"听"，即听一听触电者心脏跳动情况及呼吸声响；"摸"，即摸一摸触电者颈动脉有无搏动。

2. 口对口人工呼吸抢救法

当触电者呼吸停止，但心脏还跳动时，应采用口对口人工呼吸抢救法，如图 8-15 所示。

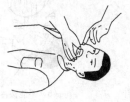

（a）清除口腔杂物　（b）舌根抬起气道通　（c）深呼吸后紧贴嘴吹气　（d）放松嘴鼻换气

图 8-15　口对口人工呼吸抢救法

3. 人工胸外挤压抢救法

当触电者虽有呼吸但心脏停止，应采用人工胸外挤压抢救法，如图 8-16 所示。

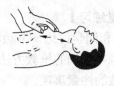
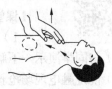

（a）找准位置　（b）挤压姿势　（c）向下挤压　（d）突然松手

图 8-16　人工胸外积压抢救法

当触电者伤势严重，呼吸和心跳都停止，或瞳孔开始放大，应同时采用"口对口人工呼吸"和"人工胸外挤压"抢救法，如图 8-17 所示。

（a）单人操作　　　　　（b）双人操作

图 8-17　呼吸和心跳都停止的抢救方法

4. 现场抢救注意事项

发现有人触电时首先要及时让触电者脱离电源，再进行正确的现场诊断和抢救。若触电者呼吸停止，心脏不跳动，而没有其他致命的外伤，只能认为是假死，必须立即进行抢救，不许间断抢救。

在触电现场进行抢救时，还需注意以下几点。

（1）将触电人员身上妨害呼吸的衣服全部解开，越快越好。

（2）迅速将口中的假牙或食物取出，如图 8-18（a）所示。

（3）如果触电者牙紧闭，须使其口张开，把下颚抬起，将两手四指托在下颚背后外，用力慢慢往前移动，使下牙移到上牙前，如图8-18（b）所示。

（4）在现场抢救中，不能打强心针，也不能泼冷水，如图8-19所示。

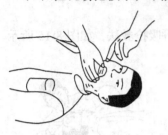

（a）清除口腔杂物　　　（b）舌根抬起气通道　　　（a）不能打强心针　　　（b）不能泼冷水

图8-18　触电现场的操作注意事项　　　　　图8-19　触电现场的注意事项

视频82

观看"触电现场的抢救"视频，该视频演示了触电现场的抢救措施、实施方法和步骤以及注意事项。

【课堂练习】

（1）和同学讨论一下触电现场的抢救步骤。

（3）与同学演示一下触电现场的抢救方法。

（4）说说触电现场抢救的注意事项。

思考与练习

1. 填空题

（1）常见的触电情况分为_____、_____和_____。

（2）我们国家规定安全电压为_____V。

（3）触电现场的抢救方法有_____和_____。

（4）保护接零是指电气设备在正常情况下不带电的_____部分与电网的_____相互连接。

（5）保护接地是把故障情况下可能呈现危险的对地电压的_____部分同_____紧密地连接起来。

（6）人体是导体，当人体接触到具有不同_____的两点时，由于_____的作用，_____就会在人体内形成，这种现象就是触电。

（7）从人体触及带电体的方式和电流通过人体的途径，触电可分为_____：人站在地上或其他导体上，人体某一部分触及带电体；_____：人体两处同时触及两相带电体；_____：人体在接地体附近，由于跨步电压作用于两脚之间造成。

（8）漏电保护器既可用来保护_____，还可用来对_____系统或设备的绝缘状况起到监督作用。漏电保护器安装点以后的线路应是_____绝缘的，_____线路应是绝缘良好。

（9）重复接地是指零线上的一处或多处通过_____与大地再次连接，其安全作用是降低漏电设备_____电压，减轻零线断线时的_____危险，缩短碰壳或接地短路的持续时间，改善架空线路的_____性能等。

（10）对容易产生静电的场所，要保持地面_____，或者铺设_____性能好的地面；工作人员要穿_____的衣服和鞋靴，使静电及时导入大地，防止静电_____，产生火花。

（11）静电有 3 大特点：一是_____高，二是_____突出，三是_____现象严重。

（12）用电安全的基本要素是_____、_____、_____、_____等。只要这些要素都能符合安全规范的要求，正常情况下的用电安全就可以得到保证。

（13）电流对人体的伤害有两种类型，即_____和_____。

2. 判断题

（1）人体对连续通过的 100mA 的电流没有感觉。（　　）

（2）使用电气设备时，首先要使电气设备的额定电压必须与供电电压相配。（　　）

（3）供电过程中必须考虑导线的截面积。（　　）

（4）单相供电电路中的开关只要串联到线路中就行。（　　）

（5）保险丝烧断了可以用铜丝代替。（　　）

（6）在充满可燃气体的环境中，可以使用手动电动工具。（　　）

（7）家用电器在使用过程中，可以用湿手操作开关。（　　）

（8）为了防止触电可采用绝缘、防护、隔离等技术措施以保障安全。（　　）

（9）对于容易产生静电的场所，应保持地面潮湿，或者铺设导电性能好的地板。（　　）

（10）电工可以穿防静电鞋工作。（　　）

（11）在距离线路或变压器较近，有可能误攀登的建筑物上，必须挂有"禁止攀登，有电危险"的标示牌。（　　）

（12）有人低压触电时，应该立即将他拉开。（　　）

（13）在潮湿、高温或有导电灰尘的场所，应该用正常电压供电。（　　）

（14）雷击时，如果作业人员孤立处于暴露区并感到头发竖起时，应该立即双膝下蹲，向前弯曲，双手抱膝。（　　）

（15）清洗电动机械时可以不用关掉电源。（　　）

（16）通常，女性的人体阻抗比男性的大。（　　）

（17）低压设备或做耐压实验的周围栏上可以不用悬挂标示牌。（　　）

（18）电流为 100mA 时，称为致命电流。（　　）

（19）移动某些非固定安装的电气设备（如电风扇、照明灯）时，可以不必切断电源。（　　）

（20）一般人的平均电阻为 5 000～7 000Ω。（　　）

（21）在使用手电钻、电砂轮等手持电动工具时，为保证安全，应该装设漏电保护器。（　　）

（22）在照明电路的保护线上应该装设熔断器。（　　）

（23）对于在易燃、易爆、易灼烧及有静电发生的场所作业的工人，可以发放和使用化纤防护用品。（　　）

（24）电动工具应由具备证件合格的电工定期检查及维修。（　　）

（25）人体触电致死，是由于肝脏受到了严重伤害。（　　）

3. 选择题

（1）国际规定，电压（　　）以下不必考虑防止电击的危险。

A. 36V　　　　　　B. 65V　　　　　　C. 25V

（2）三线电缆中的红线代表（　　）。

A. 零线　　　　　　B. 火线　　　　　　C. 地线

（3）停电检修时，在一经合闸即可送电到工作地点的开关或刀闸的操作把手上，应悬挂（　　）标示牌。

A. "在此工作"　　B. "止步，高压危险"　C. "禁止合闸，有人工作"

（4）触电事故中，绝大部分是（　　）导致人身伤亡的。

A. 人体接受电流遭到电击

B. 烧伤

C. 电休克

（5）如果触电者伤势严重，呼吸停止或心脏停止跳动，应竭力施行（　　）和人工胸外挤压。

A. 按摩　　　　　　B. 点穴　　　　　　C. 人工呼吸

（6）电器着火时下列不能用的灭火方法是（　　）。

A. 用四氯化碳或1211灭火器进行灭火

B. 用沙土灭火

C. 用水灭火

（7）静电电压最高可达（　　），可现场放电，产生静电火花，引起火灾。

A. 50V　　　　　　B. 数万伏　　　　　C. 220V

（8）漏电保护器的使用是防止（　　）。

A. 触电事故　　　　B. 电压波动　　　　C. 电荷超负荷

（9）长期在高频电磁场作用下，操作者会有的不良反应是（　　）。

A. 呼吸困难　　　　B. 神经失常　　　　C. 疲劳无力

（10）下列灭火器适于扑灭电气火灾的是（　　）。

A. 二氧化碳灭火器　B. 干粉灭火器　　　C. 泡沫灭火器

（11）金属梯子不适于的工作场所是（　　）。

A. 有触电机会的工作场所

B. 坑穴或密闭场所

C. 高空作业

（12）在遇到高压电线断落地面时，导线断落点（　　）m内，禁止人员进入。

A. 10　　　　　　　B. 20　　　　　　　C. 30

（13）使用手持电动工具时，下列注意事项正确的是（　　）。

A. 使用万能插座　　B. 使用漏电保护器　C. 身体或衣服潮湿

（14）发生触电事故的危险电压一般是从（　　）V开始。

A. 24　　　　　　　B. 26　　　　　　　C. 65

（15）使用电气设备时，由于维护不及时，当（　　）进入时，可导致短路事故。

A. 导电粉尘或纤维　B. 强光辐射　　　　C. 热气

（16）工厂内各固定电线插座损坏时，将会引起（　　）。

A. 工作不方便　　B. 不美观　　　　　C. 触电伤害

（17）民用照明电路电压是（　　　）。

A. 直流电压 220V　B. 交流电压 280V　　C. 交流电压 220V

（18）检修高压电动机时，下列行为错误的是（　　　）。

A. 先实施停电安全措施，再在高压电动机及其附属装置的回路上进行检修工作

B. 检修工作终结，需通电实验高压电动机及其启动装置时，先让全部工作人员撤离现场，再送电试运转

C. 在运行的高压电动机的接地线上进行检修工作

（19）下列有关使用漏电保护器的说法，正确的是（　　　）。

A. 漏电保护器既可用来保护人身安全，还可用来对低压系统或设备的对地绝缘状况起到监督作用

B. 漏电保护器安装点以后的线路不可对地绝缘

C. 漏电保护器在日常使用中不可在通电状态下按动实验按钮来检验其是否灵敏可靠

（20）装用漏电保护器是属于下列安全技术措施中的（　　　）。

A. 基本保安措施　　B. 辅助保安措施　　C. 绝对保安措施

（21）人体在电磁场作用下，由于（　　　）将使人体受到不同程度的伤害。

A. 电流　　　　　B. 电压　　　　　　C. 电磁波辐射

（22）如果工作场所潮湿，为避免触电，使用手持电动工具的人应（　　　）。

A. 站在铁板上操作

B. 站在绝缘胶板上操作

C. 穿防静电鞋操作

（23）雷电放电具有（　　　）的特点。

A. 电流大、电压高

B. 电流小、电压高

C. 电流大、电压低

（24）车间内的明、暗插座距地面的高度一般不低于（　　　）m。

A. 0.3　　　　　　B. 0.2　　　　　　C. 0.1

（25）扑救电气设备火灾时，不能用（　　　）灭火器。

A. 四氯化碳灭火器

B. 二氧化碳灭火器

C. 泡沫灭火器

（26）任何电气设备在未验明无电之前，一律认为（　　　）。

A. 无电　　　　　B. 也许有电　　　　C. 有电

（27）使用的电气设备按有关安全规程，其外壳应有什么防护措施？（　　　）

A. 无　　　　　　B. 保护性接零或接地　C. 防锈漆

4. 问答题

（1）电气设备的接地有哪几种方式？你能举出实例吗？

（2）说说安全用电的措施有哪些，并检查一下你的周围有没有安全用电措施不到位的情况。

（3）在什么情况下，开关、刀闸的操作手柄上必须挂上"禁止合闸，有人工作"的标示牌？

（4）防止交流、直流电触电的基本措施有哪些？

（5）使用电钻或手持电动工具时应注意哪些安全问题？

（6）保护接地和保护接零相比较有哪些不同之处？

5. 案例题

××是某企业的实习电工，他学习马马虎虎，可还觉得自己知道得挺多。于是师傅决定考考他究竟知道多少。师傅问："你知道多少安以上的电流称为致命电流吗？"××想了想说："大约200mA吧。"师傅又问："在隧道压力容器中照明，应使用什么灯具？""这个我当然知道了，应使用亮度大的普通照明灯。"师傅说："那你说照明电路的保护线上应不应该装熔断器呢？"××说："当然不用了，因为这会浪费嘛。"

××的说法哪些是错误的？哪些是正确的？

第 9 章

继电–接触器控制

继电-接触控制线路是把各种有触点的接触器、继电器、按钮和行程开关等电器元件，按一定的方式连接起来进行控制的电路。它主要是实现对电力拖动系统的启动、调速、反转和制动等运行性能的控制，实现对拖动系统的保护，满足生产工艺要求，实现生产过程自动化。

【学习目标】
- 了解常用控制电器的结构和功能。
- 掌握继电-接触控制电路的自锁、互锁以及行程、时间等控制原则。
- 掌握继电–接触器控制线路的分析。

【观察与思考】

电动机已被广泛地用来拖动各种生产机械。现代工业的电力拖动一般都要求安装局部的或全部的自动化，因而必然要和各种控制（保护）器件组成的自动控制系统联系起来，即继电-接触器控制系统。图 9-1 所示为继电-接触器控制系统应用的加热炉自动上料控制电路。

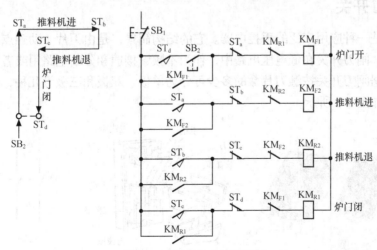

图 9-1　加热炉自动上料控制

9.1 常用控制电器

【观察与思考】

控制电器是电气控制中的基本组成元件，常用控制电器的种类很多，一般可以分为手动和自动两类。手动电器必须由人工操作，如闸刀开关、按钮等。自动电器是随某些电信号（如电压、电流等）或某些物理量的变化而自动动作的，如继电器、接触器和行程开关等。常用的控制电器如图9-2所示。

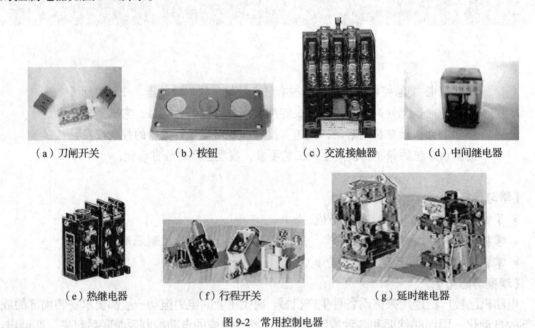

（a）刀闸开关　　　　（b）按钮　　　　（c）交流接触器　　　　（d）中间继电器

（e）热继电器　　　　（f）行程开关　　　　（g）延时继电器

图9-2　常用控制电器

9.1.1 闸刀开关

闸刀开关是一种应用广泛的手控电器。它的结构简单，是由刀片（动触点）和刀座（静触点）组成的。闸刀开关在低电压电路中，作为不频繁接通和分断电路用或者用来将电路与电源隔离。根据闸刀开关按触刀片数的多少可分为单极、双极和三极等几种，每种又有单投和双投之别，如图9-3所示。

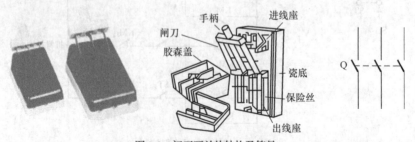

图9-3　闸刀开关的结构及符号

用闸刀开关断开感性电路时，在触刀和静触头之间可能产生电弧。较大的电弧会把触刀和触头灼伤或烧熔，甚至使电源相线间短路而造成火灾和人身事故，所以大电流的闸刀开关应设有灭弧罩。

> 安装闸刀开关时，要把电源进线接在静触头上，负载接在可动的触刀一侧。这样，当断开电源时触刀就不会带电。闸刀开关一般垂直安装在开关板上，静触头应在上方。

9.1.2　铁壳开关

铁壳开关主要由钢板外壳、触刀开关、操作机构及熔断器等组成，如图 9-4（a）所示。闸刀开关带有灭弧装置，能够通断负荷电流，熔断器用于切断短路电流。一般用于小型电力排灌、电热器和电气照明线路的配电设备中，用于不频繁地接通与分断电路，也可以直接用于异步电动机的非频繁全压启动控制。

铁壳开关的操作结构有两个特点：一是采用储能合闸方式，即利用一根弹簧以执行合闸和分闸的功能，使开关闭合和分断时的速度与操作速度无关。它既有助于改善开关的动作性能和灭弧性能，又能防止触点停滞在中间位置。二是设有联锁装置，以保证开关合闸后便不能打开箱盖，而在箱盖打开后，不能再合开关，起到安全保护作用。其图形符号也是由手动负荷开关 QL 和熔断器 FU 组成，如图 9-4（b）所示。

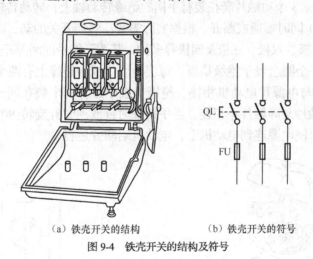

（a）铁壳开关的结构　　　　　（b）铁壳开关的符号

图 9-4　铁壳开关的结构及符号

9.1.3　按钮

按钮是广泛使用的控制电器。图 9-5（a）所示为一种按钮的结构示意图，图 9-5（b）所示为一种按钮的外形，图 9-5（c）所示为其符号。

在未按动按钮之前，上面一对静触点与动触点接通，称为常闭触点；下面一对静触点与动触点是断开的，称为常开触点。

只具有常闭触点或只具有常开触点的按钮称为单按钮。既有常闭触点，也有常开触点的按钮称为复合按钮。

图 9-5 所示为一种复合按钮。当按下按钮时，动触点与上面的静触点分开（称常闭触点断开），而与下面的静触点接通（称常开触点闭合）。当松开按钮时按钮复位，在弹簧的作用下动触头恢复原位，即常开触点恢复断开，常闭触点恢复闭合。各触点的通断顺序为：当按动按钮时，常闭触点先断开，常开触点后闭合；当松开按钮时，常开触点先断开，常闭触点后闭合。

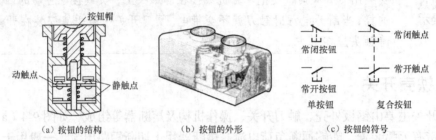

（a）按钮的结构　　　　　（b）按钮的外形　　　　　（c）按钮的符号

图 9-5　按钮的结构示意图、外形及符号

9.1.4　转换开关

转换开关控制容量比较小，结构紧凑，常用于空间比较狭小的场所，如机床和配电箱等。转换开关一般用于电气设备的非频繁操作、切换电源和负载以及控制小容量感应电动机和小型电器等。转换开关是一种多触点、多位置式可以控制多个回路的控制电器。图 9-6 所示为一种转换开关的结构示意图。它有 3 对静触片，每个触片的一端固定在绝缘垫板上，另一端伸出盒外，连在接线柱上。3 个动触片套在装有手柄的绝缘转动轴上，转动转轴就可以将 3 个触点（彼此相差一定角度）同时接通或断开。根据实际需要，转换开关的动、静触片的个数可以随意组合。常用的有单极、双极、三极及四极等多种，其图形符号同闸刀开关，文字符号为 Q。

在图 9-7 中，3 个圆盘表示绝缘垫板，每层绝缘垫板的边缘上有两个接线端子（与静触片连在一起），分别与电源和电动机相接。绝缘垫板中各有一个装在同一个轴上的动触片，当前位置时，各动触片与静触片不相连。当手柄顺时针或逆时针旋转 90° 时，3 个动触片分别与静触片相接触，使电源连到电动机上，电动机启动并运行。

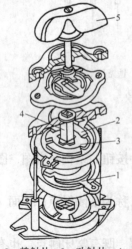

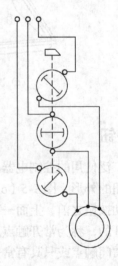

1—接线端子；2—静触片；3—动触片；4—绝缘转动轴；5—手柄

图 9-6　转换开关结构示意图　　　　　图 9-7　转换开关接通异步电动机示意图

9.1.5 接触器

　　接触器主要用于控制电动机、电热设备、电焊机和电容器组等，它能频繁地接通或断开交直流主电路，实现远距离自动控制。它具有低电压释放保护功能，在电力拖动自动控制线路中被广泛应用。

　　根据控制线圈的电压不同，接触器有交流接触器和直流接触器两大类型。两者的工作原理是相同的，不同的是直流接触器的线圈使用直流电，交流接触器的线圈使用交流电。下面来介绍交流接触器。图 9-8（a）所示为交流接触器的结构示意图，图 9-8（b）所示是其符号。交流接触器常用来接通和断开电动机或其他设备的主电路，它是一种失压保护电器。

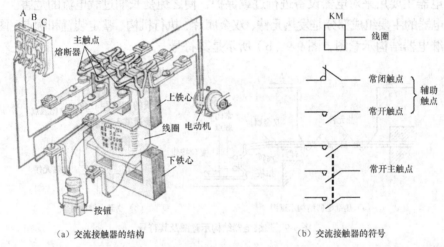

（a）交流接触器的结构　　　　　　（b）交流接触器的符号

图 9-8　交流接触器的结构示意图及符号

　　电磁铁和触点是交流接触器的主要组成部分。电磁铁是由静铁心、动铁心和线圈组成的。触点可以分为主触点和辅助触点（图中没画辅助触点）两类。例如，CJ10-20 型交流接触器有 3 个常开主触点，4 个辅助触点（两个常开，两个常闭）。交流接触器的主、辅触点通过绝缘支架与动铁心连成一体，当动铁心运动时带动各触点一启动作。主触点能通过大电流，一般接在主电路中，辅助触点通过的电流较小，一般接在控制电路中。

　　触点的动作是由动铁心带动的，当线圈通电时动铁心下落，使常开的主、辅触点闭合，常闭的辅助触点断开。当线圈欠电压或失去电压时，动铁心在支撑弹簧的作用下弹起，带动主、辅触点恢复常态。

　　主触点通过主电路的大电流，在触点断开时触点间会产生电弧而烧坏触头，所以交流接触器一般都配有灭弧罩。交流接触器的主触点通常作成桥式，它有两个断点，以降低当触点断开时加在触点上的电压，使电弧容易熄灭。

 要点提示　选用接触器时，应该注意主触点的额定电流、线圈电压的大小、种类及触点数量等。

9.1.6 继电器

继电器是一种电子控制器件，通常应用于自动控制电路中，它实际上是用较小的电流去控制较大电流的一种"自动开关"，所以在电路中起着自动调节、安全保护、转换电路等作用。

中间继电器是一种被大量使用的继电器，它具有记忆、传递、转换信息等控制作用，也可用来直接控制小容量电动机或其他电器。

中间继电器的结构与交流接触器基本相同，只是其电磁机构尺寸较小、结构紧凑、触点数量较多。由于触头通过电流较小，所以一般不配置灭弧罩。

选用中间继电器时，主要考虑线圈电压以及触点数量。

1. 热继电器

热继电器主要用来对电器设备进行过载保护，使之免受长期过载电流的危害。

热继电器的主要组成部分是发热元件、双金属片、执行机构、整定装置和触点。图 9-9（a）所示为热继电器结构示意图，图 9-9（b）所示是其符号。

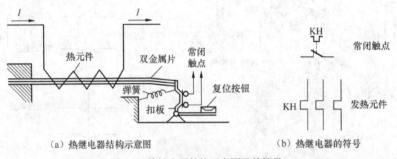

（a）热继电器结构示意图　　　　　　　（b）热继电器的符号

图 9-9　热继电器结构示意图及其符号

发热元件是电阻不太大的电阻丝，接在电动机的主电路中。双金属片是由两种不同膨胀系数的金属碾压而成。发热元件绕在双金属片上（两者绝缘）。

设双金属片的下片较上片膨胀系数大。当主电路电流超过容许值一段时间后，发热元件发热使双金属片受热膨胀而向上弯曲，双金属片与扣板脱离。扣板在弹簧的拉力作用下向左移动，从而使常闭触点断开。因常闭触点串联在电动机的控制电路中，所以切断了接触器线圈的电路，使主电路断电。发热元件断电后双金属片冷却可恢复常态，这时按下复位按钮使常闭触点复位。

热继电器是利用热效应工作的。由于热惯性，在电动机启动和短时过载时，热继电器是不会动作的，这样可避免不必要的停机。在发生短路时热继电器不能立即动作，所以热继电器不能用作短路保护。

热继电器的主要技术数据是整定电流。所谓整定电流，是指当发热元件中通过的电流超过此值的20%时，热继电器在20min内动作。每种型号的热继电器的整定电流都有一定范围，要根据整定电流选用热继电器。例如，JR0-40 型的整定电流范围为 0.6～40A，发热元件有 9 种规格。整定电流与电动机的额定电流基本一致，使用时要根据实际情况通过整定装置进行整定。

2. 中间继电器

中间继电器是一种大量使用的继电器，它具有记忆、传递和信息转换等控制作用，也可用来直接控制小容量电动机或其他电器。

中间继电器的结构与交流接触器基本相同，其电磁机构尺寸较小、结构紧凑、触点数量较多。由于触点通过的电流较小，所以一般不配置灭弧罩。

选用中间继电器时，主要考虑线圈电压以及触点数量。

3. 时间继电器

时间继电器是对控制电路实现时间控制的电器。较常见的有电磁式、电动式和空气阻尼式时间继电器。目前电子式时间继电器正在被广泛应用。

图 9-10 所示为空气阻尼式时间继电器的结构示意图及其符号。

空气阻尼式时间继电器的主要组成部分是电磁铁、空气室和微动开关。空气室中伞形活塞 5 的表面固定有一层橡皮膜 6，将空气室分为上、下两个空间。活塞杆 3 的下端固定着杠杆 8 的一端。上、下两个微动开关中，一个是延时动作的微动开关 9，另一个是瞬时动作的微动开关 13，它们各有一个常开和常闭触点。

空气阻尼式时间继电器是利用空气阻尼作用来达到延时控制目的的。其原理如下。

当电磁铁的线圈 1 通电后，动铁心 2 被吸下，使动铁心与活塞杆 3 下端之间出现一段距离。在释放弹簧 4 的作用下，活塞杆向下移动，造成上空气室空气稀薄，活塞受到下空气室空气的压力，不能迅速下移。当调节螺钉 10 时，可改变进气孔 7 的进气量，使活塞以需要的速度下移。活塞杆移动到一定位置时，杠杆 8 的另一端使微动开关 9 中的触点动作。

当线圈断电时，依靠恢复弹簧 11 的作用使各触点复位。空气由出气孔 12 被迅速排出。

瞬时动作的微动开关 13 中的触点，在电磁铁的线圈通电或断电时均为立即动作。

图 9-10 所示是通电延时型的时间继电器，其延时时间为自电磁铁线圈通电时刻起，到延时动作的微动开关中触点动作所经历的时间。通过调节螺钉 10 调节进气孔的大小，可调节延时时间。

图 9-10 中的时间继电器触点分为两类：微动开关 9 中有延时断开的常闭触点和延时闭合的常开触点，微动开关 13 中有瞬时动作的常开和常闭触点。要注意它们符号和动作的区别。

时间继电器也可做成断电延时型，读者可查看相关资料。

空气式时间继电器的延时范围有 0.4～60s 和 0.4～180s 两种。与电磁式和电动式时间继电器比较，其结构较简单，但准确度较低。

电子式时间继电器与空气阻尼式时间继电器比较，前者体积小、重量小、耗电少，定时的准确度高，可靠性好。

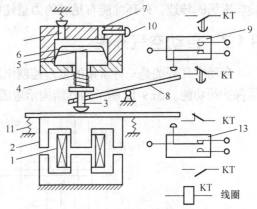

1—吸引线圈；2—动铁心；3—活塞杆；4—释放弹簧；
5—伞形活塞；6—橡皮膜；7—进气孔；8—杠杆；
9—微动开关；10—螺钉；11—恢复弹簧；
12—出气孔；13—微动开关

图 9-10 时间继电器结构与符号

近年来，各种控制电器的功能和造型都在不断地改进。例如，LC_1 和 CA_2-DN_1 系列产品把交流接触器、时间继电器等做成组件式结构。当使用交流接触器且触点不够用时，可以把一组或几组触点组件插入接触器上固定的座槽里，组件的触点就受接触器电磁机构的驱动，从而节省了中间继电器的电磁机构。当需要使用时间继电器时，可以把空气阻尼组件插入接触器的座槽中，接触器的电磁机构就作为空气阻尼组件的驱动机构。这样，也节省了时间继电器的电磁机构，从而减小了控制柜的体积和重量，也节省了电能。

4．速度继电器

在机械设备电气控制系统中，有时也需要根据电动机或主轴转速的变化来自动转换控制动作。例如，在电动机反接制动线路中，为避免电动机制动后反向转动，要根据电动机的转速来自动切除电源。用来反映转速高低的控制电器，称为速度继电器。

感应式速度继电器的结构示意图如图 9-11 所示。速度继电器由转子、定子及触点 3 部分组成。图中的永久磁铁就是转子，它与电动机（或机械）转轴相连接，并随之转动。在内圈装有鼠笼绕组的外环就是定子，它能绕转轴转动。当永久磁铁随转轴转动时，在空间产生一个旋转磁场，在定子绕组中必然产生感应电流。定子因受磁力的作用，朝转子转动的方向转动一个角度。当速度达到一定值时，定子带动顶块使触点动作。触点接在控制电路中，使控制电路改变控制状态。随电动机的转向，外环可左转也可右转。顶块两侧各装有一个常开触点和一个常闭触点。一般情况下，当轴上转速高于 100r/min 时，触点动作，而低于 100r/min 时，触点恢复原位。

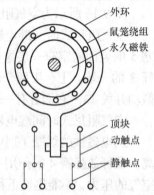

图 9-11　速度继电器

实际上，触点动作所需转轴的速度可以人为调整。因为，外环的转动角度不但与转速有关，而且还与外环的重量以及外环所受的阻力有关。外环越重，受的阻力越大，使其转动同样角度所需的转速越高。一般通过改变加在动触点上的压力来调整速度继电器的整定速度。加在动触点上的力越大，使其动作所需的顶力就越大。只有提高旋转磁场的转速，外环才能有足够的力量使触点动作。

9.1.7　自动空气开关

自动空气开关是一种常用的低压控制电器，它不仅具有开关作用，还有短路、失压和过载保护的功能。图 9-12 所示为其结构示意图。

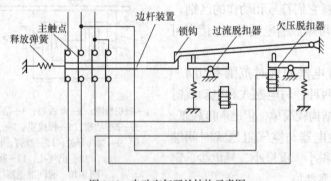

图 9-12　自动空气开关结构示意图

在图 9-12 中，主触点是由手动操作机构使之闭合的，其工作原理如下。

（1）正常情况下，将连杆和锁钩扣在一起。过流脱扣器的衔铁释放，欠压脱扣器的衔铁吸合。

（2）过流时，过流脱扣器的衔铁吸合，顶开锁钩，使主触点断开，以切断主电路。

（3）欠压或失压时，欠压脱扣器的衔铁释放，顶开锁钩，使主电路切断。

9.1.8　行程开关

行程开关是根据运动部件的位移信号动作的，是行程控制和限位保护不可缺少的电器。

常用的行程开关有撞块式（也称直线式）和滚轮式。滚轮式又分为自动恢复式和非自动恢复式。非自动恢复式需要运动部件反向运行时撞压使其复位。运动部件速度慢时要选用滚轮式。

撞块式和滚轮式行程开关的工作原理相同，下面以撞块式行程开关为例说明行程开关的工作原理。

图 9-13（a）所示为撞块式行程开关的结构示意图，图 9-13（b）所示是其符号。图中撞块要由运动机械来撞压。撞块在常态（未受压）时，其常闭触点闭合，常开触点断开。撞块受压时，常闭触点先断开，常开触点后闭合。撞块被释放时，常开和常闭触点均复位。

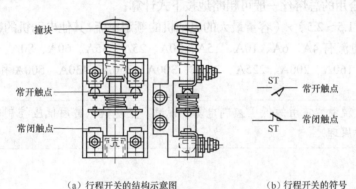

（a）行程开关的结构示意图　　　　（b）行程开关的符号

图 9-13　行程开关结构示意图及符号

9.1.9　熔断器

熔断器是有效的短路保护电器。熔断器中的熔体是由电阻率较高的易熔合金制作的。一旦线路发生短路或严重过载时，熔断器会立即熔断。故障排除后，更换熔体即可。

图 9-14 所示为常见熔断器的结构图及其符号。

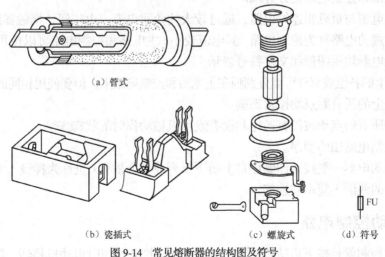

（a）管式

（b）瓷插式　　　　　　　（c）螺旋式　　　　（d）符号

图 9-14　常见熔断器的结构图及符号

熔体的选择方法如下。

电灯支线的熔丝为

$$熔丝额定电流 \geq 支线上所有电灯的工作电流$$

一台电动机的熔丝为了防止电动机启动时电流较大而将熔丝烧断，熔丝不能按电动机的额定电流来选择，应按下式计算：

$$熔丝的额定电流 \geq \frac{电动机的启动电流}{2.5}$$

如果电动机启动频繁，则为

$$熔丝的额定电流 \geq \frac{电动机的启动电流}{1.6 \sim 2}$$

几台电动机合用的总熔丝一般可粗略地按下式计算：

$$熔丝额定电流 = （1.5 \sim 2.5） \times （容量最大的电动机的额定电流 + 其他电动机的额定电流之和）$$

熔丝的额定电流有4A、6A、10A、15A、20A、25A、35A、60A、80A、100A、125A、160A、200A、225A、260A、300A、350A、430A、500A和600A等多种。

视频83

观看"常用的低压控制电器"视频，直观认识常用低压控制电器的结构和原理。

9.2　常用的基本控制电路

【观察与思考】

任何复杂的控制电路都是由一些基本的控制电路组成的。掌握一些基本控制单元电路，是阅读和设计较复杂的控制电路的基础。那么绘制控制电路原理图的原则有哪些呢？

绘制控制电路原理图的原则如下。

（1）主电路和控制电路要分开画。

主电路是电源与负载相连的电路，通过较大的负载电流。由按钮、接触器线圈和时间继电器线圈等组成的电路称为控制电路，其电流较小。主电路和控制电路可以使用不同的电压。

（2）所有电器均用图形和文字符号表示。

同一电器上的各组成部分可能分别画在主电路和控制电路里，但要使用相同的文字符号。

（3）电器上的所有触点均按常态画。

电器上的所有触点均按没有通电和没有发生机械动作时的状态来画。

（4）画控制电路图的顺序。

控制电路的电器一般按动作顺序自上而下排列成多个横行（也称为梯级），电源线画在两侧。各种电器的线圈不能串联连接。

9.2.1　点动控制电路

所谓点动控制就是按下启动按钮时电动机转动，松开按钮时电动机停转。若将图9-15中与 SB₂ 并联的 KM 去掉，就可以实现这种控制。但是这样处理后电动机就只能进行点动控制。

如果既需要点动也需要连续运行（也称长动），可以对自锁触点进行控制。例如，可与自锁触点串联一个开关 S，控制电路如图 9-15 所示。当 S 闭合时，自锁触点 KM 起作用，可以对电动机实现长动控制；当 S 断开时，自锁触点 KM 不起作用，只能对电动机进行点动控制。

图 9-15 所示的点动控制电路操作起来不很方便，因此常用图 9-16 所示的电路实现点动控制。

在图 9-16 中，启动、停止和点动各用一个按钮。当按点动按钮时，其常闭触点先断开，常开触点后闭合，电动机启动；当松开按钮时，其常开触点先断开，常闭触点后闭合，电动机停转。

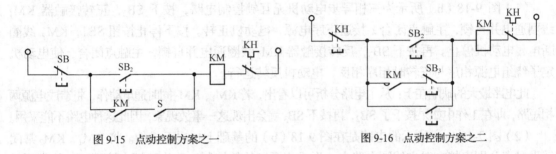

图 9-15　点动控制方案之一　　　　　　　　图 9-16　点动控制方案之二

观看"电动机的点动控制"视频，直观认识电动机点动控制的工作过程。

视频 84

9.2.2　自锁控制电路

图 9-17 所示为接触器控制电动机单向运转电路。图中 Q 为三相转换开关，FU₁、FU₂ 为熔断器，KM 为接触器，FR 为热继电器，M 为三相笼型异步电动机，SB₁ 为停止按钮，SB₂ 为启动按钮。其中，三相转换开关 Q、熔断器 FU₁、接触器 KM 的主触点、热继电器 FR 的热元件和电动机 M 构成主电路，启动按钮 SB₂、停止按钮 SB₁、接触器 KM 的线圈及其常开辅助触点、热继电器 FR 的常闭触点和熔断器 FU2 构成控制回路。

电路工作分析如下。

合上电源开关 Q，引入三相电源。按下启动按钮 SB₂，KM 线圈通电，其常开主触点闭合，电动机 M 接通电源启动。同时，与启动按钮并联的 KM 常开触点也闭合。

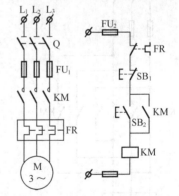

图 9-17　接触器控制电动机单向运转电路

当松开 SB₂ 时，KM 线圈通过其自身常开辅助触点继续保持通电状态，从而保证了电动机连续运转。当需要电动机停止运转时，可按下停止按钮 SB₁，切断 KM 线圈电源，KM 常开主触点与辅助触点均断开，切断电动机电源和控制电路，电动机停止运转。

这种依靠接触器自身辅助触点保持线圈通电的电路，称为自锁控制电路，辅助常开触点称为自锁触点。

9.2.3 互锁控制电路

图 9-18 所示为三相异步电动机可逆运行控制电路。图中 SB_1 为停止按钮，SB_2 为正转启动按钮，SB_3 为反转启动按钮，KM_1 为正转接触器，KM_2 为反转接触器。

工作原理如下。

在实际工作中，生产机械常常需要运动部件可以正、反两个方向的运动，这就要求电动机能够实现可逆运行。由电动机原理可知，三相交流电动机可改变定子绕组相序来改变电动机的旋转方向。因此，借助于接触器来实现三相电源相序的改变，即可实现电动机的可逆运行。

电路工作分析如下。

（1）图 9-18（b）所示为三相异步电动机无互锁控制电路，按下 SB_2，正转接触器 KM_1 线圈通电并自锁，主触点闭合，接通正序电源，电动机正转。按下停止按钮 SB1，KM1 线圈断电，电动机停止。再按下 SB_3，反转接触器 KM_2 线圈通电并自锁，主触点闭合，使电动机定子绕组电源相序与正转时时序相反，电动机反转运行。

此电路最大的缺陷在于：从主电路分析可以看出，若 KM_1、KM_2 同时通电动作，将造成电源两相短路，即在工作中如果按下了 SB_2，再按下 SB_3 就会出现这一事故现象，因此这种电路不能采用。

（2）图 9-18（c）所示的电路是在图 9-18（b）的基础上扩展而成的。将 KM_1、KM_2 常闭辅助触点分别串接在对方线圈电路中，形成相互制约的控制，称为互锁。按下 SB_2 的常开触点使 KM_1 的线圈瞬时通电，其串接在 KM_2 线圈电路中的 KM_1 的常闭辅助触点断开，锁住 KM_2 的线圈不能通电，反之亦然。该电路要使电动机由正向到反向或由反向到正向，必须先按下停止按钮，然后再反向启动。

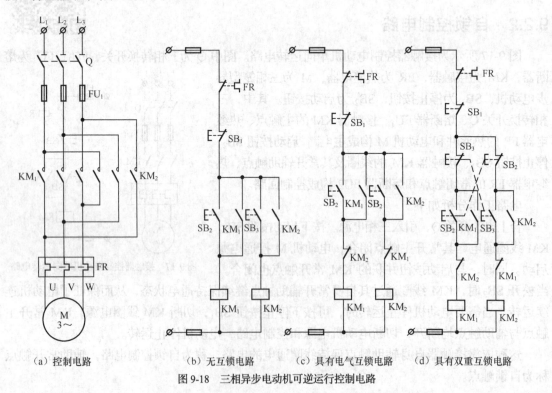

（a）控制电路　　　　　　（b）无互锁电路　　　　（c）具有电气互锁电路　　　（d）具有双重互锁电路

图 9-18　三相异步电动机可逆运行控制电路

这种利用两个接触器（或继电器）的常闭辅助触点互相控制，形成相互制约的控制，称为电气互锁。

　　（3）对于要求频繁实现可逆运行的情况，可采用图 9-18（d）所示的控制电路。它是在图 9-18（c）所示电路的基础上，将正向启动按钮 SB_2 和反向启动按钮 SB_3 的常闭触点串接在对方的常开触点电路中，利用按钮的常开、常闭触点的机械连接，在电路中形成相互制约的控制。这种接法称为机械互锁。

　　这种具有电气、机械双重互锁的控制电路是常用的、可靠的电动机可逆运行控制电路，它既可以实现正向—停止—反向—停止的控制，又可以实现正向—反向—停止的控制。

9.2.4　联锁控制电路

　　在生产实践中，常见到多台电动机拖动一套设备的情况。为了满足各种生产工艺的要求，几台电动机的启、停等动作常常有顺序上和时间上的约束。

　　图 9-19 所示的主电路有 M_1 和 M_2 两台电动机，启动时，只有 M_1 先启动，M_2 才能启动；停止时，只有 M_2 先停止，M_1 才能停止。

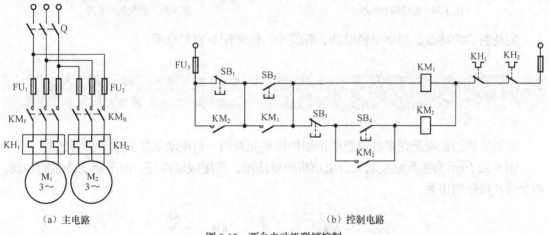

（a）主电路　　　　　　　　　　　　　　　　　　（b）控制电路

图 9-19　两台电动机联锁控制

　　启动的操作为：先按下 SB_2，KM_1 通电并自锁，使 M_1 启动并运行。这时再按下 SB_4，KM_2 通电并自锁，使 M_2 启动并运行。如果在按下 SB_2 之前按下 SB_4，由于 KM_1 和 KM_2 的常开触点都没闭合，KM_2 是不会通电的。

　　停止的操作为：先按下 SB_3，让 KM_2 断电，使 M_2 先停。再按下 SB_1 使 KM_1 断电，M_1 才能停。由于只要 KM_2 通电，SB_1 就被短路而失去作用，所以在按下 SB_3 之前按下 SB_1，KM_1 和 KM_2 都不会断电。只有先断开与 SB_1 并联的触点 KM_2，SB_1 才会起作用。

9.2.5　电动机的制动控制电路

　　在生产中，常要求电动机能迅速而准确地停止转动，所以需要对电动机进行制动。鼠笼电动机常用的电气制动方法有反接制动和能耗制动两种。

1. 反接制动

　　图 9-20 所示为反接制动的原理图。当电动机须停转时，将 3 根电源线中的任意两根对调

位置而使旋转磁场反向，此时产生一个与转子惯性旋转方向相反的电磁转矩，从而使电动机迅速减速。当转速接近零时必须立即切断电源，否则电动机将会反转。

反接制动的特点是设备简单，制动效果较好，但能量消耗大。有些中小型车床和机床主轴的制动采用这种方法。

2. 能耗制动

图 9-21 所示为能耗制动的原理图。当电动机断电后，立即向定子绕组中通入直流电而产生一个固定的不旋转的磁场。由于转子仍以惯性转速运转，转子导条与固定磁场间有相对运动并产生感应电流。这时，转子电流与固定磁场相互作用产生的转矩方向与电动机惯性转动的方向相反，起到制动作用。

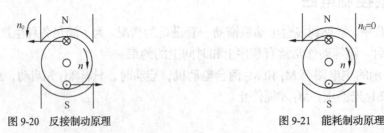

图 9-20 反接制动原理   图 9-21 能耗制动原理

能耗制动的特点是制动平稳准确，耗能小，但需配备直流电源。

9.3 异 地 控 制

所谓异地控制就是在多处设置的控制按钮均能对同一台电动机实施启、停等控制。

图 9-22 所示为在两地控制一台电动机的电路图，其接线原则是：两个启动按钮需并联，两个停止按钮需串联。

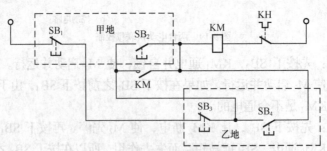

图 9-22 两地控制一台电动机的电路

在甲地：按 SB_2，控制电路电流经过 $KH \rightarrow$ 线圈 $KM \rightarrow SB_2 \rightarrow SB_3 \rightarrow SB_1$ 构成通路，线圈 KM 通电，电动机启动。松开 SB_2，触点 KM 进行自锁。按下 SB_1，电动机停。

在乙地：按 SB_4，控制电路电流经过 $KH \rightarrow$ 线圈 $KM \rightarrow SB_4 \rightarrow SB_3 \rightarrow SB_1$ 构成通路，线圈 KM 通电，电动机启动。松开 SB_4，触点 KM 进行自锁。按下 SB_3，电动机停。

由图 9-22 可以看出，由甲地到乙地只需引出 3 根线，再接上一组按钮即可实现异地控制。同理，从乙地到丙地也可照此办理。

9.4　时　间　控　制

在自控制系统中，有时需要按时间间隔要求接通或断开被控制的电路。这些控制要由时间继电器来完成。例如，电动机的 Y-△ 启动，先是 Y 连接，经过一段时间待转速上升接近到额定值时完成△连接，这就要用时间继电器来控制。

鼠笼电动机 Y-△ 启动的控制电路有多种形式，图 9-23 所示为其中的一种。为了控制星形接法启动的时间，图中设置了通电延时的时间继电器 KT。图 9-23 所示为 Y-△ 启动控制电路的功能，可简述如下。

图 9-23 所示的控制电路是在 KM₃ 断电的情况下进行 Y-△ 换接，这样做有两个好处：其一，可以避免由于 KM₁ 和 KM₂ 换接时可能引起的电源短路；其二，在 KM₃ 断电，即主电路脱离电源的情况下进行 Y-△ 换接，触点间不会产生电弧。

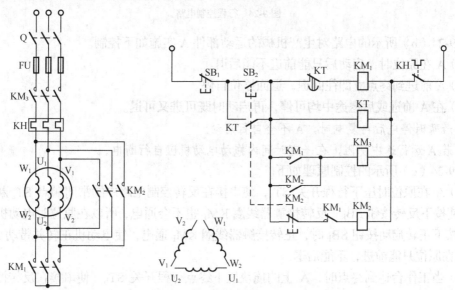

图 9-23　三相鼠笼电动机 Y-△ 启动的控制电路

图 9-23 中使用了时间继电器的两种触点，一种是延时动作的常闭触点，另一种是瞬时动作的常开触点，请注意两种触点动作的区别。

视频 85

观看"时间控制"视频，直观认识鼠笼电动机 Y-△ 启动时时间继电器的控制方法。

9.5 行程控制

利用行程开关可以对生产机械实现行程、限位和自动循环等控制。

图 9-24 所示为一个简单的行程控制的例子，示意图如图 9-24（a）所示。A 由一台三相鼠笼电动机 M 拖动，滚轮式行程开关按图 9-24（b）所示设置，ST_a 和 ST_b 分别安装在工作台的原位和终点，由装在 A 上的挡块来撞动。控制电路如图 9-24（c）所示。

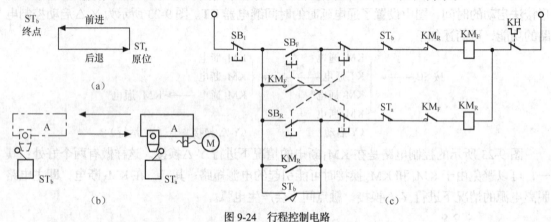

图 9-24　行程控制电路

图 9-24（b）所示的电路对生产机械的运动部件 A 实施如下控制。

（1）A 在原位时，启动后只能前进不能后退。

（2）A 前进到终点立即往回退，退回原位自停。

（3）在 A 前进或后退途中均可停，再启动时既可进又可退。

- 若暂时停电后再复电时，A 不会自行启动。
- 若 A 运行途中受阻，在一定时间内拖动电动机应自行断电。

图 9-24（c）所示的控制原理如下。

（1）A 在原位时压下行程开关 ST_a，使串接在反转控制电路中的常闭触点 ST_a 断开。这时，即使按下反转按钮 SB_R，反转接触器线圈 KM_R 也不会通电，所以在原位时电动机不能反转。当按下正转启动按钮 SB_F 时，正转接触器线圈 KM_F 通电，使电动机正转并带动 A 前进。可见 A 在原位只能前进，不能后退。

（2）当工作台达到终点时，A 上的撞块压下终点行程开关 ST_b，使串接在反转控制电路中的常开触点 ST_b 闭合，使反转接触器线圈 KM_R 得以通电，电动机反转并带动 A 后退。A 退回原位，撞块压下 ST_a，使串接在反转控制电路中的常闭触点 ST_a 断开，反转接触器线圈 KM_R 断电，电动机停止转动，A 自动停在原位。

（3）在 A 前进途中，当按下停止按钮 SB_1 时，线圈 KM_F 断电，电动机停转。再启动时，由于 ST_a 和 ST_b 均不受压，因此可以按正转启动按钮 SB_F 使 A 前进，也可以按反转启动按钮 SB_R 使 A 后退。同理，在 A 后退途中，也可以进行类似的操作而实现反向运行。

（4）若在 A 运行途中断电，因为断电时自锁触点都已经断开，再复位时，只要 A 不在终点位置，A 是不会自行启动的。

（5）若 A 运行途中受阻，则拖动电动机出现堵转现象。其电流很大，会使串联在主电路中的热元件 KH 发热，一段时间后，串联在控制电路中的常闭触点 KH 断开而使两个接触器线圈断电，使电动机脱离电源而停转。

行程开关不仅可用作行程控制，也可常用于进行限位或终端保护。例如在图 9-24 中，一般可在 ST_a 的右侧和 ST_b 的左侧再各设置一个保护行程开关，两个用于保护的行程开关的触点分别与 ST_a 和 ST_b 的触点串联。一旦 ST_a 或 ST_b 失灵，A 会继续运行从而超出规定的行程，但当 A 撞动这两个保护行程开关时，由于保护行程开关动作而使电动机自动停止运行，从而实现了限位或终端保护。

视频 86

观看"行程控制"视频，直观认识行程开关如何实现电动机正、反转控制。

9.6 速 度 控 制

利用速度继电器实现三相异步电动机反接制动控制线路。为了使电动机迅速停止，可采用图 9-25 所示的鼠笼式电动机反接制动控制线路。电动机正常工作时，接触器 KM_1 通电，其常闭触点断开，常开触点闭合。同时，速度继电器 KS 的常开触点闭合，为制动做好准备。

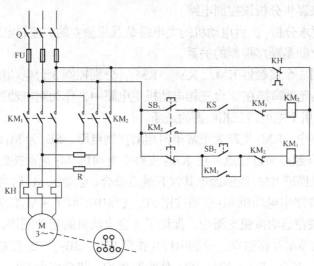

图 9-25 电动机反接制动控制线路

按下反接制动按钮 SB_1，对电动机实施反接制动。控制线路动作次序如下。

$$按\ SB_1 \longrightarrow KM_1\ 断电 \longrightarrow KM_2\ 通电 \xrightarrow{制动} KS\ 触点复位$$

$$\longrightarrow KM_2\ 断电 \longrightarrow 制动结束$$

【课堂练习】

（1）在按下和释放按钮时，其常开和常闭触点是怎样动作的？

（2）接触器的线圈通电后，若动铁心长时间不能吸合，会发生什么后果？

（3）什么是自锁和互锁作用？怎样实现自锁和互锁？

（4）什么是点动？怎样实现点动？

9.7　控制电路设计举例

一般小型机床电气控制系统并不复杂，大多数是由继电-接触器系统来实现其控制的。在进行简单电气控制电路的设计时，确定控制方案后，可根据各电动机控制任务的不同，参照典型电路逐一分别设计局部电路，然后再根据各部分的相互关系综合而成完整的控制电路。下面举例说明典型控制环节在实际控制电路中的应用。

【例 9-1】　设计——利用继电-接触器控制电路，完成 3 台电动机的控制，并画出主电路和控制电路原理图。

控制要求如下。

（1）按钮 SB_2 控制电动机 M_1 的启动，按钮 SB_4 控制电动机 M_2 的启动，按钮 SB_6 控制电动机 M_3 的启动，按钮 SB_1、SB_3、SB_5 分别控制 3 台电动机的停止。

（2）按下 SB_2 后 M_1 启动，按下 SB_4 后 M_2 启动，按下 SB_6 后 M_3 启动。

（3）电动机 M_1 不启动，M_2、M_3 不能启动并且应有短路、零压和过载保护。

按照控制要求来逐步分析该控制电路。

（1）根据题意要求分析，3 台电动机的主电路是互相独立的，控制电路也基本相似，但 3 台电动机控制电路之间是顺序控制的关系。

（2）主电路使用 3 个接触器 KM_1、KM_2、KM_3，分别控制 3 台电动机的启动；热继电器 FR_1、FR_2、FR_3 的热元件串接在 3 台三相电动机主电路中，作为对电动机过载的保护环节。刀开关 Q_1、Q_2、Q_3 用于主电路三相电源的通断。

（3）在控制电路中，KM_1 支路为正常单向启动控制电路，SB_1 为 M_1 的停止按钮，SB_2 为启动按钮，KM_1 常开触点为自锁点；在 KM_2 支路中电动机 M_2 启动按钮 SB_4 支路中串联了 KM_1 的常开触点，以保证 KM_1 线圈通电其常开触点吸合，电动机 M_1 启动后 KM_2 线圈才能通电；同样，在 KM_3 支路中电动机 M_3 启动按钮 SB_6 支路中串联了 KM_2 的常开触点。通过引入接触器常开触点串联在启动按钮支路中，保证了 3 台电动机的启动顺序。

（4）3 台电动机停车互相独立，分别由停止按钮 SB_1、SB_3、SB_5 控制。

（5）熔断器 FU、FU_1、FU_2、FU_3、FU_4 作短路保护；热继电器 FR_1、FR_2、FR_3 的常闭触点串联在各支路中作过载保护；接触器 KM_1、KM_2 和 KM_3 的自锁触点作零压保护，完善了电路的保护环节。

根据以上分析，该控制电路如图 9-26 所示。

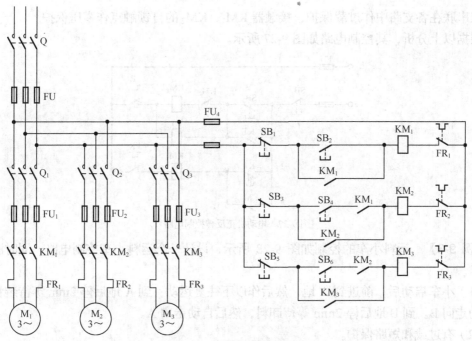

图 9-26 3 台电动机的控制电路

【例 9-2】 设计——继电器接触器控制电路，用于控制电动机正反转，画出主电路和控制电路原理图。

控制要求如下。

（1）按下控制按钮 SB_2，电动机 M_1 启动；经过延时 10s 后，电动机 M_2 自动启动。

（2）M_2 启动后，M_1 立即停车。

（3）控制电路应有短路、过载和零压保护环节。

此例控制电路为两台电动机直接启动控制，主电路与 3 台电动机控制电路类似。

热继电器 FR_1、FR_2 的热元件串接在两台电动机主电路中，作为对电动机过载的保护环节。

（1）控制电路主要为电动机单向启动控制环节。其中 SB_1 为两台电动机的停止按钮，SB_2 为电动机 M_1 的启动按钮；电动机 M_1 的自锁触点由时间继电器的瞬动触点 KT 代替；电动机 M_2 的启动按钮由时间继电器的延时闭合的常开触点 KT 代替。在控制电路中，KT 选用通电延时型时间继电器。

（2）当按下 M_1 启动按钮 SB_2 后，接触器 KM_1 和时间继电器 KT 的线圈同时通电，电动机 M_1 启动，时间继电器的瞬动触点 KT 闭合，保证了接触器 KM_1 和时间继电器 KT 线圈的通电。

（3）经 10s 延时后，时间继电器 KT 的延时闭合的常开触点闭合，使接触器 KM_2 线圈通电，电动机 M_2 启动，接触器 KM_2 常开触点闭合自锁；同时接触器 KM_2 串接在 KM_1 支路上的常闭触点断开，切断接触器 KM_1 线圈的供电，其串接在 M_1 主电路上的 KM_1 常开主触点断开，M_1 停车。

（4）时间继电器 KT 线圈由其瞬动触点 KT 保持供电。

（5）控制电路中主要有如下保护环节：熔断器 FU 作短路保护；热继电器 FR_1、FR_2 的常闭触点串联在各支路中作过载保护；接触器 KM_1、KM_2 的自锁触点作零压保护。

根据以上分析，其控制电路如图 9-27 所示。

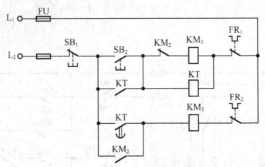

图 9-27　电动机正反转控制电路

【例 9-3】　运料小车的控制如图 9-28 所示，设计一个运料小车控制电路，同时满足以下要求。

（1）小车启动后，前进到 A 地，然后作以下往复运动：到 A 地后停 2min 等待装料，然后自动走向 B。到 B 地后停 2min 等待卸料，然后自动走向 A。

（2）有过载和短路保护。

（3）小车可停在任意位置。

图 9-28　运料小车

解：运料小车主电路如图 9-29 所示，控制电路如图 9-30 所示。ST_a、ST_b 为 A、B 两端的限位开关，KT_a、KT_b 为两个时间继电器。

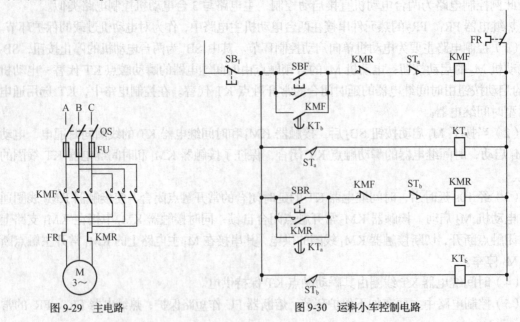

图 9-29　主电路　　　　　　　　　　　图 9-30　运料小车控制电路

动作过程：SBF⇒KMF⇒ 小车正向运行 ⇒ 至 A 端 ⇒ 撞 ST_a⇒KT_a⇒ 延时 $2min$⇒KMR⇒ 小车反向运行 ⇒ 至 B 端 ⇒ 撞 ST_b⇒KT_b⇒ 延时 $2min$⇒KMF⇒ 小车正向运行……如此往反运行。该电路的问题：小车在两极端位置时，不能停车。

利用中间继电器（KA）实现任意位置停车的要求的电路如图 9-31 所示。

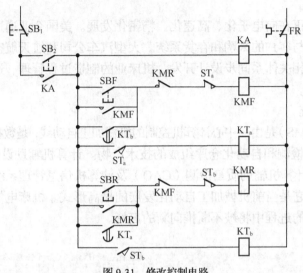

图 9-31 修改控制电路

【课堂练习】

工作台位置控制如图 9-32 所示。启动后工作台控制要求：（1）运动部件 A 从 1 到 2；（2）运动部件 B 从 3 到 4；（3）运动部件 A 从 2 回到 1；（4）运动部件 B 从 4 回到 3；周而复始，完成自动循环。

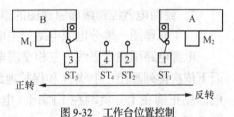

图 9-32 工作台位置控制

【阅读材料】

1. 国内外电气控制的发展

电气控制方式经历了一个从低级到高级的发展过程。最初采用手动控制。最早的自动控制是 20 世纪 20～30 年代出现的继电-接触器控制，它可以实现对控制对象的启动、停车、调速、自动循环以及保护等控制。它所使用的控制器件结构简单、价廉、控制方式直观、易掌握、工作可靠、易维护，因此在机床控制上得到长期、广泛的应用。它的缺点是体积大、功耗大、控制速度慢、改变控制程序困难，由于是有触点控制，在控制复杂时可靠性降低。为了解决复杂对象以及程序可变控制对象需要，在 20 世纪 60 年代出现了顺序控制器。它是继电器和半导体元件综合应用的控制装置，具有程序改变容易、通用性较强等优点，广泛用于组合机床、自动线上。随着计算机技术的发展，又出现了以微型计算机为基础的具有编程、存储、逻辑控制及数字运算功能的可编程控制器（PLC）。PLC 的设计以工业控制为目标，因而具有功率级输出、接线简单、通用性强、编程容易、抗干扰性强和工作可靠等一系列优点。

2. 数字控制

数字控制是机床电气控制发展的另外一个重要方面。数控机床是数控技术用于机床的产物，它是 20 世纪 50 年代初，为适应中小批机械加工自动化的需要，应用电子技术、计算技术、现代控制理论、精密测量技术和伺服驱动技术等现代科学技术的成果。数控机床既有专用机床生产率高的优点，又有通用机床工艺范围广、使用灵活的特点，并且还具有能自动加工复杂成型表面、精度高的优点。数控机床集高效率、高精度和高柔性于一身，成为当今机床自动化的理想形式。

美国机床业目前正在向电子化、高速化、精密化发展。美国企业通过网络企业对企业的服务有效整合供应商与客户的采购和存货系统。大型汽车公司和航天航空公司都通过企业对企业在全球范围内与相关体系同步设计开发。机床业的制造过程管理、远端监控、故障排除和售后服务日渐普及。

3. 柔性制造系统

柔性制造系统（FMS）是由一中心计算机控制的机械加工自动线，是数控机床、工业机器人、自动搬运车、自动化检测和自动化仓库组成的技术产物。计算机辅助设计（CAD）、计算机辅助制造（CAM）、计算机辅助质量检测（CAQ）及计算机信息管理系统将构成计算机集成制造系统（CIMS）。它是当前机械加工自动化发展的最高形式。机床电气自动化的水平在电气控制技术迅速发展的进程中将被不断推向新的高峰。

9.8 控制线路的绘制原则及识图读图常识

1. 绘制电气控制线路原理图的原则

（1）原理图一般分电源电路、主电路、控制电路、信号电路及照明电路。

电源电路画成水平线，三相交流电源相序 L_1、L_2 和 L_3 由上而下依次排列画出，中线 N 和保护地线 PE 画在相线之下。直流电源则正端在上，负端在下画出。电源开关要水平画出。例如图 9-33。

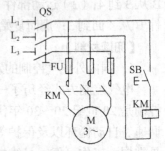

图 9-33 电气控制线路

（2）原理图中，各电器的触点位置都按电路未通电或电器未受外力作用时的常态位置画出。分析原理时，应从触点的常态位置出发。

（3）原理图中，各电气元件不画实际的外形图，而采用国家标准中的统一图用图形符号画出。

（4）原理图中，同一电器的各元件不按它们的实际位置画在一起，而是按其在线路中所起作用分别画在不同电路中，但它们的动作却是相互关联的，必须标以相同的文字符号。

（5）原理图中，对有直接电联系的交叉导线联结点，要用小黑圆点表示，无直接电联系的交叉导线联结点则不画小黑圆点。

2. 电气原理图的识图

（1）电气原理图的识读：电气原理图又称"电路""原理图"，如图 9-34 所示。

（2）原理图区域的划分：标准电气原理图(电气图)对图纸大小、图框尺寸和图区编号均有一定的要求。

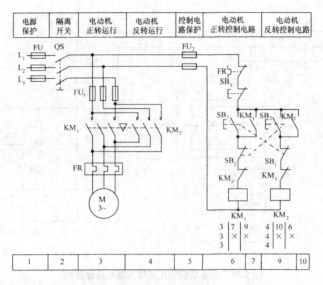

图 9-34　电气原理图

（3）电气原理图要求做到布局合理，排列均匀，图面清晰，应遵循电气线路图绘制规则。

（4）电气原理图中符号位置的索引。

（5）电气原理图中的图形符号和文字符号。图形符号是指用于图样或其他技术文件中表示电气元件或电气设备性能的图形、标记或字符。文字符号是表示电气设备、装置和元器件的名称、功能、状态和特征的字符代码。文字符号分为基本文字符号和辅助文字符号。图 9-35 所示为电气原理图符号。

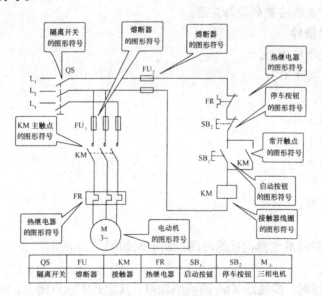

QS	FU	KM	FR	SB₁	SB₂	M₃
隔离开关	熔断器	接触器	热继电器	启动按钮	停车按钮	三相电机

图 9-35　电气原理图符号

【课堂练习】

请分析如图 9-36 所示的双重联锁的正反转控制电路的电气原理图的原理。

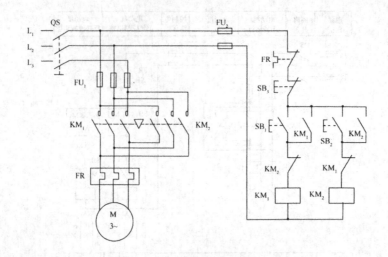

图 9-36　双重联锁的正反转控制电路原理图

9.9　实验　电动机的时间控制与行程控制

【实验目的】

- 了解空气式时间继电器的结构与工作原理。
- 掌握空气式时间继电器在电动机控制电路中的作用及应用方法。
- 掌握行程开关的控制原理与应用。

1. 实验设备及器件

- 三相异步电动机 1 台。
- 自动空气开关 1 只。
- 熔断器 3 只。
- 交流接触器 3 只。
- 时间继电器 1 只。
- 行程开关两只。
- 按钮 3 只。
- 热继电器 1 只。

2. 实验原理

用通电延时的时间继电器构成的时间控制电路如图 9-37 所示。

工作过程如下。

当按下 SB_2 按钮时，接触器 KM_1 的线圈加电，其常开主触点闭合，电动机 M_1 开始转动，同时时间继电器 KT 上电，经过一段时间延时，KT 的延时闭合触点闭合，接触器 KM_2 的线圈加电，其常开主触点闭合，电动机 M_2 开始转动，实现两台电动机顺序延时启动。停车时，只要按下 SB_1 按钮，两台电动机同时停止转动。

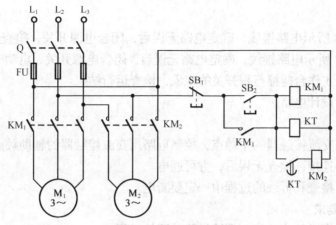

图 9-37　时间控制电路

用行程开关构成的工作台往返运动的控制电路如图 9-38 所示。工作台的向左、向右运动可以通过控制电动机的正反转来达到。而当工作台向左（或向右）运动到设定位置（或极限位置）时，应使工作台不再继续朝该方向运动，则需利用行程开关来控制。

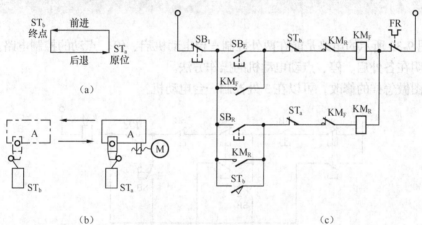

图 9-38　工作台往返运动的控制电路

在控制回路中设置至少两个行程开关 ST_a 和 ST_b，把它安装在工作台需限位的位置上。当工作台运动到限位之处时，行程开关动作，自动切断正转（或反转）的接触器，使电动机停转，工作台随之停止运动。工作过程如下。

左移：按 $SB_F \rightarrow KM_F$ 线圈获电吸合并自锁→电动机 M 启动正转→工作台向左运动→挡块碰撞 ST_b 使其动断触点分断→KM_F 失电→电动机 M 断电→工作台停止移动。

右移：按 $SB_R \rightarrow KM_R$ 线圈获电吸合并自锁→电动机 M 反转→工作台向右运动→ST_b 复原→挡块碰撞 ST_a 使其动断触点断开→KM_R 失电→电动机 M 断电→工作台停止移动。

3. 预习要求

（1）复习时间继电器的结构与工作原理，读懂图 9-37 所示电路。

（2）复习行程开关的结构与工作原理，读懂图 9-38 所示电路。

（3）设计能够使工作台自动往复运动的控制电路。

（4）设计一控制电路，使工作台运动到终点后停留 2min 后自动后退，运动至原位停止。

4. 实验内容

（1）按图 9-28 所示电路接线，确定电路无误后，闭合电源开关，检查运行结果。

（2）按图 9-29 所示电路接线，确定电路无误后，闭合电源开关，电动机启动后，用手按下行程开关，模拟工作台碰撞行程开关的现象，检查运行结果。

（3）验证自行设计电路。

5. 注意事项

（1）主电路用交流接触器的主触点，控制电路用交流接触器的辅助触点。

（2）完成电路连接，检查无误后，方可通电。

（3）在连接、检查和拆线的过程中一定要断电。

6. 实验报告要求

（1）实验中发生过什么故障？简述排除故障的过程。

（2）写出本次实验的心得体会。

思考与练习

（1）图 9-39 所示的电路是能在两处控制一台电动机启、停、点动的控制电路。

① 说明在各处启、停、点动电动机的操作方法。

② 该图做怎样的修改，可以在 3 处控制一台电动机？

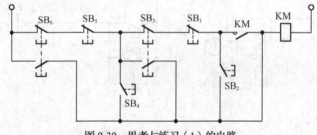

图 9-39 思考与练习（1）的电路

（2）在图 9-40 中，运动部件 A 由电动机 M 拖动，主电路同正、反转控制电路。原位和终点各设计行程开关 ST_1 和 ST_2，试回答下列问题。

① 简述控制电路的控制过程。

② 电路对 A 实现何种控制？

③ 电路有哪些保护措施，各由何种电器实现？

（3）图 9-41 所示的电路是电动葫芦的控制线路。电动葫芦是一种小起重设备，它可以方便地移动到需要的场所。全部按钮装在一个按钮盒中，操作人员手持按钮盒进行操作，试回答下列问题。

① 提升、下放、前移和后移各怎样操作？

② 该电路完全采用点动控制，从实际操作的角度考虑有何好处？

③ 图中的几个行程开关起什么作用？

④ 两个热继电器的常闭触点串联使用有何作用？

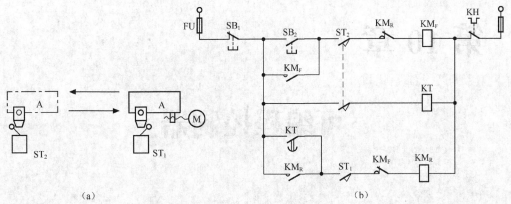

（a）

（b）

图 9-40　思考与练习（2）的电路

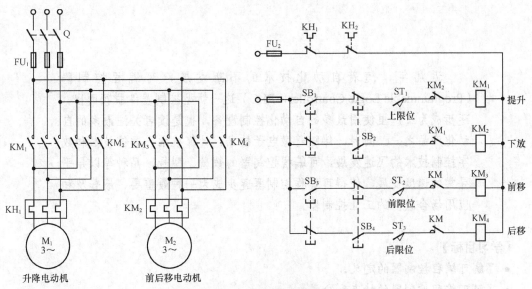

图 9-41　电动葫芦控制线路

（4）试指出如图 9-42 所示的正反转控制电路的错误之处。

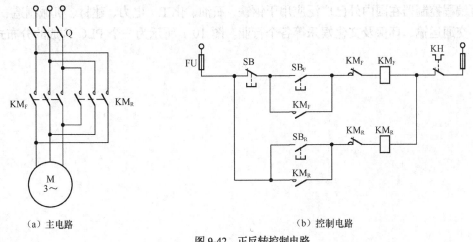

（a）主电路

（b）控制电路

图 9-42　正反转控制电路

第 10 章

可编程控制器

近几年，随着自动化技术的不断发展，可编程控制器（Programmable Logic Controller，PLC）这一新型控制器件脱颖而出，逐步成为工厂里使用最多的自动化控制设备，也是读者关注最多的自动化产品之一。同时，伴随着微电子技术、计算技术、通信技术和数字控制技术的飞速发展，可编程控制器的数量、型号、品种等以异乎寻常的速度发展，使得可编程控制器逐步成为一种最重要、最普及和应用场合较多的工业控制器。

【学习目标】
- 了解可编程控制器的定义。
- 了解可编程控制器的特点和分类。
- 掌握可编程控制器的用途。

【观察与思考】

可编程控制器在国内外已广泛应用于钢铁、石油、化工、电力、建材、机械制造、汽车、轻纺、交通运输、环保及文化娱乐等各个行业。图 10-1 所示为一个 PLC 构成的分布式控制系统。

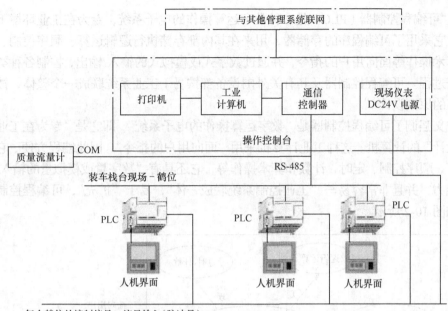

每个鹤位的控制信号：流量输入（脉冲量）
　　　　　　　　　　温度铂电阻输入
　　　　　　　　　　开关量输入（无源接点）
　　　　　　　　　　开关量输出（无源接点）
　　　　　　　　　　变频调速控制输出

图 10-1　PLC 构成的分布式小鹤管装车自动化系统框图

10.1　可编程控制器的由来

在工业控制中，先前的大部分控制系统都是使用继电器-接触器控制系统，也就是说系统是由无数根导线、触点和线圈组成的硬布线逻辑系统。要想随时改变这种逻辑系统，其复杂程度、耗费金钱和时间都使人望而却步。而计算机具有完备而通用的功能、灵活多变的系统结构和控制程序。如果将计算机和继电器控制系统的简单易学、操作方便和价格便宜等优点结合起来，制成一种通用控制装置，并将计算机编程方法和程序输入方式加以简化，将形成简单易学的编程方法、灵活方便的操作方式和尽量低廉的价格，使不熟悉计算机的人也能方便地使用。

可编程控制器正是在这种将计算机和继电器控制系统的优点相结合的思想上产生的，使得它成为以微处理器为核心的工业专用计算机系统，用面向控制过程、面向现场问题的"自然语言"进行编程，具有十分灵活的控制方式。PLC 的发展将逐步成为工业自动化的 3 大支柱（PLC、CAD/CAM 和机器人）之一，在当前和未来的工业控制中起到重要的作用。

10.2　可编程控制器的定义

20 世纪 80 年代，国际电工委员会（IEC）在可编程控制器标准草案中对可编程控制器的定义是："可编程控制器（PLC）是一种数字运算操作的电子系统，专为在工业环境下的应用而设计。它采用了可编程序的存储器，用来在其内部存储执行逻辑运算、顺序控制、定时、计数和算术操作等面向用户的指令，并通过数字式或模拟式的输入/输出，控制各种类型的机械或生产过程。可编程控制器及其有关外围设备都按易于工业系统联成一个整体，按易于扩充其功能的原则设计。"

此定义强调了可编程控制器是"数字运算操作的电子系统"，即它是"专为在工业环境下应用而设计"的计算机。这种工业计算机采用"面向用户的指令"，因此编程方便。它能完成逻辑运算、顺序控制、定时、计数和算术操作等，它还具有"数字量或模拟量的输入/输出控制"的能力，并且非常容易与"工业控制系统联成一体"，易于"扩充"，可编程控制器的整体认识如图10-2所示。

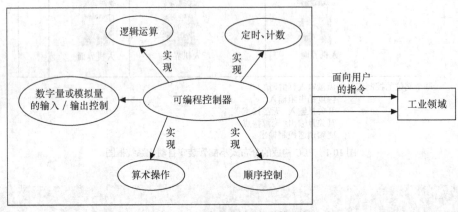

图10-2　可编程控制器的整体认识

可编程控制器自问世以来，发展极为迅速。到现在，世界各国的一些著名的电气工厂几乎都在生产可编程控制器装置，如德国的西门子、美国的 AB 和 GE、日本的三菱和欧姆龙等，如图10-3、图10-4 和图10-5 所示。现在可编程控制器已作为一个独立的工业设备被列入生产中，成为当代电控装置的主导。

（a）S7-300 系列

（b）S7-400 系列

图10-3　德国西门子系列

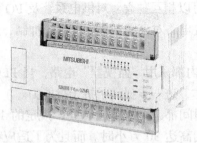

（a）FX2N 系列

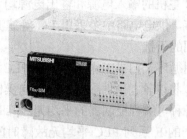

（b）FX3u 系列

图 10-4　三菱系列

（a）C200H

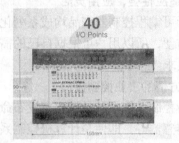

（b）CPM2A

图 10-5　欧姆龙系列

10.3　可编程控制器的特点

现代工业生产是复杂多样的，它们对控制的要求也各不相同。可编程控制器由于具有以下特点而深受人们的欢迎。

1．抗干扰能力强，可靠性高

可编程控制器的生产厂家在硬件方面和软件方面上采取了一系列的抗干扰措施，使得可编程控制器的抗干扰能力强、可靠性高。

有的可编程控制器的外部采用紧凑型、防尘抗震的整体式外壳，机箱内设置封闭式屏蔽层（见图 10-4、图 10-5 所示三菱、欧姆龙系列 PLC 的外观图），以适应于恶劣环境，提高可靠性。

输入/输出接口采用光电耦合隔离措施（见图 10-6）等，这样有效地隔离输入/输出间电的联系，避免了 PLC 的误动作。

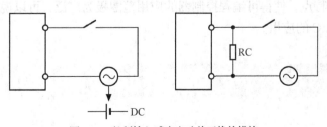

图 10-6　抑制输入感应电动势干扰的措施

（1）PLC 主机的输入电源和输出电源均可以相互独立，对供电系统及 I/O 线路采用了较多的滤波环节。供电电路中多采用 LC 等滤波电路对高频干扰有良好的抑制，这些有效地减少了电源之间的干扰。

（2）采用循环式扫描工作方式以及 PLC 内部采用"监视器"电路，当 PLC 检测到故障情况时，PLC 将以软、硬件配合禁止任何操作，进一步提高了抗干扰能力。

目前，各种可编程控制器的平均无故障时间都大大地超过了 IEC 规定的 10 万小时。但三菱公司生产的 F 系列 PLC 平均无故障时间高达 30 万小时。而且为了适应特殊场合的需要，有的可编程控制器还采用了冗余设计和差异设计，从而进一步提高了其可靠性。

2. 适应性强，应用灵活

由于可编程控制器产品均成系列化生产，品种齐全，多数采用模块式的硬件结构，组合和扩展方便，所以用户可根据自己的需要灵活选用，以满足大小不同及功能繁简各异的控制系统的要求。

3. 方便的工业控制接口

工业控制系统中总是需要有发布命令的主令设备及检测装置，如按钮、开关、限位装置及各种传感器等，即使是计算机控制系统也是如此。同时，弱电运行的控制装置总少不了配接执行器件，如接触器的线圈、电磁阀等。为了方便 PLC 与这些器件连接，PLC 的输入/输出口采用了便于拆卸的螺丝钉接线方式，这有利于按钮、接触器线圈和电磁阀等二端口多电压种类器件的接入。如图 10-4 中 PLC 机箱面板两侧即为螺丝钉排组成的输入/输出接线部位。此外，PLC 还设有通信接口及扩展总线接口，方便与网络控制系统或 PLC 扩展设备相连接。

4. 编程方便、易于使用，系统设计、安装、调试方便

可编程控制器的编程可采用与继电器电路极为相似的梯形图语言，直观易懂，深受现场电气技术人员的欢迎。近年来又发展了面向对象的顺控流程图语言（Sequential Function Chart，SFC），也称功能图，使编程更简单方便。可编程控制器中含有大量的相当于中间继电器、时间继电器和计数器等的"软元件"。又用程序（软接线）代替硬接线，可使安装接线工作量少。设计人员只要有可编程控制器就可以进行控制系统设计并可在实验室进行模拟调试。

5. 维修方便、维修工作量小、功能完善

可编程控制器有完善的自诊断、履历情报存储及监视功能。可编程控制器对于其内部工作状态、通信状态、异常状态和 I/O 点等的状态均有显示。工作人员通过它可以查出故障原因，便于迅速处理。除基本的逻辑控制、定时、计数和算术运算等功能外，配合特殊功能模块还可以实现点位控制、PID 运算、过程控制和数字控制等功能，方便了工厂管理及与上位机通信，通过远程模块还可以控制远方设备。

由于具有上述特点，使得可编程控制器的应用范围极为广泛，可以说只要有工厂、有控制要求，就会有 PLC 的应用。

10.4　可编程控制器的分类

PLC 产品种类繁多，其规格和性能也各不相同。对 PLC 的分类通常按照结构形式和控制规模实现的功能进行大致地分类。

1. 按结构分类

PLC 按照其硬件的结构形式分为整体式、模块式和混合式。

（1）整体式结构

整体式结构的可编程控制器是把中央处理单元、存储器、输入/输出单元、输入/输出扩展接口单元、外部设备接口单元和电源单元等集中在一个机箱内，输入/输出端子及电源进出接线端子分别设置在机箱的两侧，如图 10-7 所示。这种整体式结构的可编程控制器具有输入/输出点数少、体积小等优点，适用于单体设备的开关量自动控制和机电一体化产品的开发应用等场合。

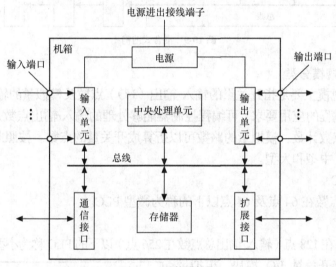

图 10-7　整体式结构

（2）模块式结构

模块式结构的可编程控制器是把中央处理单元和存储器做成独立的组件模块，把输入/输出等单元做成各自相对独立的模块，然后组装在一个带有电源单元的机架或母板上，如图 10-8 所示。这种模块式结构的可编程控制器具有输入/输出点数可自由配置、模块组合灵活等特点，适用于复杂过程控制系统的应用场合。

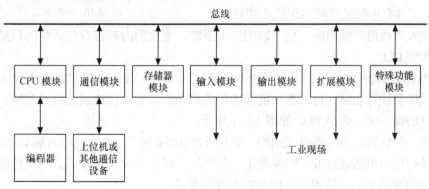

图 10-8　模块式结构

（3）混合式结构

混合式结构由 PLC 主机和扩展模块组成。其中，PLC 主机由 CPU、存储器、通信电路及基本输入/输出电路组成，扩展模块是由输入/输出模块、模拟量模块和位置控制模块等模块组成。混合式结构如图 10-9 所示。

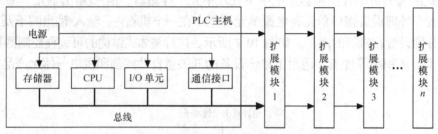

图 10-9　混合式结构

2. 按照控制规模分类

PLC 的控制规模主要是指开关量的输入/输出（I/O）点数及模拟量的输入/输出路数。为了适应不同生产过程的应用要求，可编程控制器能够处理的输入/输出点数是不一样的。但主要是以开关量的点数计数，模拟量的路数可以折算成开关量的点数。按照此项进行分类主要包括微型、小型、中型和大型。

（1）微型 PLC

输入/输出总点数在 64 点及 64 点以下的称为微型 PLC。

（2）小型 PLC

输入/输出点数在 128 点（输入/输出总点数在 256 点）以下的 PLC 称为小型 PLC，如图 10-10所示。它可以连接开关量 I/O 模块、模拟量I/O 模块以及各种特殊功能模块，能执行包括逻辑运算、计数、数据处理和传送、通信联网等各种指令。其特点是体积小、结构紧凑。

（3）中型 PLC

输入/输出点数在 128～1 024（输入/输出总点数为 256～2 048）之间的 PLC 称为中型PLC。它除了具有小型机所能实现的功能外，

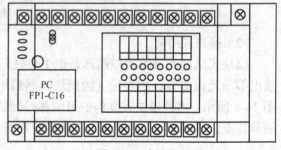

图 10-10　小型 PLC

还具有更强大的通信联网功能、更丰富的指令系统、更大的内存容量和更快的扫描速度。

（4）大型 PLC

输入/输出点数在 1 024 点（输入/输出总点数为 2 048）以上的 PLC 称为大型 PLC。它具有极强的软件和硬件功能、自诊断功能和通信联网功能，它可以构成三级通信网，实现工厂生产管理自动化。中、大型 PLC 如图 10-11 所示。

一般地，小型 PLC 采用整体式结构，即将所有电路安装于一个箱内作为基本单元，另外，可以通过并行接口电路连接 I/O 扩展单元。中型以上 PLC 多采用模块式，不同功能的模块可以组成不同用途的 PLC，适用于不同要求的控制系统。

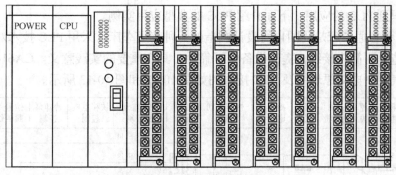

图 10-11　中、大型 PLC

10.5　可编程控制器的应用

随着可编程控制器功能的不断完善、性价比的不断提高，它的应用领域也越来越广。这里主要从应用类型和应用领域两个方面来进行划分。

（1）从应用类型分类：可编程控制器主要应用于开关控制和顺序控制、运动控制、过程控制、数据处理、信号报警和联锁系统以及通信和联网等方面。

（2）从应用领域分类：可编程控制器不仅应用于工厂，还渗透到产业界的每个角落，包括机械制造、装卸、造纸、纺织、钢铁、采矿、水泥、石油、化工、电力、汽车、船舶、高层建筑、食品、环保和娱乐等行业，如表 10-1 所示。

表 10-1　　　　　　　　　　　　可编程控制器的应用领域

行业名称	实 现 控 制
机械制造	数控机床的控制、连接自动生产机械、自动装配机控制、清洗机控制及锅炉控制等
装卸	传送带生产线控制、吊车控制和装载输送机控制等
造纸	纸浆搅拌控制、包装纸输送线控制和自动包装机控制等
纺织	落纱机控制、高温高压染缸群控制和毛纺细纱机控制等
钢铁	加热炉控制、高炉上料、配料控制、料场进料、出料自动分配控制、包装和搬运控制等
化工	化学水净化处理、自动配料和化工流程控制等
电力	输煤系统控制、锅炉燃烧管理控制和化学补给水等控制
汽车	自动焊接控制、铸造控制和喷漆流水线控制等
高层建筑	电梯控制、楼房空调控制、楼房防灾警报设备控制及立体停车场控制等
食品	发酵罐过程控制、配比控制、包装机控制及搅拌控制等
环保	隧道排气控制、垃圾处理设备控制、过滤及清洗设备控制等
娱乐	照明控制、霓虹灯控制和剧场舞台的自动控制等

为了认识到 PLC 的应用，下面介绍 PLC 的典型应用实例。

CA6140 型普通车床是我国自行设计制造的一种普通车床，采用 PLC 技术对其电气控制线路进行改造，可简化接线，提高设备的可靠性，具有重要的实践意义。CA6140 型普通车床的原有电气控制电路原理图及 PLC 接线图如图 10-12 和图 10-13 所示。

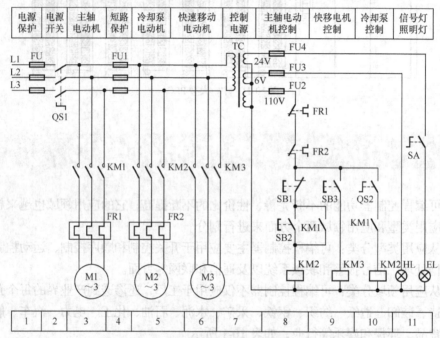

图 10-12　CA6140 型普通车床原有电气控制电路原理图

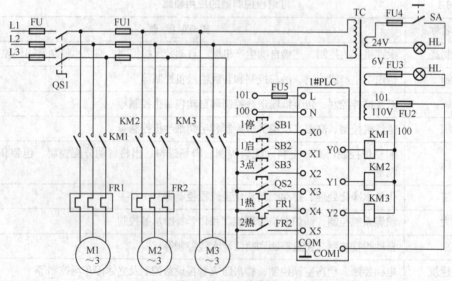

图 10-13　PLC 接线图

电源监控是铁路信号的重要监控系统。起初，信号的电源监控系统基本上是采用单片机作为信号采集系统的核心。单片机监控系统一方面存在采集速度慢、界面不友好和操作不方便等技术局限，另一方面由于其中的电源模块部分的监控相对独立，对电源系统带来了诸多不便，比如维护困难、界面显示烦琐等。基于以上原因开发了基于 PLC 作为信号采集核心、触摸屏作为操作和监视界面的电源监控系统。监控子系统与电源模块通过工业总线网络互连实现整合的经济实用、技术先进的铁路信号的电源监控系统，如图 10-14 所示。

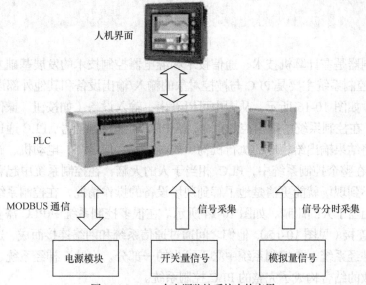

图 10-14   PLC 在电源监控系统中的应用

计算机和 PLC 直接进行通信实现在石化行业中的应用，如图 10-15 所示。计算机与 PLC 集成控制系统由生产系统和非生产系统两部分组成。生产系统主要由微型机、适配器、PLC、执行机构及现场仪表等部分组成。非生产系统主要由工艺流程模拟显示屏、电视监视设备、现场通话设备、质量检查系统及管理信息系统等部分组成。中央控制室负责处理来自生产系统和非生产系统的大量信息。通过计算机与 PLC 集成控制系统，将润滑油厂的各生产车间、附属部门以及总厂厂部连成了密不可分的整体，从而最大限度地利用了信息资源。

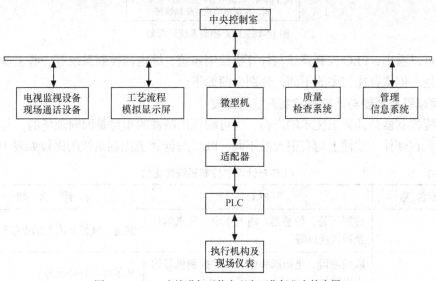

图 10-15   PLC 直接进行通信实现在石化行业中的应用

随着 PLC 的飞速发展，它将会具有更强大的生命力，在工业控制领域内将发挥更好的作用。

10.6　可编程控制器与其他控制系统的比较

可编程控制器是在计算机技术、通信技术和继电器控制技术的发展基础上开发起来的。由 PLC 组成的控制系统主要是 PLC 与被控对象的输入/输出设备和其他外部设备（如触摸屏）等连接而成的，如图 10-16 所示。从图中可以看出，输入设备（如按钮、操作开关、限位开关及传感器等）在控制系统中发出控制指令，给 PLC 传递控制信号，PLC 通过编程逻辑计算得出结果，并将结果输出给相应的执行机构（如继电器、信号灯、电动机、阀、伺服电动机和变频器等）。在整个控制系统中，PLC 相当于人的大脑，在控制系统中起着主导作用。为了使工作人员不到现场就能更清楚地了解到现场设备的操作情况，在控制系统中增加了人机交互系统，它相当于人的眼睛，如图 10-14 所示。在很多控制系统中 PLC 需要和计算机、多个 PLC 等进行连接（见图 10-15），他们之间通过通信系统和网络连接而成，这里的通信和网络相当于人的神经系统，是控制系统中必不可少的一部分。大脑、神经系统、眼睛等这几部分的有机、有效的结合构成了完整的 PLC 控制系统。

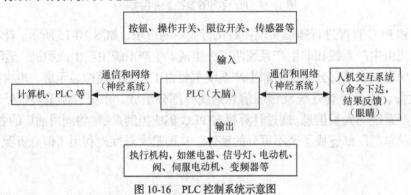

图 10-16　PLC 控制系统示意图

由此可以看出，PLC 控制系统与计算机控制系统、继电器控制系统等一些工业控制系统有相似之处，但也存在许多的不同，分别介绍如下。

1. 可编程控制器与计算机控制系统的比较

可编程控制器是计算机技术的产物，但可编程控制器的用途是面向现场的，与一般的计算机相比，在硬件、软件上均有很大的不同，PLC 与计算机控制系统的比较如表 10-2 所示。

表 10-2　　　　　　　　　　　　　PLC 与计算机控制系统的比较

比 较 名 称	PLC	计 算 机
输入设备	控制开关、传感器、输入强电、弱点信号及通信接口等	键盘、鼠标和输入弱点信号等
输出设备	以接触器、电磁阀和电动机等控制机器的强电信号	显示屏、打印机等

（续表）

比 较 名 称	PLC	计 算 机
编程语言	助记符语句表、梯形图等	汇编语言、高级语言
工作方式	扫描方式	中断方式
工作环境	可在较差的环境下工作	要求很高
对使用者的要求	语言易学	需进行专门的培训才可
系统软件	功能专用，占用存储空间小	功能强大，占用存储空间很大
可靠性	工业级，有很多种特殊设计，包括监视计时器功能	商业级要求
价格	较低	高
应用领域	工业控制	办公、管理和科学计算等

2. 可编程控制器与继电器控制系统的比较

当今，继电器的控制性能和自身的功能已逐步被 PLC 所代替，它已无法满足与适应工业控制的要求和发展，它与 PLC 相比，存在着质的差别，其主要表现在继电器控制系统是一种硬件逻辑关系，靠配线的变更来改变系统的逻辑关系，而 PLC 控制系统采用的是软件控制，通过程序来变更系统的逻辑关系。两者之间的具体差异如表 10-3 所示。

表 10-3　　　　　　　　　　　PLC 与继电器的比较

比较名称	PLC	继电器控制
控制功能	定时、计数和程序寄存等指令以软件实现大规模的高性能控制	接触器、中间继电器和时间继电器等器件功能有限，随规模加大而大型化
控制功能的实现	通过编程实现所需的控制要求	通过对继电器进行硬接线完成相应的控制功能
对生产工艺变化的适应性	只需对程序修改，适应性强	需进行重新设计与接线，适应性差
可靠性	采用大规模集成电路，绝大部分是软继电器，采用抗干扰措施，可靠性高	元器件多、触点多，易出现故障
灵活性和柔制性	有种类齐全的扩展单元，扩展灵活，灵活性好	差
控制的实时性	因微处理器控制实时性很好	机械动作时间常数大，实时性较差
占有空间与安装	体积小，重量轻，安装工作量小	体积大，笨重，安装工作量很大
复杂控制能力	很强	极差
使用寿命	长	短
价格	较高	低
维护	复杂	简单

3. 可编程控制器与集散控制系统的比较

集散控制系统又称为分散控制系统，它是专门为工业过程控制设计的过程控制装置，其与 PLC 的比较如表 10-4 所示。

表 10-4　　　　　　　　　　　PLC 与集散控制系统的比较

比较名称	PLC	集散控制系统
工作方式	扫描方式	按用户的程序指令工作
采样速度	每个采样点的采样速度相同	根据被检测对象的特性决定
存储器容量	大多采用逻辑运算，所需的存储器容量较小	大多采用大量的数学运算，所需的存储器容量较大
应用场合	开关量的逻辑控制	连续量的模拟控制
运算速度	开关量的速度较高	模拟量的速度较低
设计方法	根据现场环境并按照控制室设计	根据现场工作环境要求设计

10.7　可编程控制器的结构

可编程控制器的结构与一般微型计算机系统的结构基本相同，也是由硬件系统和软件系统两大部分组成。下面分别对可编程控制器的硬件系统和软件系统进行介绍。

1. 可编程控制器的硬件系统

不管是整体式、模块式还是混合式结构的 PLC，其内部结构大体上都是相似的，其硬件系统基本上由基本单元（中央处理单元、存储器——用户程序存储器和系统程序存储器、输入/输出单元、输入/输出（I/O）扩展接口、通信接口、电源）、扩展单元（输入输出扩展部件）、扩展模块以及外部设备等部分组成，如图 10-17 所示。

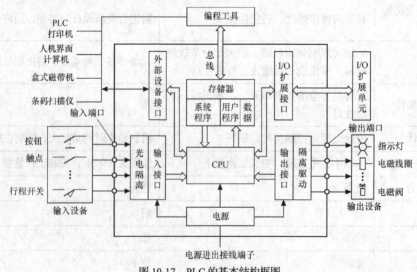

图 10-17　PLC 的基本结构框图

观看"可编程控制器的硬件系统"视频，该视频演示了可编程控制器硬件系统的基本结构及各个组成部分的作用。

2. 可编程控制器的软件系统

PLC 仅有硬件系统是不行的，它还必须需要软件系统的支持，没有软件系统，PLC 是什么事情都做不成的。在 PLC 中，软件分为系统程序和用户程序两大部分。

（1）系统程序

系统程序是每个 PLC 成品必须包含的部分，是由 PLC 的制造厂商提供，可由制造厂商编制，也可由软件制造厂商编制。它被固化在 PROM 或 EPROM 中，安装在 PLC 的控制器内，随产品提供给用户，主要用于控制可编程控制器本身的运行。系统程序主要分为以下几个部分。

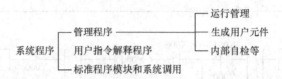

系统管理程序是监控程序中最重要的部分，整个可编程控制器的运行都是由它主管。它的功能又分为进行时间分配的运行管理，用于 PLC 控制器输入、输出、运算、自检及通信的时序；进行存储空间的分配管理，用于生成用户环境，规定各种参数、程序存放地址，将用户使用的数据存储地址转化为实际数据格式及物理存放地址等；进行系统自检，对系统进行出错检验、用户程序语法检验、句法检验和监视系统时钟运行等。在系统管理程序的控制下，整个 PLC 就能够正常工作了。

用户指令解释程序用于将用户易懂的各种编程语言（梯形图、语句表等）编制的用户应用程序变成机器能执行的机器语言程序。

标准程序模块和系统调用是由多个独立的程序块组成的，各自完成包括输入、输出、特殊运算等不同的功能，PLC 的各种具体工作都由这部分程序完成。

由于通过改进系统程序可以在不改变硬件系统的情况下，大大改善 PLC 的性能，所以制造厂商对系统程序的编制极其重视，其产品的系统程序也在不断升级和完善。

（2）用户程序

用户程序是根据生产过程控制的要求由用户使用制造厂商提供的编程语言自行编制的应用程序。用户程序包括开关量逻辑控制程序、模拟量运算控制程序、闭环控制程序和操作站系统应用程序等。开关量逻辑控制程序是 PLC 用户程序中最重要的一部分。一般采用梯形图、语句表或功能表图等编程语言编制。模拟量运算控制程序和闭环控制程序通常都是在大中型 PLC 上实施的程序，由用户根据控制要求按 PLC 供应商提供的软件和硬件功能进行编制。操作站系统应用程序是大型 PLC 系统通过通信网络联网后，由用户为进行信息交换和管理而编制的程序，包括各类画面显示和操作程序等，一般采用功能模块或其他高级编程语言编制。

PLC 的编程和计算机编程一样，用户程序需要一个编程环境、程序结构和编程方法。

10.8 可编程控制器的工作原理

PLC 作为一种特殊的工业控制计算机，由于其具有特殊的接口器件和监控软件使得它的编程语言、工作原理与计算机有一定的差别。另一方面，它作为继电器控制装置的替代物，由于其核心为计算机芯片，因而与继电器控制逻辑的工作过程也有很大差别。那么 PLC 是如何用于工业控制的呢？这里通过 PLC 的等效电路展开对其工作原理的讲述。

1. 可编程控制器的等效电路

PLC 是一个执行逻辑功能的工业控制装置。与其他控制装置一样，PLC 根据输入信号的状态，按照控制要求进行处理判断，产生控制输出。这一过程包括的输入部分、内部逻辑部分和输出部分，可以在如图 10-18 所示的 PLC 等效电路上体现出来。

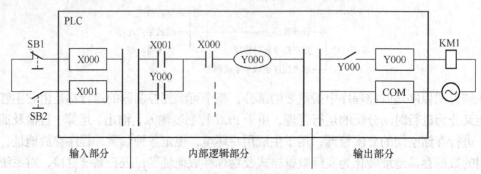

图 10-18 PLC 的等效电路

2. 可编程控制器的工作过程

由 PLC 等效电路的输入部分、内部逻辑部分和输出部分的功能可以得出，PLC 的工作过程一般分为 3 个主要阶段，如图 10-19 所示。

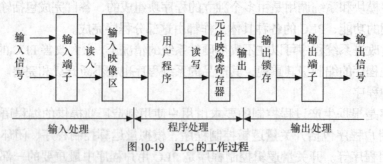

图 10-19 PLC 的工作过程

（1）输入处理阶段（输入采样阶段）

PLC 的全部输入端子的所有信号按顺序读入到输入映像区，这一过程被称为采样。在本工作周期内，这个采样结果的内容不会改变。

（2）程序处理阶段（程序执行阶段）

对应用户程序存储器所存的指令，从输入映像区和其他软元件的映像区中将有关软元件的状态读出，并从 0 步开始顺序运算、处理，再将每次结果都写入有关的输出映像区。但这个结果在整个程序未执行完毕之前不会送到输出端口上。

（3）输出处理阶段（输出刷新阶段）

在执行完用户所有程序后，PLC 将输出映像区的内容送入到输出锁存寄存器中，成为可编程控制器的实际输出。再去驱动用户设备，这就是输出刷新。

以上的工作方式称为输入/输出方式。PLC 重复执行上述 3 个阶段，每重复一次的时间称为一个扫描周期。PLC 在一个工作周期中，输入扫描和输出刷新的时间一般为 4ms 左右，而程序执行时间可因程序的长度不同而不同。PLC 一个扫描周期一般为 40～100ms。

PLC 的一个工作周期主要有上述 3 个阶段，但严格来说还应包括以下 5 个过程，如图 10-20 所示。

当 PLC 投入运行后，重复完成以上几个过程的工作，即采取循环扫描工作过程，如图 10-21 所示。

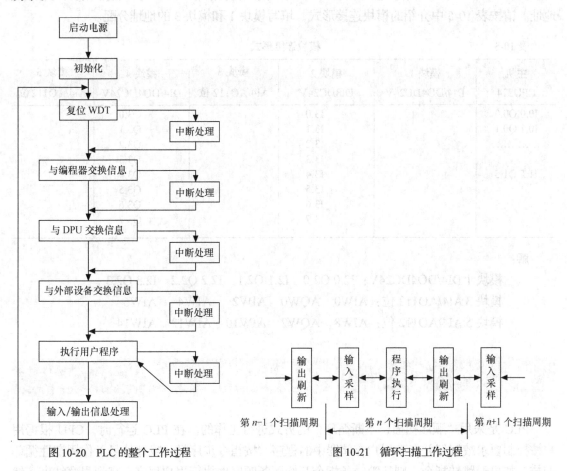

图 10-20　PLC 的整个工作过程　　　　　图 10-21　循环扫描工作过程

需要指出的是：PLC 中的外部输出触点对输出软元件的动作有一个响应时间，即要有一个延迟才动作，这是 PLC 的缺点之一；在 PLC 中，常采用一种称之为"看门狗"的定时监视器来监视 PLC 的实际工作周期是否超出预定的时间，以避免 PLC 在执行程序过程中进入死循环，或执行非预定的程序而造成系统瘫痪。

【例 10-1】　三菱电机 FX2-40MR 基本单元，其输入/输出点数为"24/16"，用户程序为

1000 步基本指令，PLC 运行时不连接上位计算机等外设。I/O 扫描速度为 0.03ms/8 点，用户程序的扫描速度取 0.74μs/步，自诊断所需时间设为 0.96ms，试计算一个扫描周期所需的时间为多少？

解：

扫描 I/O 的时间： $T_1=0.03\text{ms} \times 40/8$ 点$=0.15\text{ms}$

扫描程序的时间： $T_2=0.74\ \mu\text{s} \times 1000$ 步$=0.74\text{ms}$

自诊断的时间： $T_3=0.96\text{ms}$

通信的时间： $T_4=0$

扫描周期： $T=T_1+T_2+T_3+T_4=（0.15+0.74+0.96）\text{ms}$

$=1.85\text{ms}$

【例 10-2】 某控制系统选用 CPU224，其中模拟量扩展模块以 2 字节递增的方式来分配地址。请按表 10-5 中介绍的模块连接形式，填写模块 1 和模块 3 的地址分配。

表 10-5　　　　　　　　　　　　模块连接形式

主机 CPU224	模块 1 DI4/DO4DC24V	模块 2 DI8DC24V	模块 3 AI4/AO112 位	模块 4 DI4/DO4DC24V	模块 5 AI4/AO112 位
I0.0 Q0.0		I3.0		Q3.0	
I0.1 Q0.1		I3.1		Q3.1	
…… ……		I3.2		Q3.2	
		I3.3		Q3.3	
I1.5 Q1.5		I3.4		Q3.4	
		I3.5		Q3.5	
		I3.6		Q3.6	
		I3.7		Q3.7	

解：

模块 1 DI4/DO4DC24V：I2.0 Q2.0　I2.1 Q2.1　I2.2 Q2.2　I2.3 Q2.3

模块 3 AI4/AO112 位：AIW0　AQW0　AIW2　AIW4　AIW6

模块 5 AI4/AO112 位：AIW8　AQW2　AIW10　AIW12　AIW14

10.9　可编程控制器举例

PLC 是采用"顺序扫描、不断循环"的方式进行工作的。在 PLC 运行时，CPU 根据用户按控制要求编制好并存于用户存储器中的程序，按指令步序号（或地址号）作周期性循环扫描。如果无跳转指令，则从第一条指令开始逐条顺序地执行用户程序，直到程序结束，然后重新返回第一条指令，开始下一轮新的扫描。为了加深对 PLC 工作原理的理解，这里列举常用三菱、西门子两个可编程控制器的简单例子。

1. 三菱应用举例——鼠笼式电动机正反转控制

为了进一步说明可编程控制系统的灵活、简单、软件支持和面向现场的特点，这里以鼠笼式电动机正反转控制为例，使得读者对可编程控制器有一个较具体的认识，当然可编程控制器的控制功能远远超过本例的内容。

鼠笼式电动机正反转控制的控制要求是：当按下正转启动按钮 SB_F 时，电动机正转接触器线圈 KM_F 通电，电动机正转；当按下反转启动按钮 SB_R 时，电动机反转接触器线圈 KM_R 通电，电动机反转；在正转时如要求反转，必须先按下 SB_1。鼠笼式电动机正反转控制电路图如图 10-22 所示，图中的左半部分是鼠笼式电动机正反转控制的主电路，右半部分为继电器控制电路图。

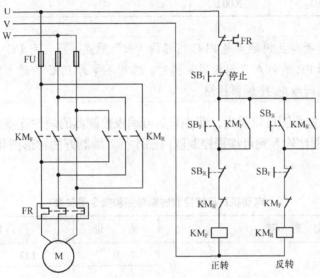

图 10-22　鼠笼式电动机正反转控制电路图

如果使用可编程控制器控制系统来完成鼠笼式电动机正反转控制，电动机主电路控制与图 10-22 所示的左半部分一样，不同之处是右半部分的控制电路采用可编程控制器。那么由可编程控制器构成的控制电路，即 PLC 外部接线图（I/O 配线图）如图 10-23 所示。

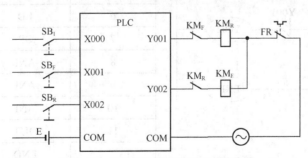

图 10-23　电动机正反转控制的外部接线图

在图 10-23 中，停止按钮 SB_1、正转启动按钮 SB_F、反转启动按钮 SB_R 这 3 个外部按钮接在 PLC 的 3 个输入端子上，可分别分配为 X000、X001 和 X002 来接收输入信号；正转接触器线圈 KM_F 和反转接触器线圈 KM_R 须接在两个输出端子上，可分别分配为 Y001 和 Y002。其共需要 5 个 I/O 点，鼠笼式电动机正反转控制电路 I/O 点数及其分配如表 10-6 所示。另外，输入边的直流电源 E 通常是由 PLC 内部提供的，输出边的交流电源是外接的。"COM"是两边各自的公共端子。

表 10-6　　　　　　　　　鼠笼式电动机正反转控制电路 I/O 点数及其分配

输　　入		输　　出	
停止按钮 SB_1	X000	正转接触器线圈 KM_F	Y001
正转启动按钮 SB_F	X001	反转接触器线圈 KM_R	Y002
反转启动按钮 SB_R	X002		

 要点提示　自锁和互锁触点是 PLC 内部的"软"触点，不占用 I/O 点。此外，热继电器 FR 的触点只能接成常闭的，通常不作为 PLC 的输入信号，而将其直接通断继电-接触器线圈。

由 PLC 的外部接线图可以看出，那些只是可编程控制器的硬件连接要想实现系统控制，还必须由编写好的程序输入到可编程控制器内部才行。编制好的梯形图和相应的指令语句表如表 10-7 所示。

表 10-7　　　　　　　　　电动机正反转控制的梯形图和指令语句表

梯　形　图	地　　址	指　　令	
	0	LD	X001
	1	OR	Y001
	2	ANI	X002
	3	ANI	X000
	4	ANI	Y002
X001 X002 X000 Y002 —(Y001) / Y001	5	OUT	Y001
	6	LD	X002
X002 X001 X000 Y001 —(Y002) / Y002	7	OR	Y002
	8	ANI	X001
	9	ANI	X000
	10	ANI	Y001
—(END)	11	OUT	Y002
		END	

鼠笼式电动机正反转控制电路极易产生电弧短路故障，即该电路必须含有电气互锁和机械互锁，才能保证控制电路的正常运行。

采用继电器控制系统时：电气互锁和机械互锁分别体现在图 10-22 中的复合按钮。电气互锁：KM_R 和 KM_F 的常闭触点串接在继电器控制电路上。机械互锁：反转启动按钮

SB_R 和正转启动按钮 SB_F 的常闭触点串接在继电器控制电路上。为了实现电气互锁和机械互锁必须在继电器控制电路上改变配线方式，这项工作对本例来说还不显得更改配线的复杂，但若控制对象是一条大型流水线或较复杂的控制工程，更改配线的工作量就极为庞大了。

采用可编程控制器控制系统时：对外部硬件电路无须更改，即如图 10-23 所示保持原样，只要改变程序中的若干指令就能达到防止电弧短路的功能。即在梯形图中，将 Y001 和 Y002 常闭触点分别与对方的线圈串联，这样可以保证正、反转接触器线圈不能同时为"ON"，因此 KM_F 和 KM_R 的线圈不会同时通电，这种安全措施就是在继电器电路中定义的"互锁"，这里即实现了"电气互锁"。在梯形图中设置的"按钮联锁"，即将反转启动按钮 SB_R 的常闭触点与控制正转的 Y001 线圈串联，正转启动按钮 SB_F 的常闭触点与控制反转的 Y002 线圈串联，这样就实现了"机械互锁"，两者共同达到了防止电弧短路的功能。

梯形图中采用的软继电器的互锁触点称为软互锁，而在外部硬件接线图中的输出电路上使用的 KM_F、KM_R 的常闭触点进行互锁称为硬互锁，两者合称为软硬件双重互锁，采用双重互锁同时也避免了因接触器 KM_F 和 KM_R 的主触点熔焊引起的电动机主电路短路现象。

通过该实例可以看出，采用可编程控制器控制系统比继电器控制系统有很大的优势，前者是以"软件"的形式实现控制的，它不需要在外部硬件接线图上做大量地修改，只需增加几条指令即可完成某种功能，而后者是以"硬件"的形式实现控制，灵活性较差。

2. 西门子应用举例——三相鼠笼型异步电动机星-三角启动控制

三相鼠笼型异步电动机在启动过程中电流较大，一般为额定电流的 5～7 倍。为了减少启动电流对电网的影响，一般采用降压启动，星形-三角形降压启动是比较常用的启动方式，电动机星形-三角形启动继电器控制回路如图 10-24 所示，图中的 QS 为电源刀开关。

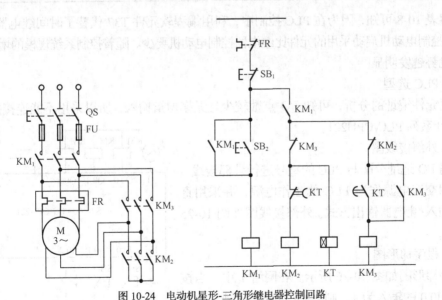

图 10-24　电动机星形-三角形继电器控制回路

三相鼠笼型异步电动机星形-三角形启动控制系统的控制要求是：当按下启动电动机

按钮时，KM₁、KM₂ 主触点闭合，电动机星形连接启动运行。电动机星形运行 10s 后，KM₁、KM₃ 主触点闭合，电动机三角形连接运行。当按下停止电动机按钮时，电动机停止运行。

这里采用 S7-200 系列 PLC 来实现三相鼠笼型异步电动机星-三角启动控制，其实现步骤如下所述。

（1）编程元件编址

根据控制要求及图 10-24 所示的主控回路，可知采用两个按钮 SB₁ 和 SB₂ 控制电动机的停止和启动；使用 3 个接触器线圈，其中 KM₁ 是电动机通电接触器，KM₂ 是控制电动机星形运行的接触器，KM₃ 是控制电动机三角形运行的接触器；继电器控制是采用一个时间继电器 KT 控制星形与三角形运行之间的转换时间间隔，在 S7-200 系列 PLC 的控制中采用一个编程软元件 T37 来代替，由此确定 PLC 的元件地址，如表 10-8 所示。

表 10-8　　　　　　　　　　　　编程元件编址

编 程 元 件	I/O 端子	电 路 器 件	作　　　用
输入软元件	I0.0	SB₂	启动电动机
	I0.1	SB₁	停止电动机
	I0.2	FR（连接温度传感器）	过载保护
输出软元件	Q0.0	KM₁	控制电动机通电
	Q0.1	KM₂	控制电动机星形运转
	Q0.2	KM₃	控制电动机三角形运转
编程软元件	T37	代替 KT	控制 T-△ 转换时间

观察表 10-8 可知，因为在 PLC 控制中，利用编程软元件 T37 代替了时间继电器 KT，所以 PLC 控制电动机启动采用的元件比继电器控制电动机要少。随着控制系统规模的增大，PLC 的这种优势越发明显。

（2）PLC 选型

根据元件编址的分析，可知 I/O 点数较少且无模拟量输入，所以采用不能连接扩展模块的 S7-200 系列 PLC-CPU221。

（3）外部接线图

依据 I/O 地址分配与 PLC 的型号进行外部接线。本例采用交流电源作为 PLC 的工作电源，并采用直流汇点输入/继电器输出方式。外部接线图如图 10-25 所示。

（4）程序梯形图

程序梯形图如图 10-26 所示。在网络 1 中，当按下 SB₂，I0.0 的输入为 1，则 Q0.0 接通并自锁，此时 KM₁ 得电，KM₁ 主触点闭合，实现电动机通电。在网

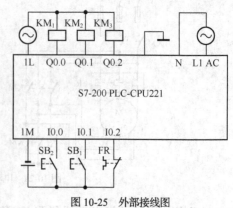

图 10-25　外部接线图

络 2 中，Q0.0 触点闭合后 Q0.1 接通，KM$_2$ 得电，KM$_2$ 主触点闭合，电动机开始星形启动。同时 T37 开始定时（T37 的定时时间为 100×100ms），T37 定时时间到，T37 的常闭触点断开，Q0.1 由 1 变为 0，KM$_2$ 失电，KM$_2$ 主触点断开。在网络 3 中，若 T37 定时到，其常开触点闭合，Q0.2 接通，KM$_3$ 得电，KM$_3$ 主触点闭合，电动机开始三角形运行。若按下停止按钮 SB$_1$，则 Q0.0 由 0 变为 1，KM$_1$ 失电，电动机停止运行。

网络 1 电动机通电

网络 2 电动机星形启动

网络 3 电动机三角形运行

图 10-26 程序梯形图

通过这个实例可以看出，作为工业控制计算机用的 PLC 用于控制的主要工作形式是依据机内存储的程序处理机内存储单元中的数据。其中程序反映的是工业控制的要求，数据则是工业现场的各种信号在存储单元中的实时反映，处理结果则是作为输出驱动执行器件完成控制任务。因而用 PLC 进行控制的必要条件如下。

必须将 PLC 与由指令器件、信号器件及执行器件组成的外围电路连接，其中 PLC 的输入端用于接收各种控制指令及检测数据，输出端则输出控制结果或执行数据。

由于计算机只能针对机内存储单元的数据进行运算，输入端上接收到的代表控制系统各种事件的数据及运算后得到的控制结果都存储在存储器中，运算结果通过输出端子输出。

控制系统中各事件间相互关系的实现依靠应用程序，应用程序需事先以一定的编程语言编制并存储在计算机的程序存储单元中。

【阅读材料】

变频器

各国使用的交流供电电源，无论是用于家庭还是用于工厂，其电压和频率均 200V/60Hz

（50Hz）或100V/60Hz（50Hz）。通常，把电压和频率固定不变的交流电变换为电压或频率可变的交流电的装置称作"变频器"。为了产生可变的电压和频率，该设备首先要把三相或单相交流电变换为直流电（DC），然后再把直流电（DC）变换为三相或单相交流电（AC），把实现这种转换的装置称为"变频器"（Inverter）。

变频器也可用于家电产品。使用变频器的家电产品中不仅有电机（例如空调等），还有荧光灯等产品。用于电机控制的变频器，既可以改变电压，又可以改变频率。但用于荧光灯的变频器主要用于调节电源供电的频率。汽车上使用的由电池（直流电）产生交流电的设备也以"Inverter"的名称进行出售。变频器的工作原理被广泛应用于各个领域，如计算机电源的供电，在该项应用中，变频器用于抑制反向电压、频率的波动及电源的瞬间断电。

【阅读材料】

触摸屏

触摸屏（Touch Panel）又称为触控面板，是个可接收触头等输入信号的感应式液晶显示装置，当接触了屏幕上的图形按钮时，屏幕上的触觉反馈系统可根据预先编程的程式驱动各种连结装置，可用以取代机械式的按钮面板，并借由液晶显示画面制造出生动的影音效果。

触摸屏作为一种新型的人机界面，从一出现就受到关注，它的简单易用、强大的功能及优异的稳定性使它非常适合用于工业环境，甚至可以用于日常生活之中，应用非常广泛，比如自动化停车设备、自动洗车机、天车升降控制及生产线监控等，甚至可用于智能大厦管理、会议室声光控制和温度调整。

思考与练习

（1）什么是可编程序控制器？

（2）可编程序控制器有哪些特点？主要应用在哪些领域？

（3）可编程序控制器的发展方向是什么？

（4）可编程序控制器有哪些主要性能指标？

（5）可编程序控制器按结构可分为几种类型？

（6）可编程序控制器主要由哪几部分组成？各部分的作用是什么？

（7）可编程序控制器的工作过程包括哪几个阶段？

（8）请写出三菱指令表对应的梯形图。

```
LD      X000
OR      Y001
ANI     X003
ANI     Y002
OUT     Y001
LD      X002
OR      Y002
ANI     X003
```

ANI Y001

OUT Y002

END

（9）请写出西门子指令表对应的梯形图。

LD   I0.1

A   I0.2

AN   I0.3

=   M0.0

LDN   I0.1

O   I0.2

O   I0.3

A   I0.4

NOT

=   M0.1